沂蒙文化与中华文明丛书

沂蒙传统家教文化研究

王厚香　汲广运　著

九州出版社 JIUZHOUPRESS ｜ 全国百佳图书出版单位

图书在版编目（CIP）数据

沂蒙传统家教文化研究 / 王厚香，汲广运著. —— 北京：九州出版社，2019.10
ISBN 978-7-5108-8459-7

Ⅰ．①沂… Ⅱ．①王… ②汲… Ⅲ．①家庭道德－文化研究－临沂 Ⅳ．①B823.1

中国版本图书馆CIP数据核字 (2019) 第258464号

沂蒙传统家教文化研究

作　　者	王厚香　汲广运　著
出版发行	九州出版社
地　　址	北京市西城区阜外大街甲 35 号 (100037)
发行电话	(010) 68992190/3/5/6
网　　址	www.jiuzhoupress.com
电子信箱	jiuzhou@jiuzhoupress.com
印　　刷	北京九州迅驰传媒文化有限公司
开　　本	787 毫米×1092 毫米　16 开
印　　张	15.25
字　　数	220 千字
版　　次	2020 年 1 月第 1 版
印　　次	2020 年 1 月第 1 次印刷
书　　号	ISBN 978-7-5108-8459-7
定　　价	58.00 元

"沂蒙文化与中华文明"丛书总序

　　文化是民族的血脉，是人民的精神家园，更是民族生存与发展的重要力量。有着 5000 余年文明史的中华民族创造了无比丰富、博大精深的中华文明。沂蒙文化就是在中华民族文化哺育下，以沂蒙山区及其辐射地区（包括沂、沭河流域全境）为依托而形成的一种地域文化，是中华文明百花园中的一枝风姿绰约的奇葩。它既继承了民族文化的优秀因子，又在若干方面丰富和发展了中华民族文化。

　　远古时期，沂蒙文化即已萌芽发育。距今约五十万年前，"沂源猿人"已繁衍生息于古老的海岱之地，中华文明的东方初曙已然放出微光，沂蒙地区因此成为孕育中华民族文明最早的地区之一。东夷文化作为沂蒙地域文化生成发展的第一个阶段，经过长期的孕育、沉淀、丰富与发展，积淀了极为丰富的以细石器、陶器等为代表的物质文明，以古老文字、凤文化等为代表的精神文化，形成了兼容并蓄、经世性强、与时俱进等鲜明的地域文化特征。东夷文化在与中原文明的碰撞与交融中，共同熔铸了熠熠生辉的中华文明。

　　西周以来，随着周文化向东方的推进和齐、鲁文化的形成传播，儒学文化逐渐成为沂蒙文化的主要内容。今天临沂市的西部、中部的广大区域当时为鲁国辖地，孔子本人亦曾亲游沂蒙，登临东山，就教于郯子，其弟子中有影响者亦有多人出生或出仕于沂蒙，因此沂蒙地区成为儒学传播最早、影响最深的区域之一。影响所及延至秦汉，沂蒙儒学之光依然璀璨无限。

　　魏晋南北朝时期，沂蒙地区人才辈出。"蜀得其龙，吴得其虎，魏得其狗"的诸葛氏家族，以"悬鱼"名闻士林的羊续家族，"建江左之策"、开一代规模的王导及其家族，开齐梁二朝、赢得粗安局面的兰陵萧氏家族，以道德、书法、文章显名于士林的颜氏家族，都各领风骚，名垂千古。因郯子论官而名显的古郯之地，汉代以来亦人才济济，如东海于氏、徐氏及王朗、王肃家族。此外，随晋室南渡的大批文人学士后称雄于东晋南朝文坛，亦值得重视，足证沂蒙文化之于中华文明的重要贡献。

隋朝统一南北，唐继之而兴，琅邪王氏、萧氏余焰犹烈，各出宰相多人。而颜氏尤以文化取胜，在经学、史学、文学、文字学、音韵学、书法、艺术等方面成就非凡，特别是书法成就名冠千古。宋元时期，沂蒙文化的发展相对平缓，至明清时期沂蒙文化的发展又出现了走向高峰的趋势，涌现出一批有重要影响的文化家族，如蒙阴公氏、费县王氏（王雅量）、莒南大店庄氏、临沂宋氏、沂水刘氏等，均以科甲连第、家族繁盛而著称。

近代以来，沂蒙地区在西方文化的熏染与逼迫下，近代化历程蹒跚起步。20 世纪以后，尤其是马克思列宁主义传入沂蒙地区，赋予沂蒙文化发展以时代新机。在马克思主义的影响与中国共产党的领导下，沂蒙地区成为山东军民抗日战争的最重要战略基地、扭转解放战争局势的关键枢纽，为中华人民共和国的创建付出了巨大的努力和牺牲，留存下来的沂蒙红色文化资源——尤其是党政军民共同铸就的沂蒙精神，将沂蒙文化推向了新的境界。

二

沂蒙文化上承东夷文化之脉，赓续齐鲁文化之风，其所衍生的物质文明与精神文化宏阔深远，博大精深，成为今日为学者探究发掘的文化宝库。上古时期的东夷文化，先秦及秦汉时期的沂蒙儒学与兵书兵学，影响及于当代的荀学思想与书法、画像石等传统艺术，魏晋南北朝时期的沂蒙家族文化，隋唐迄至明清时期的沂蒙历史名人、文化家族、乡贤文化，近代以来以沂蒙精神为文化内核的沂蒙红色文化，当代沂蒙人民艰苦创业、自力更生的伟大实践等等，向当代沂蒙学人提出了新的命题和问题，"沂蒙文化与中华文明"丛书即是对这些命题和问题的回应。该丛书力图以专题研究、文集论丛、文艺创作等不同形式再现沂蒙文化的历史风貌。

本丛书也是对学界已有沂蒙文化研究的继续与深化。自 20 世纪 80 年代起，以王汝涛、王瑞功等诸先生为代表的老一辈历史学家立足沂蒙地域文化，从历史学、方志学、文献学、语言学、文学及历史地理学等不同角度展开了对琅邪文化、沂蒙名门望族文化、沂沭河流域历史地理等的专题与综合研究，积淀形成了深厚的研究根基与学术传统。1986 年，临沂师范专科学校历史系设立沂蒙历史人物研究所，展开对琅邪王氏、颜氏、诸葛氏等家族文化及历史名人的研究，成果丰硕，初步奠定了沂蒙文化研究在海内外学界的影响和地位。1998 年，为进一步挖掘、研究、弘扬沂蒙文化，沂蒙历史人物研究所更名为沂蒙文化研究所，积极对接临沂经济社会发展需求，逐步凝练形成沂蒙古代文化、沂蒙革命（红色）文化、沂蒙环境变迁与经济社会发展研究 3 个研究方向，通论性与专题性研究论著迭次出现，"沂蒙文化研究丛书"相继推出了《沂蒙教育史》《山东沂沭河流域古文化兴衰的环境考古研究》《琅邪王氏家族的历史与文化》《六朝沂蒙文学》等系列专题研究成果，将沂蒙文化研究向前推进了一大步。2011 年 7 月，临沂大学整合沂蒙文化研究力量，组建沂蒙文化研究院，吸纳专门从事沂蒙文化研究的科研人员，在挖掘沂蒙历史文化、服务地方经济社会发展方面做出了新的努力与尝试，沂蒙红色文化研究的优势和特色逐渐凸显。2015 年 12 月，新的沂蒙文化研究院组建成立，进一步凝练沂蒙精神研究、沂蒙艺术研究、山东抗日根据地研究三个学科方向，着力推进沂蒙文化研究的重生与新生。2016 年 12 月，新组建的历史文化学院从沂蒙古代历史文化、现代革命文化两个方向上着力推进基于历史学学科的沂蒙文化研究，进而带动中国史学科建设。"沂蒙文化与中华文明"丛书就是在这样的背景下启动并展开的。

"沂蒙文化与中华文明"丛书将沂蒙历史文化、文化赋存、文化现象等纳入研究视野，在全面梳理沂蒙文化历史的基础上，选取对中国历史发展产生重大影响的沂蒙文化主要节点进行研究，以进一步拓展沂蒙文化与齐鲁文化及其他区域文化的比较研究，深挖沂蒙文化内在特征，这是一项对提高沂蒙人民群众的自豪感、自信心都十分有意义的事，对学院的学科建设、师资队伍建设、教育教学质量的提升都具有重要的意义。

三

需要说明的是，本丛书在形式上不仅限于专题研究、理论分析与逻辑思维，也运用文艺形式书写沂蒙地区的风土人情与历史文化。不同类型的书写样式，不同学科视野的多维关照，有助于在更宏阔的视野下全面呈现沂蒙文化与中华文明的内在关联。如《风雨满征程》电视剧本就是以文艺的形式展现莒南大店庄氏文化。

我们深知学海无涯，学无止境，对沂蒙文化的探究也将永无止境，即使完成以上各项课题的写作，还不能说就是完成了"沂蒙文化与中华文明"关系的研究，但无疑会将沂蒙文化研究向前推进一步，为后续研究打下良好基础。

丛书由临沂大学历史文化学院、沂蒙文化研究院组织编纂。在丛书即将出版之际，编纂者不揣浅陋，草成以上数言，聊为丛书之序。但愿本丛书的编辑出版能为认识与理解、传承与传播、开发与利用沂蒙文化聊助绵薄之力，也祝愿各位研究者、写作者发扬殚精竭思、勉力而为的精神，尽快取得丰硕成果。

本丛书的编辑与出版还得到九州出版社的大力支持与帮助，他们为丛书出版倾注了大量心血，衷心感谢他们为此付出的辛劳与努力！

临沂大学历史文化学院（沂蒙文化研究院）

2017 年 5 月 20 日

前　言

　　沂蒙家教文化是沂蒙地域传统文化的重要组成部分，是伴随着社会的基本单元——家庭的出现而形成的。在人类历史发展的长河中，家庭是在原始社会末期，随着一夫一妻制婚姻形态的确立而产生的，是以特定的婚姻形态、血缘关系为主要纽带而结合起来的个体社会组织形式。家庭教育起源于上古时期家庭中父子口耳相传的生产生活实践，它以大量的家训、家书为载体。

　　目前学术界对家庭教育的概念众说纷纭，较为一致的解释是：家庭教育就是在家庭、家族的日常生活当中，以父母等长辈的言传身教、耳提面命为主要方式的一种教育活动以及家庭成员之间的互相教育。子女们在家庭里和父母亲、祖（外祖）父母等长辈朝夕相处，长辈的一言一行无不对子孙产生直接而深远的影响。同时家庭成员之间，也会互相教育、互相影响。有学者认为："家庭教育文化主要包括家庭教育价值观、家庭教育的主体观、学习至上的价值观、家庭教育与学校教育的功能观等几个方面。"[①]传统家教文化以儒家思想作为主流思想，儒家思想的"忠孝仁义""修齐治平""诚信守礼""安贫乐道""存心尽公"等，大都可在传统家训中体现出来。著名家训如诸葛亮的《诫子书》、颜之推的《颜氏家训》等皆是如此。

　　传统文化和家教文化相互渗透，家教文化附属于传统文化，传统文化涵盖了家教文化的内容，可以说家教文化是传统文化系统中的一个子系统，

---

① 缪建东.家庭教育社会学 [M].南京：南京师范大学出版社，1999:118.

家教文化则对传统文化的传承起到了重要作用。沂蒙家教文化与沂蒙传统文化的关系亦是如此。

本书所说的"沂蒙"是"沂蒙山区"的略称，是沂河流域和蒙山山系所经地区的总称，包括临沂市的三区九县和周边省市的部分地区。在该地区，巍巍蒙山横贯东西，滔滔沂河纵穿南北，八百里沂蒙大地山川锦绣、人文荟萃，形成了独具特色的区域文化。

沂蒙传统地域文化是以沂蒙山区及其辐射地带包括沂沭河流域全境为依托而形成的一种区域文化，它自远古时期即已萌芽，东夷文化是其发展的源头，后来经过古代长期的孕育、沉淀、丰富和发展，形成了源远流长、兼容并蓄、经世性强和与时俱进等特点。沂蒙地域文化在中华民族发展的历史进程中，每一个时期都做出了重要贡献。

在远古时期，沂蒙是东夷文化的重要发祥地之一。东夷文化的发展有比较清晰的考古学序列。从旧石器时代的"沂源猿人"，经沂沭河细石器文化，到新石器时代，一脉相承。新石器时代，从北辛文化（距今约 7300—6100 年）、大汶口文化（距今约 6100—4600 年），到龙山文化（距今约 4600—4000 年），序列分明，是中华文明的源头之一。在夏、商、周时期，东夷文化在与夏、商、周文化的碰撞、交流中逐渐融合统一。秦朝的建立者是东夷领袖伯益的后裔，秦文化既继承了东夷文化的优秀之处，又汲取了西戎部族的尚武雄强，秦朝的建立与统一，标志着东夷文化已完全融入多元一体的中华文化之中，为中华文化的丰富和发展做出了贡献。

在秦汉时期，沂蒙是山东的经学重镇。西汉时期，沂蒙地区涌现出一大批造诣较深的儒学经师，如王臧、缪生、孟卿、孟喜、后苍、疏广等，这些名儒或在地方，或在中央，对儒学的研读、传播发挥了重要作用。东汉时期，沂蒙儒学教育的发展极为可观。沂蒙地区的郡、县、乡普遍设立官学，主要学习儒家经典，儒学教育得到很大发展。私学中的儒学教育亦很发达。沂蒙籍著名经师，皆设帐授徒，传授儒家经典。如孟卿广招门徒，悉心传授。后苍举办私学，教授弟子多人。这一时期，儒学家族化现象比较普遍，出现了一些累世专攻一经并累世官宦的儒学家族。如琅邪王氏家族、兰陵萧氏家族、琅邪颜氏家族、琅邪诸葛氏家族等，皆以儒学传家。以儒学传家和累世官宦的社会现象，对沂蒙地区的历史及思想文化的发展有着深远的影响。

魏晋时期，沂蒙大族与流民纷纷南下，沂蒙地域文化开始了与南方的吴、荆襄、蜀、南中等区域文化的交流，促进了当地文化的发展。例如，东汉末年，诸葛亮随叔父诸葛玄迁居荆襄，成为刘备集团的军师，协助刘备进驻益州，三分天下，建立了蜀汉政权。诸葛亮秉承琅邪文化的主旨，以儒为主，儒法并用，严明赏罚，以法驭下，使蜀地的政治面貌很快发生了变化。

在东晋初立、诸事草创的时期，王导仍不忘设立学校，传播与交流儒家文化。他把沂蒙地区自先秦以来研读儒学的风气，推广于江南地区。除王导外，重视儒学传播与交流的祖籍沂蒙的人物还有王弘（379—432 年，刘宋宰相）、颜延之（384—456 年，刘宋湘东王师、金紫光禄大夫、文学家）、王俭（452—489 年，南齐宰相）、萧衍（464—549 年，梁武帝）等。由于这些人的努力，南朝在思想文化方面获得了新的成就。值得一提的是，王导导演的以司马睿"上巳观禊"为契机的南北士族联合，琅邪王氏家族对于司马政权的尊崇和拥戴，深刻影响了江南地方势力，也影响了江南文化，最终实现了南北士族的联合，从而巩固了司马睿集团的统治，为汉族统治中心成功转移南方做出了表率和贡献。这对于保护先进的生产和文化起到了重要作用。应该说，这是一次以沂蒙历史人物为主角的儒家政治文化向南方的传播与交流。

隋唐时期，随着国家的统一，思想文化也要求统一，因而儒学得到了新的整理和发展，形成了"义疏之学"。在这个过程中，沂蒙地域文化的代表人物发挥了自己的作用。同时，"义疏之学"也对沂蒙地域文化产生了重要影响。

宋金元时期，由于女真族、蒙古族"入主中原"等因素的作用，民族的地理分布发生了重大变化，因而整个民族文化，乃至沂蒙地域文化都呈现出多元化的状态。但是，儒学仍然在思想文化领域中占有主导地位，儒学教育有了进一步的发展。同时，佛教、道教在沂蒙地区也有新的发展，出现了儒、释、道三教合一的趋势。作为沂蒙地域文化重要内容的书法艺术也取得了新的成就。沂蒙地域文化受到更多的关注，若干文化名人或亲至沂蒙观光游览，或作诗文赞美沂蒙，使沂蒙地域文化获取了更高的声誉，产生了更大的社会影响。

明清时期，沂蒙地区有大批移民迁入，外来文化与本地民众文化交融碰撞，自然而然地在文化方面留下了痕迹和影响。经济上，尽管晚清时期西方列强的入侵给沂蒙人民带来了深重的灾难，但此期的农业、手工业、采煤业、商业等还是出现了一些新变化。文化教育倍受政府重视，传统官学、私学继续发挥教育教化功能。这既表现在文化艺术比前代有了一定的发展，又表现为一些文化世家大族的不断崛起。西学东渐，又为传统文化向近代文化的转型准备了历史条件，由于有了外来文化做参照，具有近代意义的文化教育开始萌芽。当然，明清时期又是文化专制时期，表现为尊孔崇儒，提倡理学与大搞文字狱，这束缚了思想文化的发展。所以，从总体上看，明清时期的沂蒙地域文化，封建的旧式文化仍占主导地位；但由于这个时期正处于传统文化向近代文化转型的历史时期，沂蒙地域文化又表现出一些新的特点。

与沂蒙传统地域文化发展相伴随的是沂蒙家教文化的产生、丰富和发展。本书拟在沂蒙传统文化的大背景下，分五个专题探讨沂蒙家教文化。

目　录

第一章　先秦时期沂蒙家教的产生与发展 / 1

第一节　先秦时期家庭教育概述 / 1

一、先秦时期家庭教育的萌芽 / 1

二、西周时期的家庭教育 / 3

三、春秋战国时期的家庭教育 / 12

四、先秦时期家庭教育的形式 / 25

第二节　先秦时期的沂蒙家庭教育 / 30

一、"夷俗仁"与沂蒙家教的源起 / 30

二、孔子对沂蒙家教的影响 / 35

三、荀子对沂蒙家教的影响 / 37

四、曾子对沂蒙家教的影响 / 39

第二章　秦汉时期沂蒙家教文化的发展 / 45

第一节　秦汉时期家庭教育概述 / 45

一、秦汉时期家庭教育的主要内容 / 46

二、秦汉时期家庭教育的主要方法 / 52

第二节　秦汉时期沂蒙的儒学教育 / 55

一、沂蒙官学中的儒学教育 / 55

二、沂蒙私学与儒学教育 / 56

三、社会生活中的儒学教育 / 58

第三节 秦汉时期的沂蒙家庭教育 / 62

一、儒学成为沂蒙家庭教育的主要内容 / 62

二、蒙阴蒙氏家族三代忠君事秦 / 65

三、琅邪王吉以正直清廉传家 / 66

四、疏广教子侄知足勿贪 / 67

五、萧望之以耿介教子 / 68

六、于公以执法公允传家 / 70

七、薛宣巧训其子 / 71

第三章 魏晋南北朝时期沂蒙家教文化的繁荣 / 73

第一节 魏晋南北朝时期家庭教育概述 / 73

一、社会动荡，官学衰微，家教兴盛 / 73

二、魏晋南北朝家庭教育的主要内容 / 77

三、魏晋南北朝时期家庭教育的主要方法 / 90

第二节 魏晋南北朝时期的沂蒙家庭教育 / 95

一、中国家训之祖——《颜氏家训》/ 95

二、魏晋南北朝时期沂蒙家教名人选介 / 110

第四章 隋唐宋元时期沂蒙家教文化的坚守 / 125

第一节 隋唐时期家庭教育概述 / 125

一、隋唐家庭教育的主要内容 / 129

二、隋唐家庭教育的形式和方法 / 145

三、隋唐家庭教育的特点 / 153

第二节 宋元时期家教文化概述 / 155

一、宋元时期家教的主要内容 / 156

二、宋元时期家教的主要形式 / 165

三、宋元时期家庭教育的特点 / 167

第三节　隋唐宋元时期的沂蒙家教 / 169

一、琅邪颜氏家族的家庭教育 / 169

二、兰陵萧氏家族的家庭教育 / 173

三、郑善果之母崔氏戒子清廉 / 177

四、"太平良相"王旦戒子弟俭素自立 / 178

五、莒州傅氏家族家教 / 179

六、城阳张氏家族家教家风 / 181

七、张雄飞以"刚直廉慎"传家 / 183

第五章　明清时期沂蒙家教文化的再度兴盛 / 186

第一节　明清时期家教文化概述 / 186

一、明清家教的主要内容 / 188

二、明清家教的主要方法 / 202

三、明清家教的特点 / 205

第二节　明清时期的沂蒙家教文化 / 207

一、大店庄氏家族的家教文化 / 207

二、蒙阴公氏家族的家教文化 / 213

三、琅邪宋氏家族以忠孝节义教育子孙 / 219

四、沂蒙名臣王璟以"清、慎、勤"教育子孙 / 222

参考文献 / 226

第一章　先秦时期沂蒙家教的产生与发展

先秦时期的家庭教育是我国家庭教育产生的源头，开创了后世家庭教育的先河。先秦时期的人们在长期的家教实践与探索中，基本形成了帝王、上层官僚及士阶层的家庭道德品质教育、生产劳动知识教育、科学技术教育等各类家教，出现了最基本的家教范畴和思想，为后世家庭教育和文化发展奠定了基础。这一时期的沂蒙家教文化内容主要有上层官僚家教和士阶层家教。

第一节　先秦时期家庭教育概述

先秦家庭教育是指距今约 5000 年前原始社会中后期至公元前 221 年秦朝建立以前的家庭教育。包括三个主要历史阶段：从约 5000 年前个体婚姻家庭产生、有现代意义的家庭教育出现至夏商时期（前 11 世纪），西周时期（前 11 世纪—前 771 年），春秋战国时期（前 770—前 221 年）。

一、先秦时期家庭教育的萌芽

我国家庭教育有着悠久的历史，早在原始社会中后期，大约 5000 年前，随着一夫一妻制个体婚姻家庭的产生，就出现了现代意义上的家庭教育。

一夫一妻制家庭婚姻关系牢固，父母与子女的关系明确，为双亲共同对子女进行教育创造了条件。《商君书·画策》曰："黄帝为君臣上下之义，父子兄弟之礼，夫妇匹配之合。"① 这里是说，黄帝规定了君臣、父子、夫妇的道德规范，这些道德规范也就是当时家庭教育的重要内容。又据《史记·五帝本纪》载，黄帝之孙颛顼有不才子，"不可教训，不知话言，天下谓之梼杌"。② "教训""话言"的主体应当指的是家庭中的父母长辈，这个失败的家教事例从侧面说明，在黄帝时期，家教已经产生。

家庭教育从其产生之日起，就是通过父母的言传身教来教育培养子女。在以农耕和狩猎为主要生产方式的上古时期，家庭教育当以传授农业生产和狩猎业技术为主要内容。因当时的家庭教育无文字记载，我们可以从历史文献所载的"畴人之学"的家学传承中了解大概。

所谓"畴人之学"，是指五帝至夏、商、周三代最著名的家学。畴人即为世世相传者。据《史记·历书·集解》："家业世世相传为畴。律，年二十三傅之畴官，各从其父学。"③ "畴人之学"主要实行于上古仕宦阶层，包括专业技术官员，如天文历法官员家庭。其做法是，为官之父兼而为师，传其所学，子承父业，世代为官。这种家学是当时世卿世禄制在家教中的反映，由于官职世袭，故为官的专业知识也世代相传。

"畴人之学"在上古时期的天文历法知识传授中最为典型，天文历法是农业生产所必需的科学知识，我国自古以农业立国，因此历代统治者都高度重视天文历法。《史记·历书》载，黄帝时已设立了天文历法官，后颛顼"乃命南正重司天以属神，命火正黎司地以属民"④，从此，重氏和黎氏便世为天文历法官。尽管世卿世禄制在西周末年以后废止，但从颛顼时代开始的天文学家业世传的传统却为后世所继承。清人阮元曾著《畴人传》，收录黄帝至清初有成就的天文学家 243 人，其中绝大多数都是由家学或师徒关系培养出来的。

---

① 蒋礼鸿撰 . 商君书锥指 [M]. 北京：中华书局,1986:107.
② [西汉] 司马迁 . 史记·五帝本纪 [M]. 北京：中华书局,2000:24.
③ [西汉] 司马迁 . 史记·历书 [M]. 北京：中华书局,2000:1096.
④ [西汉] 司马迁 . 史记·历书 [M]. 北京：中华书局,2000:1094.

除了天文历算学，在农业、手工业等领域，也普遍存在家业世传的现象。

周的始祖弃及其子孙是农学家传的典型。弃幼时即爱玩种植的游戏，长大之后更爱钻研农业技术，"相地之宜，宜谷者稼穑，民皆法则之"①。尧以弃为农师，号曰后稷。后稷卒后，子不窋立。后夏朝衰败，除去农官，不窋失官奔戎狄。他虽居戎狄，仍"不敢怠业"，"修其训典，朝夕恪勤，守以敦笃，奉以忠信"②，使其家学没有失传。后来，不窋孙公刘"复修后稷之业，务耕种，行地宜"，使人民生活富足，"行者有资，居者有畜积，民赖其庆。百姓怀之，多徙而保归焉。周道之兴自此始"③。

至于手工业的家传就更多了。商周时期的青铜器生产已经达到了很高的水平。商周的手工业都是官营的，手工业劳动者均为官府的奴隶，他们不可能接受学校教育，只能靠在生产实践中获得经验，并通过家传得以承继。故《周礼·冬官·考工记》曰："知者创物，巧者述之，守之世，谓之工。"意即手工业工人世守其业。如何守呢？郑玄解释道："父子世以相数。"④

二、西周时期的家庭教育

西周是我国奴隶社会政治、经济、文化发展的顶峰时期，作为奴隶社会主要标志的井田制、分封制、宗法制和礼制，在西周时期达到完备。在礼乐文明高度发展的时代背景下，家庭教育也有很大的发展，出现了帝王家教、贵族家教、胎教等形式，《周易》中的家教思想更是奠定了我国古代家教理论的基础。而这些成就的取得，主要归功于西周最高统治者的杰出代表人物周公。

① ［西汉］司马迁. 史记·周本纪 [M]. 北京：中华书局,2000:81.
② ［战国］左丘明撰.［三国］韦昭注. 胡文波校点. 国语·周语 [M]. 上海：上海古籍出版社,2015:2.
③ ［西汉］司马迁. 史记·周本纪 [M]. 北京：中华书局,2000:82.
④ 马镛. 中国家庭教育史 [M]. 长沙：湖南教育出版社,1997:7.

周公，姓姬名旦，谥文公，系周文王第四子，周武王同母弟，又称叔旦。因其采邑在周地而故称"周"。又因其为太傅，位列"三公"之一，所以被尊称为周公。周公曾协助武王伐纣灭商，武王死后又教育和辅弼年幼的成王，粉碎了管、蔡的武装叛乱，"继文王之业，履天子之籍，听天下之政，平夷狄之乱"①，成为西周王朝的重要奠基人之一。

西周是我国奴隶社会的全盛时期，作为这一时期主要标志的井田制、分封制、宗法制和礼制，都成于周公。周公不仅对西周政权的建立和巩固，对西周一代礼乐文化的形成有重大的建树，而且他还是我国古代社会继伊尹之后的又一位注重王室贵族子弟教育的大教育家。因此，历来被统治者和儒家学者尊为圣人。

周公制礼作乐的根本目的是巩固周王朝的统治，维护"亲亲"与"尊尊"的宗法制及等级制。同时，周公在总结历史经验教训的基础上，提出了"敬德保民"的思想，使这一思想贯穿在整个礼制中，将礼由宗教的仪式转化为现实生活中的典章制度与教育手段。他主张"以教育德"。通过德育，来实现德治；通过德育，培养和造就贵族统治阶级的接班人。

周公把道德教育视为关系社稷千秋大业的首要事务。他曾对周统治者讲："天不可信。我道惟宁（文）王德延。"②意思是说，只有加强修己敬德，才能使文王开创的国祚永享。他曾为成王太师，并请召公为成王太保，同心协力辅弼教导成王。他在《尚书·君奭》中总结了商朝自伊尹、保衡、伊陟、臣扈到巫贤等名臣师保的教育经验，继承前代师、傅、保之教的传统，不但建立了周王室的家教师、傅、保制度，而且根据他的礼乐与敬德保民思想，提出了系统的贵族子弟的家教内容。

1. 帝王家教

西周王朝拥有辽阔的疆域，树立了空前的权威，"溥天之下，莫非王土；率土之滨，莫非王臣"。但是，周王朝最高统治者并没有因为征服天下

① [汉]刘安著,[汉]许慎注,陈广忠校点.淮南子·氾论训[M].上海：上海古籍出版社,2016:310.
② 冀昀主编.尚书·君奭[M].北京：线装书局,2007:203.

而忘乎所以，他们亲历了夺取政权的斗争，深知创业难守业更难的道理，因此他们非常注重对王室子弟的教育。

周公在总结前代家庭教育的师、傅、保制度的基础上，建立了周王室的家庭教育制度，《周礼》中有较详细的记载，主要内容包括道艺、品德、言行、礼仪等方面。

在西周王室子弟的家庭教育中，道艺教育处于非常重要的地位。以道艺为家庭教育的主要内容对王室子弟进行教育，可以达到修身的目的。在《周礼》中，道艺指礼、乐、射、御、书、数，即"六艺"教育。郑司农曰："道谓先王所以教道民者，艺谓礼乐射御书数。"①《周礼·地官·司徒》载："保氏：掌谏王恶，而养国子以道。乃教之六艺：一曰五礼，二曰六乐，三曰五射，四曰五驭，五曰六书，六曰九数。"②

西周负责对王室子弟进行品德教育的主要是地官中的师氏和春官中的大司乐。《周礼·地官·司徒》载："师氏：掌以媺诏王。以三德教国子：一曰至德，以为道本；二曰敏德，以为行本；三曰孝德，以知逆恶。"③至德是道德的根本，是品德形成的基础；敏德是行为的根本，当知可行与不可行之事；孝德是尊祖爱亲，不忍做彼之逆恶之事。三者结合，可以培养品行兼备之才。

据《周礼》记载，西周负责对王室子弟进行语言教育的是大司乐，"以乐语教国子：兴，道，讽，诵，言，语"。④即教其掌握运用语言的技巧。主要包括掌握比喻的方法、引用古语的方法、背诵诗文的技巧、回答叙述问题的技巧等。地官中的师氏负责对王室子弟进行行为教育，"教三行：一曰孝行，以亲父母；二曰友行，以尊贤良；三曰顺行，以事师长"。⑤

地官中的保氏和春官中的乐师负责对王室子弟进行礼仪方面的教育。

---

① ［清］孙怡让. 周礼正义 卷六 [M]. 北京：中华书局,1987:222.
② 陈戍国点校. 周礼·仪礼·礼记 [M]. 长沙：岳麓书社,2006:31.
③ 陈戍国点校. 周礼·仪礼·礼记 [M]. 长沙：岳麓书社,2006:31.
④ 陈戍国点校. 周礼·仪礼·礼记 [M]. 长沙：岳麓书社,2006:51.
⑤ 陈戍国点校. 周礼·仪礼·礼记 [M]. 长沙：岳麓书社,2006:31.

主要内容是"五礼"和"六仪"。"五礼"即《周礼》中大宗伯掌管的吉、凶、宾、军、嘉五礼。《周礼·春官·大宗伯》载,"以吉礼事邦国之鬼神祇""以凶礼哀邦国之忧""以宾礼亲邦国""以军礼同邦国""以嘉礼亲万民"。①此五礼,是对周王室子弟进行家庭教育的重要内容。"六仪"是指:"一曰祭祀之容,二曰宾客之容,三曰朝廷之容,四曰丧纪之容,五曰军旅之容,六曰车马之容。"②涉及王室子弟日常生活的各个方面。

2. 贵族家教

西周的贵族家庭教育有一套按照儿童的年龄阶段安排的基本教育程序和教育内容,这成为后来士大夫家庭教育的起源。

(1)家教基本程序

《礼记·内则》记载了西周贵族家庭教育的基本程序:"子能食食,教以右手;能言,男唯女俞。男鞶革,女鞶丝。"③这里是说,从儿童能自己吃饭、会说话开始,就要培养良好的饮食和语言习惯,语言和服饰都要符合男女不同的性别要求,突出了西周家教"早谕教"的特点。从此,我国古代一直都以"能言能食"作为家教的起点。

"六年,教之数与方名。七年,男女不同席,不共食。八年,出入门户及即席饮食,必后长者;始教之让。九年,教之数日。十年,出就外傅,居宿于外,学书计;衣不帛襦袴;礼帅初,朝夕学幼仪,请肄简谅。十有三年,学乐诵诗,舞勺。成童舞象,学射御。"④从6岁开始,就要进行文化知识的启蒙教育,教记数和方位名称。7岁起,要分别男女。8岁,教以尊老敬长、礼貌谦让。9岁,教以计算日期。10岁开始,就要离家就学,学习写字、算术和基本的行为准则。13岁开始,学习礼乐、《诗经》和文舞。15岁以后,学习武舞、射箭和驾车。

从以上内容可以看出,西周的贵族家庭教育是以伦理道德规范的初步

---

① 陈戍国点校. 周礼·仪礼·礼记 [M]. 长沙:岳麓书社,2006:44.
② 陈戍国点校. 周礼·仪礼·礼记 [M]. 长沙:岳麓书社,2006:31.
③ 钱玄等注译. 礼记·内则 [M]. 长沙:岳麓书社,2001:396.
④ 钱玄等注译. 礼记·内则 [M]. 长沙:岳麓书社,2001:396.

习得和接人待物、为人处世等日常生活的常规训练为主，并根据儿童的生理发育和智力成长规律，安排符合年龄特征的文化知识学习、乐舞学习和体育锻炼，注重德智体全面发展。这对于我们现代社会的家庭教育仍具有启发和借鉴意义。

女孩的家庭教育从一开始就与男孩有别，10 岁以后更是完全不同："女子十年不出，姆教婉娩听从，执麻枲，治丝茧，织纴组紃，学女事，以共衣服。观于祭祀，纳酒浆、笾豆、菹醢，礼相助奠。"①10 岁开始，女孩就要足不出户，在家里由保姆教以言语柔顺、行为端庄等"女德""女容"，还要学习理麻纺织等"女工"和将来帮助丈夫进行祭祀活动的基本知识，这都是为婚后成为贤妻良母做好充分的准备。这是我国传统社会自然经济条件下，男耕女织、男主外女主内的社会分工和观念在家庭教育中的反映，也成为后世女子家教的基本内容。

（2）家教主要内容

我国传统社会的家庭教育以德育为主，从教"人伦"着手，教育孩子学会做人。德育一般是通过道德观念的灌输和行为习惯的培养两大途径来进行。这种具有民族特色的德育形式也滥觞于西周的家庭教育。

西周贵族家庭教育向儿童灌输的道德观念主要包括以下几个方面：

孝顺父母。这是传统伦理道德教育的核心内容。西周的孝道标准，是在力所能及的范围内，精心侍奉父母，做些能使父母愉悦的事情，比如："冬温而夏清，昏定而晨省。"②要听从父母吩咐："见父之执，不谓之进不敢进，不谓之退不敢退，不问不敢对"。③既不能让父母为自己担心，也不能让父母因自己的言行不当而受辱："夫为人子者：出必告，反必面，所游必有常，所习必有业"，"在丑夷不争"，④"不服闇，不登危，惧辱亲也"，

---

① 钱玄等注译. 礼记·内则 [M]. 长沙：岳麓书社，2001:398.
② 钱玄等注译. 礼记·曲礼上 [M]. 长沙：岳麓书社，2001:6.
③ 钱玄等注译. 礼记·曲礼上 [M]. 长沙：岳麓书社，2001:6.
④ 钱玄等注译. 礼记·曲礼上 [M]. 长沙：岳麓书社，2001:6.

"父母存，不许友以死"。①

尊敬师长。西周把师放在同父亲一样高的地位："父召无诺，先生召无诺，唯而起。"② 对先生要恭敬礼貌："侍坐于先生，先生问焉，终则对。请业则起，请益则起。"③ 陪伴先生闲坐，先生有事要问时，要等先生把话说完后才回答。向先生请教学习上的问题，要起立。平时遇到先生，也要恭敬有礼："遭先生于道，趋而进，正立拱手；先生与之言，则对，不与之言，则趋而退。"④ 对于其他年长之人，同样要恭敬有礼："年长以倍，则父事之；十年以长，则兄事之；五年以长，则肩随之。群居五人，则长者必异席。"⑤ 聚会时有 5 个人，年长者就要单独坐在一张坐席之上。听长辈说话要保持恭敬的态度："坐必安，执尔颜。长者不及，毋儳言。正尔容，听必恭，毋剿说，毋雷同。"⑥ 长辈没有说到的事情，不要打岔先说，跟长辈说话不要妄言，要以历史事实为依据。

谦恭礼让。"为人子者，居不主奥，坐不中席，行不中道，立不中门。"⑦ 平时不坐在室内的西南角，西南角为尊者、长者所居；坐席时，不坐在中央位置；行路时不走在道路的中央；站立时，不站在门的中央。

诚实守信。《礼记·曲礼上》曰："幼儿常视毋诳。"⑧ 对幼儿要进行正面教育，不要欺骗。孔颖达解释说："小儿恒习效长者，长者常示以正事，不宜示以欺诳，恐即学之。"⑨

西周家庭教育很注重儿童行为习惯的培养，从日常生活中的坐立行卧、日常起居、人际交往、饮食礼仪等方面培养良好的行为习惯，达到以德育

---

① 钱玄等注译. 礼记·曲礼上 [M]. 长沙：岳麓书社, 2001:8.
② 钱玄等注译. 礼记·曲礼上 [M]. 长沙：岳麓书社, 2001:13.
③ 钱玄等注译. 礼记·曲礼上 [M]. 长沙：岳麓书社, 2001:13.
④ 钱玄等注译. 礼记·曲礼上 [M]. 长沙：岳麓书社, 2001:9.
⑤ 钱玄等注译. 礼记·曲礼上 [M]. 长沙：岳麓书社, 2001:7.
⑥ 钱玄等注译. 礼记·曲礼上 [M]. 长沙：岳麓书社, 2001:12.
⑦ 钱玄等注译. 礼记·曲礼上 [M]. 长沙：岳麓书社, 2001:7.
⑧ 钱玄等注译. 礼记·曲礼上 [M]. 长沙：岳麓书社, 2001:8.
⑨ 十三经注疏 [M]. 北京：中华书局, 1979:1234.

人目的。《礼记》对儿童在不同的年龄阶段需要有什么样的行为习惯做了极为详尽细致的要求。

坐立行卧，要求"坐必安"，^①"立必方正，不倾听"。^②"毋侧听，毋噭应，毋淫视，毋怠荒。游毋倨，立毋跛，坐毋箕，寝毋伏。"^③意思是说，坐姿要安稳，站立要端正，不要歪着身子听讲，不要侧着耳朵偷听别人私言，不要用号叫的声音应答，不要斜着眼睛看人，身体不要放松懒散。行走时不要一副傲慢的样子，站立时不要一只脚着地身体歪斜着，坐着时不要两脚伸开像个畚箕，睡觉时不要趴着。

日常起居，要求早睡早起，"男女未冠笄者，鸡初鸣，咸盥漱，栉，縰，总角，衿缨，皆佩容臭。昧爽而朝，问何食饮矣。若已食则退，若未食则佐长者视具。"^④未成年的子女在鸡初鸣时也都要起床盥洗，穿戴整齐，去问候父母，问他们吃了些什么。如果父母已经吃过了，那就告退；如果还没有吃，就要协助兄嫂在旁边视膳。

人际交往方面，出门做客，"将适舍，求毋固。将上堂，声必扬。户外有二屦，言闻则入，言不闻则不入。将入户，视必下。入户奉扃，视瞻毋回。户开亦开，户阖亦阖，有后入者，阖而勿遂。毋践屦，毋踏席，抠衣趋隅。必慎唯诺。"^⑤"男女不杂坐，不同椸枷，不同巾栉；不亲授。"^⑥到别人家做客，要求做到不粗鲁。将登主人堂屋，一定高声探问，使主人知道有人来。如果发现门外有两双鞋子，知道室内有两个人在，可能在谈私事，故需要得到允许方能进屋。将进屋时，视线要往下看，不能东张西望。进了门，双手把着门闩以示恭敬，目光不扫视室内四周。门原来是开着的，进门后依然开着；门原来是闭的，进门后就把门闭上，如后面还有人跟着进来，就不要马上将门关上。脱鞋时不要踩了别人的鞋子，不要跟先来的

① 钱玄等注译.礼记·曲礼上 [M].长沙：岳麓书社,2001:12.
② 钱玄等注译.礼记·曲礼上 [M].长沙：岳麓书社,2001:8.
③ 钱玄等注译.礼记·曲礼上 [M].长沙：岳麓书社,2001:14.
④ 钱玄等注译.礼记·内则 [M].长沙：岳麓书社,2001:363.
⑤ 钱玄等注译.礼记·曲礼上 [M].长沙：岳麓书社,2001:9.
⑥ 钱玄等注译.礼记·曲礼上 [M].长沙：岳麓书社,2001:15.

人争坐席，用手提起下裳，从席角走向座位。应对时，必须谨慎小心。男女不混杂坐在一处，不共用一个衣架挂衣，不共用一条手巾和共用一把篦梳。男女之间不要亲手相互传递东西。

饮食礼仪方面，"共食不饱，共饭不泽手。毋抟饭，毋放饭，毋流歠，毋咤食，毋啮骨，毋反鱼肉，毋投与狗骨，毋固获，毋扬饭，饭黍毋以箸，毋嚃羹，毋絮羹，毋刺齿，毋歠醢"。① 与他人一起用餐，不可光顾自己吃饭；共同在一个食器内取饭吃，临食时，不要搓手。抓饭时，不要把饭抟成饭团，不要将已经拿出的饭再放回食器中。喝汤时不可大口大口地饮，吃饭时嘴巴不要发出声响，不要啃骨头。吃过的鱼肉，剩下的部分不要再放回食器中。不要将骨头扔给狗吃。不要专吃一样菜，或与人争着夹菜。不要去扬饭的热气，吃黍米饭不用筷子。羹中有菜当细嚼，不要不嚼就大口吞咽。不要往菜汤里放调味品，不要当众剔牙齿，不要大口地吸食肉酱。

《礼记》中类似的行为规范还有很多，可谓事无巨细，不厌其烦，由此可见西周时期的家教对于子弟品行素养、礼仪规范教育的重视。

3.《周易·家人卦》的家庭教育思想

《周易》为儒家重要经典之一，原为古代算卦的筮书，内容包括《经》和《传》两部分，《经》部旧传伏羲画卦，文王作辞；《传》为解释《经》而作，共 10 篇，统称《十翼》，旧传孔子作，近人认为大概为春秋至秦汉时人所作，非出自一时一人之手。《周易·家人卦》包含了丰富的家庭教育思想，充分反映了西周家教理论发展的高度。

《周易·家人卦》下离上巽，离为火在下，巽为风在上，风在火上而自火出，象征家事影响自内而外。从卦象和爻画看，《家人》卦由四阳二阴组成，阳乃阳刚，代指男人；阴乃阴柔，借喻女人。在家庭中，男女即指夫妇。六二阴爻和九五阳爻相应得正。阳刚居外，阴柔居内，恰恰应了古代"男主外，女主内"的训示。男在外，女在内，相应得位，以象征家庭的大义。《周易·家人卦》说明了治家的道理，强调的是"正"。《象传》曰："家

---

① 钱玄等注译. 礼记·曲礼上 [M]. 长沙：岳麓书社，2001:18.

人，女正位乎内，男正位乎外。男女正，天地之大义也。家人有严君焉，父母之谓也。父父，子子，兄兄，弟弟，夫夫，妇妇，而家道正。正家而天下定矣。"① 这里强调的是家庭成员各安其位，各守本分，则家道端正，家道端正天下就安定了。

如何正家，《周易·家人卦》强调了"家有严君"，作为一家之主，应当以严治家，"家人嗃嗃，悔厉，吉。妇子嘻嘻，终吝。"② 家人经常受到严厉呵斥，家道终究不会有失；反之，如果妇人孩子整日嬉笑无节制，最终可能会有使家人羞辱的事情发生。

但是，《家人卦》所谓的严，并非是动辄打骂，而是包含了对家长自身和子弟的多种规范要求。

首先，严并非仅是犯错以后的惩罚，而应当防患于未然："闲有家，悔亡。"③ 家中有防范，就不会有悔恨。因为大错的发生都是由小积大的，并非一朝一夕之故，因此家长对子弟的教育应当慎辨其微，防微杜渐。

其次，要做到严与爱相结合。"王假有家，勿恤，吉。《象曰》：'王假有家'，交相爱也。"④ 一味地严厉只能使家人顺从，很难做到心服。只有用爱心去感化子弟，使其心悦诚服，才能把行为规范变为自觉的行动，这才是成功的家教应该追求的境界。

第三，教育标准要有常规法度："君子以言有物而行有恒。"⑤ 君子说话要有根据有内容，行为要有常规法度，不可朝令夕改，让子弟无所适从。

第四，严格教子要与严于律己相结合："有孚威如，终吉。《象》曰：'威如'之'吉'，反身之谓也。"⑥ 有诚信又有威严，最终的结果是吉利的。而这个吉利，是反求诸己、严格要求自己做到的。家长之所以要有威信，是因为如果家长失去威信，子弟就会有失恭敬，家道终会失序混乱。而家

---

① 　曾凡朝注译．崇文国学经典普及文库 周易 [M].武汉：崇文书局,2015:191.
② 　曾凡朝注译．崇文国学经典普及文库 周易 [M].武汉：崇文书局,2015:193.
③ 　曾凡朝注译．崇文国学经典普及文库 周易 [M].武汉：崇文书局,2015:192.
④ 　曾凡朝注译．崇文国学经典普及文库 周易 [M].武汉：崇文书局,2015:194.
⑤ 　曾凡朝注译．崇文国学经典普及文库 周易 [M].武汉：崇文书局,2015:192.
⑥ 　曾凡朝注译．崇文国学经典普及文库 周易 [M].武汉：崇文书局,2015:194.

长威信的取得，不是靠高压得来的，是靠家长以身作则、严于律己取得的。

三、春秋战国时期的家庭教育

春秋战国时期（前 770—前 221 年）是我国从奴隶社会向封建社会过渡的大变革时期，社会的巨大变革促使家教思想发生了重大的变化。血缘关系维系的宗法制逐渐瓦解，各诸侯国之间进行激烈的争霸与兼并战争，使"国之大事，在祀与戎"逐渐被"国家大事，在戎与治"所取代。各日益强大的诸侯国为开疆扩土或寻求自保，不断巩固和发展国力，诸侯国君加大了对子弟教育的力度。治国与战争的需要也催生了为统治者出谋划策的"文士"和驰骋疆场的"武士"，他们希望通过"学而优则仕"登上政治舞台，或继承家学祖业跻身于统治阶层的行列，所以他们特别注重子弟德行的培养与文化知识等技艺方面的教育，为他们步入仕途做好准备。

奴隶主贵族垄断的官学衰废，"天子失官，学在四夷"，[①] 私学日益兴盛，为诸侯家教提供了便利的条件。春秋战国时期，诸侯之间不断进行争霸与兼并战争，各诸侯国为长久拥有统治地位，加强对太子及贵族子弟的教育和培养。春秋时期，诸侯家教已被视为关乎国家兴亡和争霸诸侯的主要措施之一；战国时期，诸侯家教继续得到发展，诸侯之家除了争相招贤纳士之外，还聘用德才兼备的士作为家庭教师，专门教育诸侯子弟。

春秋时期，长期动乱的社会现实与不断改革的政治局面，由没落的贵族与上升的平民组成了新生的社会阶层——士阶层。在"戎"与"治"的现实需要下，"士"主要分为为统治者建言献策的"文士"与驰骋疆场攻城略地的"武士"。这些士人凭借一技之长，在积极参与统治的同时，还注重子弟道德知识与谋生技能的培养。"无论是没落的贵族出身的，还是由平民阶层上升的知识分子，他们都不甘心下降到平民阶层，成为自食其力的劳动者，而是希望通过'学而优则仕'的道路登上政治舞台，世代为官。""无论是武士还是文士，由于他们是以为统治者服务为谋生之道，所以不仅注

---

① 杨伯峻. 春秋左传注 [M]. 北京：中华书局，1981:1389.

重自己从政能力训练，而且也很重视其子弟礼乐文化教养，甚至在学术艺能方面如果是自家的独创，则不轻易外传，以保证其子弟在入世晋升方面保持优势。"①《左传·成公九年》记楚囚传习先人乐官弹琴技艺时说："先人之职官也，敢有二事？"②可知士人家教以文化知识等技艺传授为主，主要以术业家传的方式进行。

社会的大变革，士阶层的崛起，私学的兴盛，促进了学术思想的大发展，出现了"百家争鸣"的繁荣景象。与此同时，由于宗法制的崩溃，封建家长制逐步形成。在这种时代背景下，家庭教育也发生了很大的变化，家教主体从以周王室、奴隶主贵族为主转变为以士阶层为主；士阶层的杰出代表——诸子的家教思想勃兴，春秋战国时期的家教思想和实践大大丰富了先秦家庭教育的内容。

1. 士阶层的家庭教育

春秋战国时期，士阶层在当时的社会舞台上非常活跃，扮演着各种不同的角色，经历的精彩使得他们的家庭教育内容也较为丰富。由于时代的局限，这些内容大多只是以故事的形式流传下来，并主要集中于德育领域。注重德育也成为我国家庭教育的传统。

（1）为人处世的品德教育

我国家教历来注重教子为人处世之道。春秋战国时期，士阶层家教中为人处世的品德教育主要内容有守礼、向善、谦虚、诚信、勤劳等。

孟母教子守礼：孟子结婚后，有一次走进卧室，见其妻衣服敞着，他觉得这是妻子失礼，很不高兴，转身就走。其妻不得已向孟母告辞，准备回娘家。于是，孟母召孟子来，教导他说："夫礼，将入门，问孰存，所以致敬也。将上堂，声必扬，所以戒人也。将入户，视必下，恐见人过也。今子不察于礼，而责礼于人，不亦远乎？"③意思是说，按礼，将进门要先

---

① 毕诚. 中国古代家庭教育 [M]. 北京：商务印书馆,1997:24-26.
② 杨伯峻. 春秋左传注 [M]. 北京：中华书局,1981:844.
③ [西汉] 刘向撰；刘晓东校点. 列女传·母仪传·邹孟轲母 [M]. 沈阳：辽宁教育出版社,1998:7.

打招呼，入门之后视线要往下看，以免见人私事。你自己不按礼行事却要求别人循礼，不是太过分了吗？孟子听了，连忙向母亲承认了错误，请妻子留下来。

曾子教子从善如流：曾子病重，他的儿子、学生等在他床边侍候着，一个年幼的家仆端着蜡烛照明。家仆见曾子躺在一张华贵的竹席上，就问："多么华丽光润啊！这是大夫才能用的席子吧？"曾子的学生乐正子春连忙示意家仆别说。曾子听见了，就挣扎着说："是啊，这是季孙氏所赐，我身体虚弱，未能及时换掉它。"吩咐儿子曾元："快扶我起来，把席子换掉！"曾元为难地说："您病得很重，不能移动，还是等到明天早上再换吧。"曾子说："尔之爱我也不如彼。君子之爱人也以德，细人之爱人也以姑息。吾何求哉？吾得正而毙焉，斯已矣。"① 意思是说，君子爱人，就要成全别人的美德；小人爱人，才会苟且地讨别人喜欢。于是，他们只好扶曾子起来，换掉了席子。结果，再躺回去，还没安稳下来，曾子就去世了。曾子临终前还从善如流，为其子弟上了最后一课。

范武子教子以谦：春秋时期，晋国的范文子在朝为官。有一天，他很晚才回家，其父范武子问："怎么这么晚才回来？"范文子说："今天从秦国来了一个客人，在朝中出谜语让大家猜，大夫们没人能猜对，而我却猜出了三条。"范武子听了很不高兴，生气地对儿子说："大夫们不是不能猜，而是让给长者猜，你小小年纪，竟然三次在朝中抢先说话！我如果不在晋国，我们家恐怕没几天就要败亡了！"说着，拿起棍棒就打儿子，竟把范文子的发簪都打断了。范文子受到这次教训，就开始变得谦虚了。有一次，范文子和郤献子一起打了大胜仗，归来时，他特地让郤献子先入城门。范武子见了儿子，问道："你不知道我多么盼望你平安归来吗？"范文子回答说："夫师，郤子之师也，其事臧。若先，则恐国人之属耳目于我也，故不敢。"② 意思是说，这次晋国军队出征，是郤献子指挥的主意，他的功劳大。如果我先回来，恐怕人们都把注意力集中到我身上，所以我不敢这样做。

---

① 钱玄等注译. 礼记·檀弓上 [M]. 长沙：岳麓书社, 2001:65.
② [战国] 左丘明撰. 国语 [M]. 上海：上海古籍出版社, 2015:270.

范武子听了，很高兴地说："现在我知道你懂得怎样可以避免灾祸了。"

曾子杀彘教子诚信：《韩非子·外储说左上》记载了曾子杀彘的故事，堪称教子典范。有一天，曾子的妻子要到市场去买东西，他的儿子哭着喊着非要跟着一起去。曾子的妻子告诉儿子说："你先回去，在家等着，等我从市场上回来就杀猪给你炖猪肉吃。"妻子回来后，曾子就要去抓猪杀了它，妻子制止曾子说："我只是跟孩子说着玩罢了。"曾子说："婴儿非与戏也。婴儿非有知也，待父母而学者也，听父母之教。今子欺之，是教子欺也。母欺子，子而不信其母，非所以成教也。"① 意思是说，小孩子不懂事，要靠父母教育他们。今天你骗了他，是教他学会骗别人。母亲欺骗了孩子，孩子就不会相信母亲了，这样是教育不好孩子的。说完，曾子就去把猪杀了。曾子之妻虽出于戏言，但曾子仍兑现杀猪的诺言，在教子诚实守信、言出必行方面做出了很好的示范。

敬姜教子勤劳：敬姜是春秋时期鲁国公父穆伯的妻子，鲁国大夫公父文伯的母亲。公父穆伯的父亲是鲁国卿大夫季悼子。公父穆伯早死，敬姜对儿子的教育非常严格，使公父文伯后来成为鲁国的栋梁之臣。有一天，身为鲁国大夫的公父文伯去看望母亲，他看到母亲正在纺线，心里感觉很不自在，就对母亲说："像我们这样的人家，您作为家中的主母还要亲自纺线，这事传出去恐怕会让季孙恼怒，他一定会认为我不孝敬您。"季孙即季康子，是季悼子的曾孙，以此算来敬姜是季孙的叔祖母。当时季孙正担任鲁国正卿，所以公父文伯怕季孙斥责他不孝。敬姜叹了一口气说："鲁国要灭亡了吧？让你这样的孩童充任官职却没有让他听到为官之道。坐下来，我讲给你听。于是敬姜做了一番长论，即《论劳逸》："昔圣王之处民也，择瘠土而处之，劳其民而用之，故长王天下。夫民劳则思，思则善心生；逸则淫，淫则忘善，忘善则恶心生。沃土之民不材，淫也；瘠土之民向义，劳也。"② 在这里，敬姜以圣王治民为例，说明勤则善心生的道理：过去圣王

---

① ［清］王先慎集解，姜俊俊校点.韩非子·外储说左上 [M].上海：上海古籍出版社，2015：348.

② ［汉］刘向撰，刘晓东校点.列女传 [M].沈阳：辽宁教育出版社，1998:9.

安置百姓，选择贫瘠的土壤给他们，让他们劳作，因此能够长久统治天下。百姓劳作就会思虑，思虑就会产生善良的念头；安逸就会产生淫逸的念头，淫逸就会忘记善良，忘记善良就会生邪恶之心。生活在肥沃土地上的百姓没有什么才能，是因为淫逸。贫瘠土地上的百姓崇尚德义，是因为他们勤劳。敬姜言传身教，希望做官的儿子在忠于职守做好本职工作的同时，谨记勤俭节约，不要贪图安逸。

（2）从政为官的品德教育

从政为官是士阶层的主要出路，故从政为官之德成为士阶层家教的主要内容之一，主要包括忠于职守、清正廉洁、善待属下等。

史鳅教子忠于职守：史鳅，字子鱼，春秋时期卫国的大夫，以敢于直谏著称。《论语·卫灵公》中"直哉史鱼"就是孔子赞美史鳅的话。卫灵公时，蘧伯玉贤德而不被重用，弥子瑕不贤而被委以重任，史鳅为此多次谏诤无效，临死前令其子陈尸北堂，说："我即死，治丧于北堂，吾不能进蘧伯玉而退弥子瑕，是不能正君也。生不能正君者，死不当成礼。置尸北堂，于我足矣。"[①] 卫灵公前去吊丧，得知史鳅临终之言，感叹说："夫子生则欲进贤退不肖，死则不懈，又以尸谏，可谓忠而不衰矣！"于是召蘧伯玉任之为卿，而黜退了弥子瑕，卫国因此而大治。史鳅之子也从中得到了最深刻的从政道德教育。

田稷子母教子清廉：齐宣王时，田稷子任齐相，下属送给他黄金百镒，田稷子把这些黄金送给了他的母亲。他母亲问他："你当相国三年了，从来就没有这么多的俸禄，难道是接受了士大夫们的钱财？你是怎么得到这些钱的？"田稷子只得如实相告。其母教育他说："吾闻士修身洁行，不为苟得。竭情尽实，不行诈伪。非义之事，不计于心。非理之利，不入于家。言行若一，情貌相副。今君设官以待子，厚禄以奉子，言行则可以报君。夫为人臣而事其君，犹为人子而事其父也。忠信不欺，务在效忠，必死奉命，廉洁公正，故遂无患。今子反是，远忠矣。夫为人臣不忠，是为人子

---

① [西汉] 刘向编著；赵仲邑选注. 新序选注 [M]. 长沙：湖南人民出版社,1983:2.

不孝也。不义之财，非吾有也。不孝之子，非吾子也。"①田稷子母教育其子，士大夫应当修身洁行，不可苟且贪利，不做狡诈虚伪的事，不做不道义的事，不要接受不义之财，否则就是不忠不孝。田稷子听了母亲的话，十分惭愧，忙将黄金退还下属，并向齐宣王请罪。齐宣王听了之后，非常赞赏田母之高义，赦免田稷子之罪，仍旧让他为相，并以朝廷府库的金子赏赐给田稷子之母。田稷子母教子清廉的故事传颂至今。

孟母教子从政求义：孟子在齐国做官，经常面有忧色。母亲问他："你好像有心事，怎么了？"孟子答道："没什么。"又有一天，孟子闲居在家，靠着堂前的柱子叹息。孟母见了后又问道："上次我就见你面带忧愁，问你你说没什么，今天又靠着柱子叹息，到底是怎么回事？"孟子说："我听说，君子要根据自己的能力来任职，不苟且求得赏赐，不贪图荣誉禄位。诸侯不采纳自己的主张的话，就不必到他那里去任职；采纳了主张又不付诸实践的话，就不要去他那里觐见。现在齐国不实施我的主张，我想到别国去，但是母亲您年纪大了，不便远行，所以忧愁。"孟母听了之后，告诉孟子说："妇人无擅制之义，而有三从之德也。故年少则从乎父母，出嫁则从乎夫，夫死从乎子，礼也。今子成人也，而我老矣。子从乎子义，吾从乎吾礼。"②孟母鼓励孟子从义行事，敢于追求自己的政治理想，不贪图荣禄。

子发母教子善待部下：楚国将军子发率军攻打秦国，粮食断绝，于是派人回国求援，并顺便问候自己的母亲。子发母问来人："士兵生活怎么样？"那个人说："士兵靠分一些豆子充饥。"子发母又问："将军生活怎样？"来人说："将军每天都可以吃肉和米饭。"子发得胜回国，其母却不让他进家门，并派人去责备他说："子不闻越王勾践之伐吴耶？客有献醇酒一器者，王使人注江之上流，使士卒饮其下流，味不及加美，而士卒战自五也。异日有献一囊糗糒者，王又以赐军士，分而食之，甘不逾嗌，而战自十也。今子为将，士卒并分菽粒而食之，子独朝夕刍豢黍粱，何也？……夫使人入于死地，而自康乐于其上，虽有以得胜，非其术也。子非吾子也，

---

① ［西汉］刘向著.古列女传译注 [M].北京联合出版公司,2015:56.

② ［西汉］刘向著.古列女传译注 [M].北京联合出版公司,2015:43.

无入吾门。"① 子发母用越王勾践善待士兵，士兵以一当五、以一当十地战斗来回报他的恩情的故事，教育子发善待部下。

2. 孔子的家庭教育思想

孔子（前 551—前 479 年）名丘，字仲尼，春秋时期鲁国陬邑（今山东曲阜）人，我国伟大的思想家和教育家。作为中华民族的古哲先贤，儒家文化的创始人，孔子创立的儒家文化成为古代中国的主流文化之一，他的教育思想为我国传统教育理论的形成和中华文明的孕育与发展奠定了坚实的基础。他对我国古代家庭教育也有卓越的理论贡献，对后世的家庭教育产生了深远的影响。

孔子在家庭教育的内容与方式方法等方面，都提出了自己的主张。

孔子把孝道作为家庭教育的根本内容。在孔子看来，"其为人也孝弟，而好犯上这，鲜矣；不好犯上，而好作乱者，未之有也。君子务本，本立而道生。孝弟也者，其为仁之本与！"② 如果一个人孝悌，就不会犯上作乱。因为，孝悌是仁的根本，也是礼的根本。如果一个人知道孝敬父母，友爱兄弟，一方面会考虑到父母兄弟以及家人的切身利益，把个人置身于家庭这个生活共同体之中，不会因为个人的犯上作乱而造成他们的不幸；另一方面，一个人有孝悌德行的素养，会把这种处理人伦关系的行为准则转化为服从上级，乃至忠诚于国君。孔子认为，家庭的孝悌教育不仅关系到个体家庭的和睦和巩固，更重要的是有利于社会和国家的安定。

孔子认为，家庭伦理教育是一种情谊的教育，因情谊而有礼义。父义当慈，子义当孝，兄之义友，弟之义恭，家人之间随其关系亲疏，皆有互尽之义。伦理关系即是情谊关系，亦即表示相互间的一种义务关系。父母乃至兄嫂对子女及年幼弟妹有抚养的义务，子女、弟妹对父母及兄嫂有赡养的义务，这种义务既是礼义，又是孝悌和仁爱，同时又是情谊关系的最基本的反映。所以，孔子强调孝悌之教，重在伦理情感的培养。如，"父母

① ［西汉］刘向著 . 古列女传译注 [M]. 北京联合出版公司 ,2015:39.
② 杨伯峻译注 . 论语译注·学而 [M]. 北京：中华书局 ,1980:2.

在，不远游，游必有方。"① 儿子当父母在时，不应远游，以免父母需要他照顾时无人照应，也会让父母惦念。又如子女赡养年老的父母，应当把情感的真诚放在首位，不单是让父母衣食有着落，更重要的是使父母感到子女赡养他们是尽了孝心，所以孔子说孝敬父母"色难"，② 和颜悦色，礼貌恭敬，表里如一，才是真正的孝顺之道。

在孔子看来，不仅子女孝顺父母"色难"，而且在家教过程中，父母对待孩子的情感，也是很难把握的，"近之则不孙，远之则怨"。③ 春秋时期，人们尚缺乏家庭教育的经验，主要是难以克服感情关，所以往往出现"易子而教"的现象。后来的儒家为了克服家教的这一困难，努力从父母的性格调节和施教方法上进行探讨，提出"严父慈母"的刚柔互补的家教原则，发展了孔子的家教方法。

孔子还要求家长必须"吾日三省吾身"，④ "己所不欲，勿施于人"，⑤ 时刻反省，严于律己，以身作则，做好子女的表率，这是家庭教育的久远的法则。

孔子还十分注重家庭教育的环境。《论语·里仁》载："子曰：'里仁为美。择不处仁，焉得知？'"⑥ 孔子是说，居住在有仁德的地方才是好的。选择住处，不住在有仁德的地方，那怎么能说是聪明智慧呢？他认为，子女的成长与周围的文化道德环境有非常重要的关系，所以在家庭教育中，父母应当注意"居必择邻"。同时对孩子交友也应予以指导，孔子提出择友的标准是："益者三友，损者三友。友直、友谅、友多闻，益矣。友便辟、友善柔、友便佞，损矣。"⑦ 孔子认为，有益的朋友有三种：正直的人、诚信的人、见闻广博的人；有害的朋友也有三种：谄媚奉承的人、当面恭维背

---

① 杨伯峻译注.论语译注·里仁 [M].北京：中华书局,1980:40.
② 杨伯峻译注.论语译注·为政 [M].北京：中华书局,1980:15.
③ 杨伯峻译注.论语译注·阳货 [M].北京：中华书局,1980:191.
④ 杨伯峻译注.论语译注·学而 [M].北京：中华书局,1980:3.
⑤ 杨伯峻译注.论语译注·卫灵公 [M].北京：中华书局,1980:166.
⑥ 杨伯峻译注.论语译注·里仁 [M].北京：中华书局,1980:35.
⑦ 杨伯峻译注.论语译注·季氏 [M].北京：中华书局,1980:175.

后毁谤的人、夸夸其谈的人。父母应当指导子女多交有益之友，这样才利于子女的健康成长。

3. 孟子的家庭教育思想

孟子（约前 327—前 289 年）名轲，字子舆，鲁国邹邑（今山东邹城）人，孔子学说的主要继承者，被尊为亚圣。孟子继承孔子的思想，由孝亲之情发展为"恻隐之心""不忍人之心"，并由"心有四端"进而提出人性善和仁政王道学说及"民贵君轻"的政治思想，在历史上产生了深远的影响。

孟子的家庭教育思想主要有：第一，理想人格的教育。孟子首次提出了家庭教育的理想人格："丈夫之冠也，父命之；女子之嫁也，母命之，往送之门，戒之曰：'往之女家，必敬必戒，无违夫子！'以顺为正者，妾妇之道也。居天下之广居，立天下之正位，行天下之大道；得志，与民由之；不得志，独行其道。富贵不能淫，贫贱不能移，威武不能屈，此之谓大丈夫。"① 女子的家教以顺为正，而男子则以"富贵不能淫，贫贱不能移，威武不能屈"为理想人格。富贵、贫贱、强权，确实是人生经常要面对的严峻考验，故孟子的这一理想人格论具有普遍的教育意义。两千年来，它激励了无数志士仁人不畏艰险，不为利诱，刚正不阿，勇往直前，这已经成为中华民族宝贵的精神财富。

第二，"父子不责善"与"易子而教"的教育观点。在家庭教育方面，孟子提出了一个重要的观点：父子不责善。他说："责善，朋友之道也。父子责善，贼恩之大者。"② 意思是说，以善相责，这是朋友相处之道。父子之间以善相责，是最容易伤害感情的。"教者必以正"，③ 必然导致父子之间因求其正而互相责备，互相责备就会使父子间产生隔阂，伤害父子感情。为了解决这个矛盾，孟子提出了"易子而教"的办法，这样就可以避免父子之间的伤害。孟子的这一思想对后世影响深远。

① 万丽华，蓝旭译注. 孟子·滕文公下 [M]. 北京：中华书局，2010:92.
② 万丽华，蓝旭译注. 孟子·离娄下 [M]. 北京：中华书局，2010:139.
③ 万丽华，蓝旭译注. 孟子·离娄上 [M]. 北京：中华书局，2010:119.

4. 荀子的家庭教育思想

荀子（前 313—前 213 年）名况，字卿，战国末期赵国（今山西省西南部）人。西汉因避汉宣帝刘询名讳，改称孙卿或孙卿子。韩非子认为，荀子是儒家八派之一的"孙氏之儒"的创立者。

在教育方面，荀子认为教育是"化性起伪"的过程，是不断地积累知识、培养道德的过程。因此，在教育思想上，与孟子的"内省"相反，荀子更强调"外积"；在学与思的关系上，更侧重于"学"。

荀子的家庭教育思想主要包括以下几个方面：

强调主观努力和客观环境对人的影响。荀子认为通过教育可以改变人先天的恶性，从而成为君子乃至圣人，但并非所有的人都能成为君子，因为人性是随着环境和教育而向多种途径发展变化的，其关键在于人本身的主观努力，这就是所谓的"积"。在荀子看来，无论是知识还是道德，都是由于积累而形成的。他说："可以为尧、禹，可以为桀、跖，可以为工匠，可以为农贾,在势注错习俗之所积耳。"① "注错习俗"即指客观环境对人的影响与教育。他还说："积土成山，风雨兴焉；积水成渊，蛟龙生焉；积善成德，而神明自得，圣心备焉。"② 这说明知识和道德是一个不断积累和提高的过程。荀子在重视主观上的"积"的同时，也重视客观环境对人的发展的影响，这就是他所说的"渐"。他说："蓬生麻中，不扶而直；白沙在涅，与之俱黑。兰槐之根是为芷，其渐之滫，君子不近，庶人不服。其质非不美也，所渐者然也。故君子居必择乡，游必就士，所以防邪僻而近中正也。"③ 他认为，通过主观上的"积"和客观环境的"渐"，能够使人的本性发生根本的变化。

提出闻、见、知、行的学习过程。荀子说："不闻不若闻之，闻之不若见之，见之不若知之，知之不若行之。学至于行之而止矣。"④ 这段话表达

---

① ［战国］荀况著；张觉译注．荀子译注·荣辱［M］.上海：上海古籍出版社，1995:55.

② ［战国］荀况著；张觉译注．荀子译注·劝学［M］.上海：上海古籍出版社，1995:6.

③ ［战国］荀况著；张觉译注．荀子译注·劝学［M］.上海：上海古籍出版社，1995:4.

④ ［战国］荀况著；张觉译注．荀子译注·儒效［M］.上海：上海古籍出版社，1995:134.

了学习过程中阶段与过程的统一，学习初级阶段必然向高级阶段发展的思想。闻、见是学习的起点、基础，也是知识的来源。人的学习开始通过耳、目、鼻、口、形等感官对外物的接触，形成不同的感觉，使进一步的学习活动成为可能，故云："闻见之所未至，则知不能类也。"① 但是，闻、见只能分别反映事物的一个方面，无法把握事物的整体与规律。知的阶段实际上是思维的过程。荀子说："知通统类，如是则可谓大儒矣。"② 善于运用思维的功能去把握事物的规律，就能自如地应付各种新事物。这实际上是一个由感性认识到理性认识的发展过程。然而，仅有理性认识而不去实践，虽有广博的知识，也仍然不是学习的终结，还存在更高水平的"知道"，即"行"。行是学习必不可少的也是最高的阶段，他说："君子之学也，入乎耳，著乎心，布乎四体，形乎动静。"③ 在他看来，由学、思而得的知识还带有假设的成分，是否切实可靠，唯有通过"行"才能得到验证，只有这样，"知"才能称得上"明"。这是学习知识不可违背的"法则"。

提出不断学习的思想。在性恶论的基础上，荀子认为君子必须不断学习，才能不犯错误。《荀子·劝学》篇曰："学不可以已"，"君子博学而日参省乎己，则知明而行无过矣"。④ 又曰："吾尝终日而思矣，不如须臾之所学也。"⑤ "积土成山，风雨兴焉；积水成渊，蛟龙生焉；积善成德，而神明自得，圣心备焉。故不积跬步，无以致千里；不积小流，无以成江海。"⑥ 这里谈的就是不断学习的重要性。

强调家庭中隆礼的重要性。"隆礼"是荀子重要的政治主张，强调的是贵贱长幼的等级和行为规范。荀子认为，在家庭中也应隆礼，他说："君者，国之隆也；父者，家之隆也。隆一而治，二而乱。自古及今，未有二

① [战国] 荀况著；张觉译注. 荀子译注·儒效 [M]. 上海：上海古籍出版社，1995:132.
② [战国] 荀况著；张觉译注. 荀子译注·儒效 [M]. 上海：上海古籍出版社，1995:139.
③ [战国] 荀况著；张觉译注. 荀子译注·劝学 [M]. 上海：上海古籍出版社，1995:9.
④ [战国] 荀况著；张觉译注. 荀子译注·劝学 [M]. 上海：上海古籍出版社，1995:1.
⑤ [战国] 荀况著；张觉译注. 荀子译注·成相 [M]. 上海：上海古籍出版社，1995:3.
⑥ [战国] 荀况著；张觉译注. 荀子译注·成相 [M]. 上海：上海古籍出版社，1995:6.

隆争重而能长久者。"① 荀子还在《大略》篇中引用《易》的咸卦，说明建立正常的夫妇关系的重要性："《易》之《咸》，见夫妇。夫妇之道，不可不正也，君臣、父子之本也。"② 认为夫妇关系是君臣、父子关系的基础，为人父母者必须加强自身修养，建立正常良好的家庭关系，这是开展家庭教育的基础。对于孝悌的理解，荀子的观点是："入孝出弟，人之小行也。上顺下笃，人之中行也。从道不从君，从义不从父，人之大行也。"③ 孝悌只是人的"小行"，只有追求道义才是"大行"。人能致力于此，则儒者之道，尽在其中，就是大孝。他还进一步说明了如何坚持"从义不从父"的原则："孝子所以不从命有三：从命，则亲危；不从命，则亲安；孝子不从命乃衷。从命，则亲辱；不从命，则亲荣；孝子不从命乃义。从命，则禽兽；不从命，则脩饰；孝子不从命乃敬。故可以从而不从，是不子也；未可以从而从，是不衷也。明于从不从之义，而能致恭敬、忠信、端悫以慎行之，则可谓大孝矣。传曰：'从道不从君，从义不从父。'此之谓也。"④ 强调孝子孝顺父母当从则从，不当从则不从，应遵从"忠""义""敬"的原则。

5. 韩非子的家庭教育思想

韩非（约前 281—前 233 年），战国末期韩国人，先秦法家思想的集大成者。韩非继承了战国前期法家商鞅的法、申不害的术和慎到的势等思想，将法、术、势相结合，使先秦法家思想学说系统化，为中国第一个统一的专制主义的中央集权制国家——秦朝统治政策的制定提供了理论依据。

韩非继承了荀子人性恶的观点，认为人与人之间的关系是存有"计算之心"的利害关系。即便是父母和子女之间也存在利害关系："且父母之于子也，产男则相贺，产女则杀之。此俱出父母之怀衽，然男子受贺，女子杀之者，虑其后便，计之长利也。故父母之于子也，犹用计算之心以相待

---

① ［战国］荀况著；张觉译注. 荀子译注·致士 [M]. 上海：上海古籍出版社,1995:293.
② ［战国］荀况著；张觉译注. 荀子译注·大略 [M]. 上海：上海古籍出版社,1995:597.
③ ［战国］荀况著；张觉译注. 荀子译注·子道 [M]. 上海：上海古籍出版社,1995:654.
④ ［战国］荀况著；张觉译注. 荀子译注·子道 [M]. 上海：上海古籍出版社,1995：655.

也"。① 父母从长远利害考虑，生男婴则庆贺，生女婴则溺死。父母与子女之间尚且如此，君臣之间也同样是存在利害关系。韩非在《韩非子·饰邪》中说："明主在上，则人臣去私心行公义。乱主在上，则人臣去公义行私心。故君臣异心，君以计畜臣，臣以计事君。君臣之交，计也。害身而利国，臣弗为也；害国而利臣，君不为也。臣之情，害身无利；君之情，害国无亲。君臣也者，以计合者也。"② 社会上人与人之间的交往更加体现了利害关系。《韩非子·备内》曰："故舆人成舆，则欲人之富贵；匠人成棺，则欲人之夭死也。非舆人仁而匠人贼也，人不贵则舆不售，人不死则棺不买"。③ 韩非认为，既然趋利避害是人的本性，因而人也就不会自觉为善，必须用明确的赏罚来因势利导："凡治天下，必因人情。人情者有好恶，故赏罚可用"；④ 同时用严刑峻法来威吓制止："明赏以劝之，严刑以威之"⑤。

在教育内容和教育方法上，韩非主张"以法为教""以吏为师"。他说："故明主之国，无书简之文，以法为教；无先王之语，以吏为师。"⑥ 即不学历史文化典籍，只教官府制订的成文法律；不称道先王的话，由政府官吏兼做教师。韩非推行"以法为教"，要求全国上下无论贵族还是平民都要接受法制教育，并且将一切律令条文熟稔于心。"法者，编著之图籍，设之于官府，而布之于百姓者也。……是以明主言法，则境内卑贱莫不闻知也。"⑦

---

① ［清］王先慎集解；姜俊俊校点. 韩非子·六反 [M]. 上海：上海古籍出版社,2015:
  505.
② ［清］王先慎集解；姜俊俊校点. 韩非子·饰邪 [M]. 上海：上海古籍出版社,2015:
  150.
③ ［清］王先慎集解；姜俊俊校点. 韩非子·备内 [M]. 上海：上海古籍出版社,2015:
  135—136.
④ ［清］王先慎集解；姜俊俊校点. 韩非子·八经 [M]. 上海：上海古籍出版社,2015:
  523.
⑤ ［清］王先慎集解；姜俊俊校点. 韩非子·饰邪 [M]. 上海：上海古籍出版社,2015:
  150.
⑥ ［清］王先慎集解；姜俊俊校点. 韩非子·五蠹 [M]. 上海：上海古籍出版社,2015:
  547.
⑦ ［清］王先慎集解；姜俊俊校点. 韩非子·难三 [M]. 上海：上海古籍出版社,2015:
  462.

并要重赏重罚，法出必行；壹赏壹罚，刑无等级；而且法要公开，使民知之。而实现这种法制教育的手段就是"以吏为师"。

韩非的家教思想与其政治思想一样，片面强调一个"严"字。他认为，母亲的慈爱对子女的成长无益："弱子有僻行，使之随师；有恶病，使之事医。不随师则陷于刑，不事医则疑于死。慈母虽爱无益于振刑救死，则存子者非爱也。"[①] 子弟行为不端，应让他随师学法令；有病，应请医生治疗。母亲虽能爱子，但无法振刑救死。由此证明，母爱对子弟并无益处。因此，母亲的慈爱不如父亲的严厉。"母厚爱处，子多败，推爱也；父薄爱教笞，子多善，用严也。"[②] 现实社会中有这样的情况："今有不才之子，父母怒之弗为改，乡人谯之弗为动，师长教之弗为变。夫以父母之爱，乡人之行，师长之智，三美加焉而终不动，其胫毛不改；州部之吏，操官兵，推公法而求索奸人，然后恐惧，变其节，易其行矣。"由此，韩非得出结论："故父母之爱不足以教子，必待州部之严刑者，民固骄于爱，听于威矣。"[③]

四、先秦时期家庭教育的形式

先秦时期的家教在教育形式上注重父母长辈的言传身教，同时重视家庭环境对孩子的熏染作用，教育方式也逐渐从亲师合一过渡到延师施教。

1. 注重言传身教，营造良好家庭环境

家庭环境对人的成长的影响是最直接的，父母与子女朝夕相处，其言行对子女的影响也最为重要。处于幼儿期的孩童尚无辨别善恶是非的能力，他们本能地模仿学习父母的言行举止。父母的言传身教和家庭生活环境的耳濡目染，会对孩子的性格品行养成起到至关重要的作用，所以孔子有"不

---

① [清] 王先慎集解；姜俊俊校点. 韩非子·八说 [M]. 上海：上海古籍出版社,2015: 518.

② [清] 王先慎集解；姜俊俊校点. 韩非子·六反 [M]. 上海：上海古籍出版社,2015: 506.

③ [清] 王先慎集解；姜俊俊校点. 韩非子·五蠹 [M]. 上海：上海古籍出版社,2015: 542.

知其子，视其父"①之说。

言传身教要做到言行一致，言出必行。《礼记·曲礼》中对贵族士大夫的衣食住行、人际交往等方面都有规定，特别强调"幼子常视毋诳"②，要求父母不能欺骗孩子。《韩非子·外储说左上》记载了曾子杀彘的故事，堪称教子典范："曾子之妻之市，其子随之而泣，其母曰：'女还，顾反为女杀彘。'妻适市来，曾子欲捕彘杀之，妻止之曰：'特与婴儿戏耳。'曾子曰：'婴儿非与戏也。婴儿非有知也，待父母而学者也，听父母之教。今子欺之，是教子欺也。母欺子，子而不信其母，非所以成教也。'遂烹彘也。"③曾子之妻虽出于戏言，但曾子仍兑现杀彘的诺言，在教子诚实守信、言出必行方面做出了很好的示范。

言传身教要做到以身作则，正己正人，这样可以为受教育者树立良好的榜样，实现不言而教的效果。孔子提倡以身作则，强调正人必先正己，他说："其身正，不令而行；其身不正，虽令不从。"④尽管这句话是针对统治者教令百姓而言，但在家庭教育中也同样适用。

在传统家长制时期，父亲主要承担了教育子女的任务，为确保教育的顺利实施，父亲对子女实施体罚教育被认为是天经地义之事。甲骨文中"教"字就像是一人手持棍棒教一小儿学卦爻之状。《尚书·舜典》曰："鞭作官刑，扑作教刑。"孔安国传曰："不勤道业则挞之。"⑤韩非子主张教子须严，他认为："父薄爱教笞，子多善，用严也。"⑥《吕氏春秋·荡兵》也说："家无怒笞，则竖子婴儿之有过也立见。"⑦可见以父亲为代表的家长对

① 廖名春，邹新明校点. 孔子家语·六本 [M]. 沈阳：辽宁教育出版社,1997:43.
② 钱玄等注译. 礼记·曲礼上 [M]. 长沙：岳麓书社，2001:5.
③ [清] 王先慎集解，姜俊俊校点. 韩非子·外储说左上 [M]. 上海：上海古籍出版社,2015:348.
④ 杨伯峻译注. 论语译注·子路 [M]. 北京：中华书局,1980:136.
⑤ [汉] 孔安国传，[唐] 孔颖达疏. 李学勤主编：《十三经注疏标点本·尚书正义》[M]. 北京：北京大学出版社，1999:66.
⑥ [清] 王先慎集解；姜俊俊校点. 韩非子·六反 [M]. 上海：上海古籍出版社,2015:506.
⑦ [汉] 高诱注. 吕氏春秋 [M]. 上海：上海古籍出版社，2014:137.

子女进行棍棒等体罚式教育得到了人们的普遍认可。

在环境化育方面，春秋战国时期的教育家都认识到了环境对人的重要影响作用。孔子提出："性相近也，习相远也。"[①]孟子说："居移气，养移体，大哉居乎！"[②]荀子认为："蓬生麻中，不扶而直；白沙在涅，与之俱黑。"[③]墨子也强调："染于苍则苍，染于黄则黄。所入者变，其色亦变；五入必而已则为五色矣。故染不可不慎也！"[④]

2. 从亲师合一到延师施教

亲师合一是中国家教的原始形态，父母和家族中的尊长辈主要承担了施教者的任务，在这种血缘亲情关系中，亲师合一的家教形态便自然地生成。郑其龙说："照逻辑讲，家庭是由血缘关系组织起来的社会基层组织，子女是父母所生，父母对子女有全面教养的责任。事实上，孩子在母亲受孕期间，母亲就负有'胎教'之责。在我国古代，孩子出生以后，从牙牙学语到八岁入学以前，都是跟着父母在家中游戏、生活、学习。""父母与子女不仅有着家庭的人伦关系，而且有着社会生活中的师生关系，这是家庭教育的一个特点，可以称之为亲师合一"。[⑤]

家庭中父母教育子女或家族内尊长辈教育幼小辈是亲师合一的显著特征，这种建立在血缘亲情关系上的教化方式在先秦家教中占有极其重要的地位。在亲师合一的家教形态中，担任教化劝喻者的家族成员出于宗族兴衰、家国成败的使命感，更具教育责任和担当，同时通过亲情感化也有利于受教育者的接受。

随着社会的发展，除了父母长辈承担教育子弟之责外，在统治者或贵族阶层出现了掌管教育太子或王室与贵族子弟的师、保等官职。专设的师、保根据家族亲情关系，首选贵族阶层或家族内部德才兼备之人担任，他们

---

① 杨伯峻译注. 论语译注·阳货 [M]. 中华书局, 1980:181.

② 万丽华，蓝旭译注. 孟子·尽心上 [M]. 北京：中华书局, 2010:228.

③ [战国] 荀况著；张觉译注. 荀子译注·劝学 [M]. 上海：上海古籍出版社,1995:4.

④ [清] 毕沅校注. 墨子·所染 [M]. 上海：上海古籍出版社, 2014:8.

⑤ 郑其龙. 中国古代家庭教育的师资探源 [J]. 湖南师范大学社会科学学报,1987（02）:32.

身兼亲族和师保双重身份，通过对受教者进行教育引导与亲情感化，实现道德化育和教诫他们的目的。这种亲族家长教育便是对以父母长辈为核心的亲师合一教育形式的发展。统治者设立掌管教育王室子弟的师、保官职，除了王室亲族外，还选立异姓功臣或德才兼备的人担任，至此贵族子女不再只是接受父母的直接管教，而是受选立的师、保教养。这种臣师合一或延师施教的方式，教育者是在统治者的授意下进行相对独立的教育活动。

《孟子·离娄上》讨论了"君子之不教子"与"易子而教之"的问题。公孙丑问："君子之不教子，何也？"孟子回答说："势不行也。教者必以正；以正不行，继之以怒。继之以怒，则反夷矣。'夫子教我以正，夫子未出于正也。'则是父子相夷也。父子相夷，则恶矣。古者易子而教之，父子之间不责善。责善则离，离则不祥莫大焉。"① 孟子这段话，有这样几点值得注意：其一，"君子之不教子"，并不是弃子不教，而是"易子而教之"。其二，"君子之不教子"或"易子而教之"，是古已有之的礼仪法则。其三，君子之所以不亲教子，是因为"教者必以正"，必然导致父子之间因求其正而互相责备，互相责备就会使父子间产生隔阂，伤害父子感情。而"易子而教"，却可避免这种伤害。孟子说："夫章子，子父责善而不相遇也。责善，朋友之道也。父子责善，贼恩之大者。"② 以善相责，这是朋友相处之道。父子之间以善相责，是最容易伤害感情的，章子就是因为对父亲责善，得罪了父亲，而把父子关系弄僵了。所以说"父子责善，贼恩之大者"。关于这一点，宋人袁采也说过："子之于父，弟之于兄，犹卒伍之于将帅，胥吏之于官曹，奴婢之于雇主，不可相视如朋辈，事事欲论曲直。"③ 父子之间不能以善相责，不能"事事欲论曲直"。虽然儒家也一再强调，父子之间要相互谏诤，但在提倡父子谏诤时，总是持着一种小心谨慎的态度，如孔子提倡"几谏"，即轻微婉转地提意见，即"见志不从，又敬不违，劳而不

---

① 万丽华，蓝旭译注.孟子·离娄上 [M].北京：中华书局，2010:119.

② 万丽华，蓝旭译注.孟子·离娄下 [M].北京：中华书局，2010:139.

③ 夏家善主编；贺恒祯，杨柳注释.袁氏世范·睦亲 [M].天津：天津古籍出版社，1995:6.

怨"。①也就是说，看到自己的意见没有被父亲采纳，也仍然要恭恭敬敬地，不要去触犯他，虽然内心里有忧愁，也不要去怨恨他。这种谨慎小心的态度，显示了儒家对于因为父子责善而影响父子情谊的忧虑。在传统社会里，父以善责子，这无可厚非，关键在于子以善责父，说出"夫子教我以正，夫子未出于正也"这样的话，不仅伤害了父亲的感情，而且更重要的，是有损父亲在儿子心目中的威严形象。所以，在孟子看来，君子之所以不亲教子，"易子而教之"，主要是为了避免父子"责善"，特别是为了避免子以善责父而导致损坏父亲威严形象的事情发生。

孟子之后，对"君子之不教子"加以解释的，代不乏人。班固说："父所以不自教子何？为世渎也。又授之道，当极说阴阳夫妇变化之事，不可父子相教也。"②父亲之所以不能亲教其子，是因为教学内容中涉及"阴阳夫妇变化之事"，这些"世渎"的东西，是不能在父子之间讨论的。颜之推说得更明白："《诗》有讽刺之辞，《礼》有嫌疑之诫，《书》有悖乱之事，《春秋》有邪僻之讥，《易》有备物之象：皆非父子之可通言，故不亲授耳"。③考察班固、颜之推的解释，大致都是说教学中有"阴阳夫妇变化"和"悖乱""邪僻"等内容，这些东西在父子之间是不好讨论的，所以需要"易子而教之"。

总之，在古代，"君子之不教子"，一是为了避免父子"责善"，二是因为语涉淫邪、事关渫渎的教学内容，不便在父子之间讨论，目的都是为了维护父亲在儿子心目中的威严形象。所以，《礼记·礼运》说："人其父生而师教之。"《三字经》说："养不教，父之过；教不严，师之惰。"养子而不加以教育，这当然是父亲的过错。但教育子弟的具体工作，不是由父亲直接来完成，或易子而教，或聘师教子，或使子负籍求师。④

---

① 杨伯峻译注，论语译注·里仁 [M].北京：中华书局,1980:40.

② 王炳照，赵家骥等主编.中国教育思想通史 第2卷 秦汉—隋唐 [M].长沙：湖南教育出版社,1994:142.

③ [北齐]颜之推著；张霭堂译注.颜之推全集译注·教子 [M].济南：齐鲁书社,2004:7-8.

④ 汪文学著.中国人的精神传统 [M].武汉：武汉大学出版社,2012:157-158.

第二节 先秦时期的沂蒙家庭教育

家庭教育是人类教育实践的基本内容之一，它在沂蒙地区产生得很早，且在实践基础上逐渐形成了较系统的家教理论。沂蒙家庭教育源远流长，作为史前时期东夷文化的基本区域，沂蒙地区在家庭中强调以"仁"教子，要求子孙晚辈成为仁人志士。

一、"夷俗仁"与沂蒙家教的源起

沂蒙是东夷的核心区域，东夷文化是沂蒙文化的源头。东夷民风仁厚、淳朴，故《说文解字注》曰："夷俗仁，仁者寿，有君子、不死之国。"[①] "夷俗仁"，即东夷人风俗仁厚、淳朴。"仁"的基本概念是"亲亲"，如《说文解字》载："仁，亲也。"《礼记·中庸》也说："仁者，人也。亲亲为大。"[②] 血缘关系有自然之爱，是人道的起点，即"仁"的起点。《论语·学而》说："孝弟也者，其为仁之本与？"[③] 阐明的就是这个道理。正是由于重视自然之爱，相对的就不太重视虚文末节，所以多"朴"。《后汉书·东夷列传》说："《王制》云：'东方曰夷。'夷者，柢也，言仁而好生，万物柢地而出。故天性柔顺，易以道御，至有君子、不死之国焉。"[④] 文中所言"夷者，柢也，言仁而好生，万物柢地而出"一语，系引自东汉应劭《风俗通》。柢是指树木的主根。《韩非子·解老》篇说："树木有曼根，有直根。根者，书之所谓柢也。柢也者，木之所以建生也；曼根者，木之所以持生也。……故曰：'深其根，固其柢，长生久视之道也'。"[⑤] 由此看来，所谓"夷者，柢也"，

---

① ［汉］许慎撰；［清］段玉裁注.说文解字注［M］.上海：上海古籍出版社，1981：147.

② 钱玄等注译.礼记·中庸［M］.长沙：岳麓书社，2001：704.

③ 杨伯峻译注.论语译注［M］.北京：中华书局，1980：2.

④ ［南朝宋］范晔著.后汉书［M］.北京：中华书局，1965：2807.

⑤ ［清］王先慎集解；姜俊俊校点.韩非子·解老［M］.上海：上海古籍出版社，2015：166.

是比喻东夷人有好生的仁德，喜爱"万物柢地而生"。仁德对人来说，既是"所以建生"的柢，很自然，有仁德，即可长寿。所以有"夷俗仁，仁者寿"之说。"仁者寿"，语出《论语·雍也》，董仲舒曾经解释说："仁人之所以多寿者，外无贪而内清净，心和平而不失中正，取天地之美以养其身，是其且多且治。"①

王献唐认为："夷人一字，人仁通用。故夷仁得以双声或同声为训，夷居东方，仁以五常位在东，与夷相同，以声训方位之故，夷仁意相表里，乃有许君'夷俗仁'之说，而不死之国，更以仁寿一义牟人矣。春属东，万物发荣，夷方与之相同，乃有应氏'夷仁好生万物'之说。"②章太炎《膏兰室札记》云："窃疑仁、夷、人古只一字"，"在东夷人那里，当流行一种仁德之风"。③"夷俗仁"是东夷人风俗的真实反映。孔子大力倡导的仁，或滥觞于此。

东夷地区有敦厚和平、好让不争的民风。这种民风在"礼失而求诸野"的春秋时期，仍为人们所向往，被称为君子之风。甚至孔子还曾有过"欲居九夷"的想法，当有人向他指出九夷鄙陋时，他说："君子居之，何陋之有？"④孔子对东夷文化是相当尊重的，他曾乘郯国国君来鲁国访问的机会，"见于郯子而学之"；事后十分佩服地说："吾闻之，'天子失官，官学在四夷'，犹信。"⑤可见，孔子时代，东夷人有着比较高的文化水平。至清代，大儒段玉裁为《说文解字》注曰："惟东夷从大，大人也。夷俗仁，仁者寿，有君子、不死之国。"⑥段氏仍用中国传统伦理道德规范"五常"之首的"仁"字来概括东夷人的风俗。

① 郭丹主编.先秦两汉文论全编·春秋繁露·循王之道 [M].上海：上海远东出版社，2012:491.
② 王献唐.炎黄氏族文化考 [M].济南：齐鲁书社,1985:39.
③ 王钧林.中国儒学史·先秦卷 [M].广州：广东教育出版社,1998:126.
④ 杨伯峻译注.论语译注·子罕 [M].北京：中华书局，1980:91.
⑤ 杨伯峻编著.春秋左传注·昭公十七年 [M].北京：中华书局,1981:1389.
⑥ [汉] 许慎撰；[清] 段玉裁注.说文解字注 [M].上海：上海古籍出版社,1981:147.

在夏朝建立的前后，夏文化与东夷文化长期碰撞与交流，在思想道德方面互相影响、互相吸收。《礼记·表记》载，子曰："夏道尊命，事鬼敬神而远之，近人而忠焉。"①这里是说夏朝统治思想的特点是尊崇政命，对鬼神敬而远之，近人情而有诚直之心。显然，这种"近人而忠焉"，与东夷人的仁风仁俗是很贴近的。"近人"即近于人情人意，也就是"仁"，这与后来孔子的"仁者爱人"是一致的。"忠"与后代的忠君之"忠"意思不同，这里是诚直无私之意，与"仁"也很贴近。因此可以说，夏后氏之"忠"是受东夷之"仁"影响的结果。总的趋势是，从夏代开始，东夷文化已迈向融入中华主流文化的征途。东夷人的仁风仁俗也是孔子"仁学"的思想来源之一，孔子在春秋时期建立的仁学体系，实际上是对自尧、舜以来优秀思想成果的总结与继承，这种总结与继承也包括了东夷人的优秀思想道德成果。

东夷人的风俗仁厚、淳朴和重德行，使沂蒙家教在内容上重仁孝等德行。换言之，沂蒙的家教促成了东夷人的风俗仁厚、淳朴，而东夷人的风俗仁厚、淳朴和重德行又对沂蒙家教产生了较大的影响。这从以下事例中可以得到印证。

1.虞舜孝感动天

舜，传说中的远古帝王，五帝之一，姓姚，名重华，号有虞氏，史称虞舜。相传他的父亲瞽叟及继母、异母弟象，多次想害死他。瞽叟让舜修补谷仓仓顶时，却从谷仓下纵火，舜手持两个斗笠跳下逃脱；让舜掘井时，瞽叟与象却下土填井，舜掘地道逃脱。但舜仍然"顺事父及后母与弟，日以笃谨，匪有解"。②他的孝行感动了天帝。舜在历山耕种，大象替他耕地，鸟代他锄草。帝尧听说舜非常孝顺，有处理政事的才干，把两个女儿娥皇和女英嫁给他。经过多年观察和考验，选定舜做他的继承人。舜登天子位后，仍对父亲恭恭敬敬，并封象为诸侯。

---

① 钱玄等注译.礼记·表记[M].长沙：岳麓书社,2001:729.

② [西汉]司马迁撰.史记·五帝本纪[M].北京：中华书局,2000:25.

2. 郯子鹿乳奉亲

郯子是春秋时期郯国（今山东郯城）的国君。他年轻时为人至孝。父母年老，又皆患眼疾，想喝一点鹿乳。郯子于是穿上鹿皮做的衣服，到深山混入鹿群之中，取来鹿乳，以供双亲饮用。当时猎人以为是鹿，正要开弓射杀，郯子站了起来，告以实情，感动了猎人。鹿乳奉亲表现了孝子为满足父母的要求而不怕艰难险阻的精神。

3. 子路为亲负米百里

仲由，字子路、季路，春秋时期鲁国卞（今山东平邑）人，孔子的得意弟子。子路性格直率勇敢，对父母十分孝顺。早年家中贫困，他总是想方设法让父母吃得好些，而自己则常常采野菜充饥。有一天，家里仅有的粮食吃完了，钱也剩得不多，在当地只能买到少量的米或面。他听说百里之外粮食要便宜些，于是不畏路途遥远，徒步从百里之外买粮背回家中侍奉父母亲。后来，子路拜孔子为师，学习儒家学说，很快学会了治国之术。在孔门"四科"中，他以"政事"著称。父母病逝后，子路游学到南方，受到了楚王的重用。做官之后，据说是"从车百乘，积粟万钟，累茵而坐，列鼎而食"。[①]但他想起年轻时为父母百里负米一事，总感到十分温暖；而现在虽然有了地位、金钱，但却不能为父母尽孝，总感到十分遗憾。

4. 闵子骞单衣顺母

闵子骞（前536—前487年），名损，字子骞，春秋末年鲁国费邑（今山东费县）人。他一生尚德，在孔门弟子中以德行高尚闻名。《论语》记载："德行：颜渊，闵子骞，冉伯牛，仲弓。言语：宰我，子贡。政事：冉有，季路。文学：子游，子夏。"[②]四科之中，德行为先，而德行中闵子骞仅次于颜渊，名列第二，可见在孔子心目中，闵子骞是一个德行高尚的弟子。齐相晏婴也说："德不盛，行不厚，则颜回、骞、雍侍"[③]，把闵子骞与颜回并称，认为闵子骞是与颜回同等的德行高尚之士，这也是古代广大民间人

---

① 韦君琳编著.《孝经》今读 [M]. 合肥：安徽大学出版社,2014:112.

② 杨伯峻译注. 论语译注·先进 [M]. 北京：中华书局,1980:110.

③ 马光磊译注. 晏子春秋·内篇问上 [M]. 南昌：江西教育出版社,2016:78.

士的共识，如汉代《武斑碑》中即有"颜、闵之懿质"①的句子。

闵子骞提倡并践行儒家的孝悌精神，坚信儒家的仁义之道，淡泊名利。据《韩诗外传》记载，闵子骞曾对子贡说："今被夫子之文寖深，又赖二三子切磋而进之，内明于去就之义，出见羽盖龙旂，旃裘相随，视之如坛土矣"。②这说明闵子骞对名利的淡泊，甚至有某种程度的鄙视。《史记·仲尼弟子列传》说闵子骞"不仕大夫，不食污君之禄"，③也是称赞闵子骞淡泊名利的高洁品质。正是由于有这样的思想基础，所以当季氏要任命其为费宰时，闵子骞即加以拒绝。

受到孔子称赞的还有闵子骞为人的谨慎、持重。《论语·先进》曰："闵子侍侧，訚訚如也"，即言闵子骞在侍奉孔子时恭敬而正直的样子。孔子称其"夫人不言，言必有中"，④是说他出言谨慎，往往是一语中的。这些都是一个仁人君子的必备条件。

闵子骞对儒学发展的贡献，还包括他对孔子的以德治国主张的推行。据《孔子家语·执辔》记载，闵子骞曾问政于孔子，请教如何治理国家的问题。孔子回答说："以德以法。夫德法者，御民之具，犹御马之有衔勒也。君者人也，吏者辔也，刑者策也。夫人君之政，执其辔策而已。"⑤孔子所说的"法"与现代所说的"法"的意义有所不同，内容主要指儒家治国的礼仪制度。孔子这段话的主旨是治国应该实行德治，认真贯彻执行儒家的礼仪制度。闵子骞认同并推广、传播之。

据传，闵子骞年幼丧母，父娶后母，生二子。冬天，后母以棉絮做袄给两个亲生儿子，以芦花做袄给闵子骞。有一次，父亲叫闵子骞驾车，闵子骞因身上冷，手战栗，握不住车把。其父鞭打衣破，露出芦花，其父暴怒，遂要休掉其后母，被闵子骞阻止："母在一子寒，母去三子单。"其父

---

① 苗枫林主编；李启谦，王式伦编.孔子弟子资料汇编 [M].济南：山东友谊出版社,1991:59.

② 魏达纯著.韩诗外传译注 [M].长春：东北师范大学出版社,1993:38.

③ [西汉] 司马迁撰.史记·仲尼弟子列传 [M].北京：中华书局,2000:1737.

④ 杨伯峻译注.论语译注·先进 [M].北京：中华书局,1980:113-114.

⑤ 廖名春，邹新明校点.孔子家语 [M].沈阳：辽宁教育出版社,1997:68.

打消了休妻的念头，后母亦为此而有所悔改。闵子骞这样做，保持了家庭的稳定与和谐。闵子骞的孝行主要表现为，即使父母有错误，也要以爱心待之，使之悔过。这是难能可贵的。

后世儒家对闵子骞评价很高。如孟子的弟子公孙丑曾言："昔者窃闻之：子夏、子游、子张皆有圣人之一体，冉牛、闵子、颜渊则具体而微。"[①]这里是说，闵子骞与颜渊、冉耕一样，都大体上接近于孔子的水平而稍微显弱。

5. 老莱子戏彩娱亲

老莱子，原籍楚国，后奉父母到蒙山隐居。他近 70 岁时，父母仍然健在。为了让父母开心，他经常穿着五色彩衣，学婴儿的姿态，在父母面前戏耍。有时也故意跌倒，躺在地上，学婴儿啼哭，逗乐双亲。据《史记·老子韩非列传》记载，老莱子是与老子同时代的人，早年从事著述和讲学，著书 15 篇。老莱子主张道家学说，主张戒除骄矜，淡泊名利，忘却好恶，顺乎自然，认为"事君"贵柔，方"终以不弊"；人之生死都是与自然合一的。他奉父母到蒙山，应在战国末年，即在楚国进占淮北，占领徐州，进军泗上之后，沂蒙地区曾在短时间内成为楚国领土。老莱子的孝道，与沂蒙地区原有的孝文化结合，使孝悌观念更加深入人心。

二、孔子对沂蒙家教的影响

春秋时期，沂蒙地区部分属鲁，其他部分亦靠近鲁地，故孔子的教育思想对沂蒙地区影响较大。孔子"登东山而小鲁"，这个东山就是蒙山。登蒙山的详细情况没有留下具体资料，但可以推想，这个"登蒙山"实际上就是孔子率领弟子到蒙山一带从事教育考察与实践活动，广传儒家学说。

孔子除到蒙山游学外，还曾到沂蒙南部游学。《左传》昭公十七年记孔子曾去郯国就郯子"问官"，即了解学习少昊氏"以鸟名官"的事。未至郯国，路上遇到了程子，《韩诗外传》记其事曰："孔子遇齐程本子于谈郯之

---

① 万丽华，蓝旭译注 . 孟子 [M]. 北京：中华书局 ,2010:42.

间，倾盖而语终日，甚悦。顾子路曰：'由来！取束帛以赠先生。'子路曰：'由闻之于夫子，士不中道相见，女无媒而嫁者，君子不行也。'孔子曰：'诗云：有美一人，清阳婉兮，邂逅相遇，适我愿兮。且夫程本子，天下之贤士也。吾于是而赠。'"①孔子与程子相谈终日，而且孔子又称程子为天下贤士，可见二人志同道合。这两位先贤的晤谈是一次很好的文化教育的交流。

孔子至郯"问官"之后，又到各处游览游学，其中到东部的马陵山游览时，曾登山望海。《郯城县志》（乾隆二十八年修）记其事："孔望山在县东南三十里，即马陵山之一峰也。相传孔子之郯，尝登此望海，故名焉.上有石楼,曰望海楼。"②

以上记载未必完全属实，但孔子本人曾到沂蒙地区讲学游览则应是事实。

孔子对沂蒙家教的推动作用，主要体现在他的沂蒙籍学生身上。在儒学初创阶段，孔子及其弟子曾到沂蒙山区游学，孔门弟子中临沂籍人士较多。据《史记·仲尼弟子列传》载，孔门七十二贤人中，即有曾点、曾参、澹台灭明、子路等人籍属临沂。另外，还有闵子骞、子夏、子游、高柴等弟子曾在沂蒙地区出仕或者游学。这些孔门弟子将孔子的学说广泛传播于沂蒙区域内的国、邑、乡、聚、郊野，使儒学在其形成阶段，已深深植根于沂蒙大地。如南武城（今山东平邑）人曾点与其子曾参先后受业于孔子。曾参自幼长于民间，亲事稼穑，后师事孔子，"孔子以为能通孝道，故授之业。作《孝经》。"③曾参后回故乡，专事研习孔学，并设帐授徒，使儒学得到传播。曾参后来被誉为"宗圣"，在临沂影响很大。他的"吾日三省吾身"与"慎独"的修养方法，影响深远。曾参之父曾点，师事孔子，亦深得儒家之道，颇受孔子赞赏。澹台灭明，亦武城（今山东平邑）人。他师

---

① [唐]徐坚等辑.初学记卷十七[M].北京：京华出版社,2000:42.
② 郯城县地名委员会编.山东省郯城县地名志[M].302.
③ [西汉]司马迁撰.史记·仲尼弟子列传[M].北京：中华书局,2000:1748.

事孔子后，"退而修行"，^①并广授门徒，有弟子三百余人，使儒学在沂蒙得到弘扬。

三、荀子对沂蒙家教的影响

荀子虽非沂蒙籍人，但他长期在沂蒙地区做官、授徒、著述，是沂蒙地域文化的重要代表人物，他的教育思想对沂蒙家教贡献很大。

荀子本人接触过多种文化，他出生于自古多慷慨悲歌之士的燕赵之地，从小即沐浴着"三晋"的法治之风；稍年长又学习儒学，出于仲弓一系，后又入稷下学宫，汲取百家营养；年近花甲时又来到多种文化交汇融合的古沂蒙地区从政、讲学、授徒、著述。其经历不可谓不丰富，其接触的思想文化的种类、层面，不可谓不广泛，故在兼收并蓄各家思想的基础上形成了"总方略""壹统类"——即综合各家、为统一大业服务的思想主张。特别是他的既隆礼又重法、既法先王又法后王的主张，代表了当时思想发展的正确方向，是当时历史条件下的先进文化。这种既隆礼又重法的主张，在秦因单凭法家思想治国失败后显得更为正确和可行，成为此后两千多年古代社会的治国理念和方针。应该说，荀子这一思想是沂蒙地域文化与齐鲁楚文化由碰撞、排拒到最终交流融合的结果。荀子主要融会贯通了儒、道两家的"有为""无为"思想，吸收了墨家的逻辑思想、政治大一统思想和法家思想的精华，从而成为先秦时期集大成的思想家和百科全书式的大师，是具有交融性特点的沂蒙文化的代表人物之一。

荀子是先秦时代的最后一位儒学大师，对战国至秦汉时期儒学的传播具有重要的作用和影响。荀子两任兰陵令，对兰陵影响较大。在西汉，汉武帝"罢黜百家，独尊儒术"的前后，兰陵涌现出了孟卿、后苍等一大批儒学经师。这些名儒的出现，与荀子长期在兰陵讲学授徒有直接关系。西汉刘向校定《荀子》时所作《孙卿书录》说："唯孟轲、孙卿，为能尊仲

---

① 　[西汉] 司马迁撰 . 史记·仲尼弟子列传 [M]. 北京：中华书局 ,2000: 1749.

尼。兰陵多善为学,盖以孙卿也。"① 由此可见,荀子对兰陵地区的影响之大。

关于兰陵诸生传播儒学,《大戴礼记》和《小戴礼记》虽然是由后苍传给戴德、戴圣的,但其实最早的来源就是荀子。这从《荀子》一书的《礼论》《修身》《大略》等篇中可以看出这一点。

不仅如此,有的学者在研究了儒家经典的传承情况后,认为荀子对儒家诸经典的传承都做出了重要贡献。清代学者汪中《荀卿子通论》曰:"荀卿之学,出于孔氏,而尤有功于诸经。""盖自七十子之徒既没,汉诸儒未兴,中更战国、暴秦之乱,《六艺》之传赖以不绝者,荀卿也。周公作之,孔子述之,荀卿子传之,其揆一也。"②

关于《毛诗》的传授,唐陆德明《经典释文·叙录·毛诗》认为,有一种说法是:"子夏传曾申,申传魏人李克,克传鲁人孟仲子,孟仲子传根牟子,根牟子传赵人孙卿子,孙卿子传鲁人大毛公。"由此看来,《毛诗》乃荀子之传也。③

《鲁诗》的传授也与荀子有关。荀子的学生比较有名的除李斯、韩非外,还有浮丘伯。据《汉书·儒林传》载:"申公,鲁人也。少与楚元王交俱事齐人浮丘伯受《诗》。""申公卒以《诗》、《春秋》授,而瑕丘江公尽能传之,徒众最盛。"④ 溯根求源,浮丘伯自然是受《诗》于荀子,故荀子亦为《鲁诗》最早的传人。

《韩诗》虽为韩婴所传,但是从存世的《韩诗外传》看,其中引用荀子说《诗》的就有 44 处,所以《韩诗》的传授也与荀子有密切关系。

《左传》在西汉时期的传授也与荀子有关。《经典释文·叙录》曰:"左丘明做《传》以授曾申,申传卫人吴起,起传其子期,期传楚人铎椒;铎椒传赵人虞卿,卿传同郡荀卿,名况,况传武威张苍,苍传洛阳贾谊"。

① 全上古三代秦汉三国六朝文·第 1 册 [M].石家庄:河北教育出版社,1997:601.
② 蔡元培著.诸子集成 3·荀子集解 [M].长沙:岳麓书社,1996.15-16.
③ 蔡元培著.诸子集成 3·荀子集解 [M].长沙:岳麓书社,1996.15.
④ [东汉] 班固撰.汉书·儒林传 [M].北京:中华书局,2000:2676.

"由是言之，《左氏春秋》，荀卿之传也。"①

《榖梁传》也是由荀子传浮丘伯，又传鲁申公，"瑕丘江公受《谷梁春秋》及《诗》于鲁申公，传子至孙为博士。"

西汉刘向《孙卿书录》云："至汉兴，江都相董仲舒亦大儒，作书美孙卿。"②后世学者研究认为，《公羊春秋》的传授亦与荀子有关，因董仲舒治《公羊春秋》，故"作书美孙卿"。

这里所说的诸经的传承过程未必确切，但从战国到秦汉时期，荀子在儒家经典的传授传承方面起到了重要的桥梁作用，则是不容置疑的。

荀子在汉武帝"罢黜百家，独尊儒术"以后，逐渐受到冷落，特别是到唐宋时期受到一些所谓"醇儒"的攻击。主要原因是荀子主张"既隆礼又隆法"，特别是主张"性恶论"，使他们难以接受。唐代的韩愈曾以"大醇小疵"来评价荀子，韩愈自以为公允，实际上仍为偏颇。后来有许多学者为荀子鸣不平，指出"性恶""性善"其本意一样，都是主张要读圣贤书，修养人生，孟、荀着眼点不同，落脚点都在成为贤人、圣人。因此，在强调读书明理、修身这些基本问题上，孟子、荀卿没有根本分歧。但是由于唐、宋以来某些腐儒的攻击诋毁，使荀子受到了不公正的评价。

荀子虽非沂蒙籍人，但他长期在沂蒙地区做官、授徒、著述，是沂蒙地域文化的重要代表人物。

四、曾子对沂蒙家教的影响

曾子，春秋晚期鲁国南武城（今临沂市平邑县）人，他年轻时虔诚地尊奉父辈对他的教诲；待他本人生子后，又十分重视对晚辈的教育。《大戴礼记》和《小戴礼记》中都记载了曾子教育子女的事例。曾子对沂蒙早期家教的贡献主要体现在家教实践、家训及孝悌理论的研究等方面。

在家教实践方面，曾子注意子孙诚信品德的培育。他以身作则，反对

---

① 蔡元培著. 诸子集成3·荀子集解 [M]. 长沙：岳麓书社，1996.16.

② 全上古三代秦汉三国六朝文·第1册 [M].石家庄：河北教育出版社,1997:601.

哄骗孩子。《韩非子·外储说左上》所记述的曾子"杀猪"的故事就是这方面的典型事例。《论语·学而》记载曾子的话曰："吾日三省吾身——为人谋而不忠乎？与朋友交而不信乎？传不习乎？"① 可见，曾子平时注重对子孙及弟子等晚辈进行诚信教育，同时，他又把这种教育与学习儒家经典结合起来。曾子还教育子孙要正确处理义与利的关系，要做到无以利害义。据《荀子·法行》和《大戴礼记》记载：曾子病重时，曾对儿子曾元、曾华说，鱼鳖一类犹以渊为浅，而藏入其中的穴中；鹰鹞一类以为高山还低，又在其上筑巢，它们所以被捉，就是因为贪图诱饵。他说："故君子苟能无以利害义，则耻辱亦无由至矣。"② 这说明曾子认为培养子孙具有"义"的品德是很重要的。

曾子在家庭教育中重视孝悌行为的培育，他本人即以孝事父母闻名。

东汉王充《论衡·感虚》载："曾子之孝，与母同气。曾子出薪于野，有客至而欲去，曾母曰：'愿留，参方到。'即以右手扼其左臂。曾子左臂立痛，即驰至问母：'臂何故痛？'母曰：'今者客来欲去，吾扼臂以呼汝耳。'"③ 这就是后来《二十四孝》中有名的"啮齿心痛"的故事。这当然这是古人一种浪漫化的思维方式，但也说明了曾子与其母骨肉之情之深、孝子至孝之诚。

据《孔子家语·六本》记载，有一次，曾子修整瓜地，不小心锄断了瓜苗，其父曾皙大怒，用大木棍子将他打昏。曾子苏醒后，却关心父亲："您没有因此而受伤吧？"退回房间以后，还援琴而歌，想让父亲听见之后知道他身体没事，不让父亲为自己担心。尽管后来孔子教育曾子要"小棰则待过，大杖则逃走"，批评曾子"委身以待暴怒，殪而不避"，可能会造成"身死陷父于不义"④ 的后果，但这个故事本事可以反映出曾子对父亲的诚孝之心。

---

① 杨伯峻.论语译注·学而 [M].北京：中华书局,1980:3.

② [战国] 荀况著；张觉译注.荀子译注·法行 [M].上海：上海古籍出版社,1995:664.

③ [东汉] 王充著；陈蒲清点校.论衡·感虚 [M].长沙：岳麓书社,1991:86.

④ 高志忠.孔子家语译注 [M].北京：商务印书馆,2015:122-123.

据《韩诗外传》记载，曾子曾说："吾尝仕齐为吏，禄不过钟釜，尚犹欣欣而喜者，非以为多也，乐其逮亲也。既没之后，吾尝南游于楚，得尊官焉，堂高九仞，榱题三围，转毂百乘，犹北乡而泣涕者，非为贱也，悲不逮吾亲也。故家贫亲老，不择官而仕；若夫信其志约其亲者，非孝也。"①可见，曾子是以是否能侍奉好父母为其幸福快乐的标准的。

在家训及孝悌理论研究方面，曾子对沂蒙家教的贡献很大。在家训方面，曾子有"诫妻言"和"临终告子言"传世。

"诫妻言"即有名的"曾子杀彘"的故事，曾子之妻为了不让儿子跟着去市场，以"回来杀猪给你吃"哄之。妻子回来后，曾子真的去杀猪的时候，他妻子说："我不过是跟儿子开玩笑罢了。"曾子教育妻子说："婴儿非与戏也。婴儿非有知也，待父母而学者也，听父母之教。今子欺之，是教子欺也。母欺子，子而不信其母，非以成教也。"②曾子的"诫妻言"说明了这样一个道理：为人父母者，做摆起面孔说教的家长易，做能够以身作则的家长难。像曾子之妻一样，为让孩子听话故意哄孩子，仍然是今天很多父母教育孩子的"法宝"，却没有想过经常向孩子空头许诺，会无形中在孩子心目中形成哄骗是应该的、不是什么大事的印象，甚至于孩子可能会有意模仿，以至于长大后养成不诚信的习惯。在一定意义上说，当前社会上不重履诺、诚信缺失，很大成分上与家庭教育有关。从教育着手，从小让孩子树立言必信、行必果的意识，才是构建诚信社会的基础。

曾子得了重病，知道自己马上要不行了。看到儿子曾元、曾华一人扶着他的头，一人抱着他的脚，伺候在旁边，满脸哀戚，曾子就和儿子说了这段"临终告子言"。全文如下：

"微乎！吾无夫颜氏之言，吾何以语汝哉！然而君子之务，尽有之矣。夫华繁而实寡者，天也；言多者而行寡者，人也。鹰隼以山为卑，而曾巢

---

① 屈守元笺疏 . 韩诗外传笺疏 [M]. 成都：巴蜀书社，1996:608-609.

② [清] 王先慎集解；姜俊俊校点 . 韩非子·外储说左上 [M]. 上海：上海古籍出版社，2015:348.

其上，鱼鳖鼋鼍以渊为浅，而凿穴其中。卒其所以得之者，饵也。是故君子苟无以利害义，则辱何由至哉！亲戚不悦，不敢外交；近者不廉，不敢远求；小者不审，不敢言大。故人之生也，百岁之中，有疾病焉，有老幼焉，故君子思其不复者而先施焉。亲戚既殁，虽欲孝，谁为孝？年既耆艾，虽欲弟，谁为弟？故孝有不及，弟有不时，其此之谓与！言不远身，言之主也；行不远身，行之本也。言有主，行有本，谓之有闻矣。君子尊其所闻，则高明矣；行其所闻，则广大矣。高明广大，不在于他，在加之志而已矣。与君子游，苾乎入兰芷之室，久而不闻，则与之化矣；与小人游，贷乎如入鲍鱼之次，久而不闻，则与之化矣。是故君子慎其所去就。与君子游，如长日加益，而不自知也；与小人游，如履薄冰，每履而下，几何而不陷乎哉！吾不见好学盛而不衰者矣，吾不见好教如食疾子者矣，吾不见日省而月考之其友者矣。"①

　　总体来看，这段话的内容以探讨个人修养为主，主要谈了以下几个方面的内容：不要以利害义；做事要由近及远，由小及大；孝悌要及时；言论和行动都要有根本；交友要有选择，君子要"慎其所去就"；强调每个人都需要自始至终加强自身修养。俗话说，"人之将亡，其言也善"。曾子临终交代儿子的话，可谓是谆谆之情、切切之意尽显无余。尤其是像"言不远身""亲戚既殁，虽欲孝，谁为孝？""与君子游，苾乎入兰芷之室，久而不闻，则与之化矣"这些话，说得非常到位、透彻，让人警醒和深思，千百年来已成为指导人们修身处世的名言警句，直到今天对我们说话、做事、交友，以及正确对待义与利，仍有很强的指导意义。

　　在孝悌理论研究方面，曾子发展了孔子关于孝的思想并传授给后人。孝悌理论的研究探讨是沂蒙孝文化的重要组成部分。在这方面，主要有曾子根据孔子关于孝悌的论述而作的《孝经》一书，同时曾子撰有一些关于孝的著作，如《曾子十篇》中的《曾子本孝》《曾子立孝》《曾子大孝》《曾

---

① 贾庆超主编；郭德芳，朱锡禄副主编.曾子校释[M].济南：山东大学出版社，1993:98-99.

子事父母》等。

《孝经》共分 18 章，其内容是以孔子、曾子问答的形式阐述了儒家关于孝的基本思想。《开宗明义章》引孔子的话说："夫孝，德之本也，教之所由生也。""夫孝，始于事亲，中于事君，终于立身。"① 这是全书的主旨。后面五章分别论述了对天子、诸侯、卿大夫、士、庶人之孝的要求。《庶人章》曰："故自天子至于庶人，孝无终始，而患不及者，未之有也。"② 这就是说，任何人都必须根据自己承担的义务，来践行孝道。《三才章》论述孝的重要地位和作用："夫孝，天之经也，地之义也，民之行也。"③《孝治章》论述圣王如何以孝治天下，要求后之治国者皆应做到这一点。《圣治章》说明"圣人之德"，没有比孝更重要的，"父子之道，天性也，君臣之义也。"④《纪孝行章》说明孝亲应包括五个方面，即居则致其敬，养则致其乐，病则致其忧，丧则致其哀，祭则致其严。为了尽孝，还要做到三个方面：居上不骄，为下不乱，在丑不争。《五刑章》称："五刑之属三千，而罪莫大于不孝。"⑤ 不孝是各种罪行中最严重的。《广要道章》说明孝、悌、乐、礼是治国、平天下的"要道"。《广至德章》说明推广孝、悌、君、臣之义，必须使天下人真正懂得为什么要这样做。《广扬名章》说明加强孝悌修养的重要性："君子之事亲孝，故忠可移于君；事兄悌，故顺可移于长；居家理，故治可移于官。"⑥《谏诤章》说明对"父命"不可无原则地顺从，对不合义的"父命"应进行谏诤。《感应章》说明孝悌之德可感应天地鬼神，即所谓"孝悌之至，通于神明，光于四海，无所不通。"⑦《事君章》说明如何正确对待君王，应做到"进思尽忠，退思补过，将顺其美，匡救其恶。"⑧《丧亲

① 赵缺译注 . 孝经正译 [M]. 长沙：岳麓书社，2014:3.

② 赵缺译注 . 孝经正译 [M]. 长沙：岳麓书社，2014:4.

③ 赵缺译注 . 孝经正译 [M]. 长沙：岳麓书社，2014:5.

④ 赵缺译注 . 孝经正译 [M]. 长沙：岳麓书社，2014:5-6.

⑤ 赵缺译注 . 孝经正译 [M]. 长沙：岳麓书社，2014:6.

⑥ 赵缺译注 . 孝经正译 [M]. 长沙：岳麓书社，2014:7.

⑦ 赵缺译注 . 孝经正译 [M]. 长沙：岳麓书社，2014:8.

⑧ 赵缺译注 . 孝经正译 [M]. 长沙：岳麓书社，2014:8.

章》说明如何正确处理亲人的丧事。

从以上内容不难看出,《孝经》除了教人行孝外,还是一部充满辩证思维的杰作。在君、臣、父、子、兄弟、亲属等关系方面,强调坚守礼、义,强调各个矛盾侧面的辩证关系,反对盲从。

第二章 秦汉时期沂蒙家教文化的发展

秦汉时期，特别是汉武帝"罢黜百家，独尊儒术"以后，沂蒙官学、私学较为发达，促进了儒学教育热潮的兴起。这一时期，沂蒙家教成果较为丰富，家教文化也由此得到了较大的发展。

第一节 秦汉时期家庭教育概述

秦汉时期是我国封建中央集权制确立的时期，也是我国封建家庭教育定型的时期。

秦王朝是中国历史上第一个统一的中央集权制的封建王朝，也是中国历史上最短命的王朝，仅存在 15 年。秦始皇废分封，行郡县，统一文字、货币、度量衡，积极进行政治、经济、文化、教育等各方面的改革，为汉及以后的中国封建专制政权的发展开辟了道路。但由于秦朝实施禁私学、"以吏为师"的政策，私学曾一度中断，家学的发展受到限制。

汉初统治者吸取秦亡的教训，约法省禁，减轻剥削，放宽言论控制，促进学术文化发展，使生产恢复，社会初步安定。汉武帝实行"罢黜百家，独尊儒术"政策，确立以儒学为主导的统治思想。从此，以儒家学说为主的文化知识受到普遍重视，儒学成为家庭教育的基本内容，儒家伦理道德成为家教的价值评判标准和价值取向，我国重道德、重知识的家教传统逐渐形成，包括官僚阶层和有声望的读书人在内的士大夫逐渐在家庭教育中占主导地位，他们以其较高的社会地位和儒学修养，在家教领域中起着导向的作用。

两汉时期，大量家训问世，有刘邦的《手敕太子》、孔臧的《诫子书》、司马谈的《遗训》、刘向的《诫子歆》《胎教》、张奂的《戒兄子书》、郑玄的《戒子益恩书》、蔡邕的《女训》等。这些家训涉及为人处世的各个方面，极大地丰富了中国古代家训的内容。

一、秦汉时期家庭教育的主要内容

秦汉家庭教育的内容是多方面的，主要包括以儒学为首的纲常伦理教育，为学为官的专门知识传授，维护封建纲常的女教以及早期的胎教等。

1. 以孝为核心的伦理道德教育

家庭担负着道德教育启蒙的责任，两汉强调孝为百行之首，以孝为核心的封建伦理道德教育是汉代家庭教育的灵魂。

汉代道德教育的内容主要是儒家的纲常名教，即君为臣纲、父为子纲、夫为妻纲之"三纲"，仁、义、礼、智、信之"五常"。纲常名教维护封建社会等级制，维护君权、父权、夫权的绝对统治。汉代统治者把孝行与官吏选拔结合起来，形成了系统的以孝治天下的道德教育体系。孝已经成为汉代人所认同的道德观念，并成为调整家庭、社会关系的规范。《孝经》以其论述孝道系统而全面，成为儒家的经典和汉代人入仕的必读书；又以其篇幅短小且文字通俗，在平民百姓中家喻户晓，深刻影响着人们的思想行为。两汉时期，《孝经》一直是家庭教育的主要内容，《后汉书·荀爽传》说："汉制使天下诵《孝经》，选吏举孝廉"。[1] 孝作为汉代家庭伦理核心、社会道德规范，通过家庭教育的形式深刻地影响了两汉人的思想行为，两汉历史上涌现出了许许多多的至孝事迹，《后汉书》卷三十九专篇记载了江革、刘般等人的孝行故事。

汉代家庭教育很重视子孙高尚道德品质的培养。丞相萧何"买田宅必居穷辟处，为家不治垣屋"。他以自己的实际行动教育子孙要学会节俭，不

---

① ［南朝宋］范晔撰. 后汉书·荀爽传 [M]. 北京：中华书局,2000: 1386.

要追求奢华的生活。他说："令后世贤，师吾俭；不贤，毋为势家所夺。"①
疏广归老故乡，用皇帝赏赐的钱财买酒设宴，请族人故旧宾客来娱乐，却
不为子孙置办产业。他认为："自有旧田庐，令子孙勤力其中，足以共衣
食，与凡人齐。今复增益之以为赢馀，但教子孙怠惰耳。贤而多财，则损
其志；愚而多财，则益其过。且夫富者，众人之怨也；吾既亡以教化子孙，
不欲益其过而生怨。"②疏广这种不让子孙安逸于舒适的生活条件，教育子
孙靠自己的勤奋而生存的家教思想值得今人学习借鉴。经学家郑玄教育其
子郑益恩要加强自身修养，"勖求君子之道，研钻勿替，敬慎威仪，以近有
德。显誉成于僚友，德行立于己志"。③

2. 为学为官等专门知识的传授

在官僚、士大夫家庭中，家学主要是向子孙传授立身处世的专门文化
知识，内容较为丰富，有经学、法学、史学、医学、天文数术等。两汉时
期，已有颇多家学渊源的家庭，有各种专业"世家"出现。儒学在汉武帝
以后逐渐确立起在两汉的统治地位，累世经学成为两汉家庭教育中较为突
出的特点。《汉书》《后汉书》的《儒林传》中父子相传累世学经的记载不
胜枚举。如甄宇"习《严氏春秋》，教授常数百人"，"传业子普，普传子
承。承尤笃学，未尝视家事，讲授常数百人。诸儒以承三世传业，莫不归
服之。……子孙传学不绝"。④为官治民需要通晓国家的律令条款、制度典
章，在官宦家庭，法学的世代传授也是家庭教育的重要内容。如东海郡郯
县人于定国"少学法于父"。⑤家传史学在两汉主要以司马氏和班氏家庭为
代表。司马迁继承父亲司马谈的家学，成为太史令，写出了彪炳千秋的中
国历史上第一部纪传体通史巨著《史记》。班固继承父亲班彪的家学，担任
史官，修成中国历史上第一部纪传体断代史《汉书》。班固之妹班昭亦能传

---

① ［东汉］班固撰.汉书·萧何传［M］.北京：中华书局,2000:1558.

② ［东汉］班固撰.汉书·疏广传［M］.北京：中华书局,2000:2281.

③ ［南朝宋］范晔撰.后汉书·郑玄传［M］.北京：中华书局,2000:812.

④ ［南朝宋］范晔撰.后汉书·儒林传下·甄宇传［M］.北京：中华书局,2000:1740-
　　1741.

⑤ ［东汉］班固撰.汉书·于定国传［M］.北京：中华书局,2000:2282.

父家学，与马融完成了《汉书》的八表和天文志。

在封建专制的两汉时期，仕途风险很大，处世容身之道、为官经验也是官宦家庭教育的重要内容。关于处世经验和为官之道教育的记载，《汉书》《后汉书》中有很多。如琅邪王氏家族的重要代表人物王吉，在昌邑王被废后，因曾做过昌邑中尉而受刑，于是他就"戒子孙毋为王国吏"。① 崔寔母在崔寔为官五原时，"常训以临民之政，寔之善绩，母有其助焉"。② 陈咸"性仁恕"，常戒子孙曰："为人议法，当依于轻，虽有百金之利，慎无与人重比。"③

3. 维护封建纲常的女教

汉代，随着三纲五常封建伦理的逐步确立，夫为妻纲成为束缚妇女的道德规范，系统阐述女子行为规范的女教理论成为汉代家庭教育的重要内容，其代表主要有班昭和蔡邕的《女诫》等。

班昭（约45—约117年），又名姬，字惠班，扶风安陵（今陕西咸阳东北）人。东汉女史学家、文学家，史学家班彪之女、班固之妹，14岁嫁同郡曹世叔为妻，故后世亦称"曹大家"。班昭博学高才，其兄班固著《汉书》，未竟而卒，班昭奉旨入东观藏书阁，续写《汉书》。其后汉和帝多次召班昭入宫，并让皇后和贵人们视为老师，号"大家"。邓太后临朝后，曾参与政事。

班昭晚年，身患疾病，家中女子们又正当出嫁的年龄，班昭担心她们不懂妇女礼仪，令未来的夫家失了面子，辱没了宗族，于闲暇之时作《女诫》七章，以做勉励。书成后，在京城中被广泛传抄，对上层妇女的教育很有帮助。

班昭的《女诫》分为卑弱、夫妇、敬慎、妇行、专心、曲从、和叔妹七篇。"卑弱"篇强调，"明其卑弱，主下人也"，"明其习劳，主执勤也"，"明当主继祭祀"，此三者"盖女人之常道，礼法之典教"。女性生来卑下，

---

① ［东汉］班固撰. 汉书·王吉传 [M]. 北京：中华书局, 2000:2299.
② ［南朝宋］范晔撰. 后汉书·崔骃传 [M]. 北京：中华书局, 2000:1168.
③ ［南朝宋］范晔撰. 后汉书·陈宠传 [M]. 北京：中华书局, 2000:1044.

不能与男性相提并论，因此必须"谦让恭敬"，"忍辱含垢"；"晚寝早作，勿惮夙夜；执务私事，不辞剧易"；"正色端操，以事夫主""絜齐酒食，以供祖宗"，做到这三个方面，才算是恪尽本分。"三者苟备，而患名称之不可闻，黜辱之在身，未之见也"。"夫妇"篇认为，"夫妇之道"乃"天地之弘义，人伦之大节"，"夫不贤，则无以御妇；妇不贤，则无以事夫"。"夫不御妇，则威仪废缺；妇不事夫，则义理堕阙"，而一般家庭习惯于教男而不教女，"不亦蔽于彼此之数乎"。"敬慎"篇主张"阴阳殊性，男女异行。阳以刚为德，阴以柔为用，男以强为贵，女以弱为美"，"敬顺之道，妇人之大礼也"。妇人只有对丈夫保持敬顺之心，方可"知止足"，"尚恭下"，才能使夫妇之恩义永存不废。"妇行"篇提出了女之"四行"，即妇女的四种行为标准："一曰妇德，二曰妇言，三曰妇容，四曰妇功"。"清闲贞静，守节整齐，行己有耻，动静有法，是谓妇德。择辞而说，不道恶语，时然后言，不厌于人，是谓妇言。盥浣尘秽，服饰鲜絜，沐浴以时，身不垢辱，是谓妇容。专心纺织，不好戏笑，絜齐酒食，以奉宾客，是谓妇功。""此四者，女人之大德，而不可乏之者也。""专心"篇提出"礼，夫有再娶之义，妇无二适之文，故曰夫者天也"。事夫要"专心正色"，"耳无涂听，目无邪视，出无冶容，入无废饰"。"曲从"篇教导妇女要善事公婆，"勿得违戾是非，争分曲直"，不要跟公婆争是非曲直，跟公婆相处最好的方式就是曲意顺受。"和叔妹"篇说明妇女与丈夫的兄弟姐妹相处的重要性，因为只有跟他们的关系处理好了，他们才会在公婆面前说你的好话，公婆满意了，丈夫也会高兴，这样就会在乡邻之中有好的名声，父母脸上也就有光。而跟叔妹处理好关系的原则"莫尚于谦顺"。①

　　总之，班昭的"女诫"提倡妇女要有"三从之道"和"四德之仪"，强调男尊女卑和妇女对丈夫公婆的绝对顺从。班昭认为女人首先应该从思想上认识到自己处于卑微的地位，清醒自己的性别角色，由此出发，主张妇女应承担在家辛勤劳作，操持家务，侍奉丈夫公婆等由性别角色而决定的

① ［南朝宋］范晔撰 . 后汉书·列女传 [M]. 北京：中华书局 ,2000:1882-1886.

社会责任。班昭倡导的女性观念，成为中国古代妇女的行为准则。作为中国第一部以儒家正统思想阐述女性教育的《女诫》，影响了中国两千多年的传统社会观念。

蔡邕（133—192 年），字伯喈，东汉时期著名文学家、书法家，才女蔡文姬之父。蔡邕精通经史，善写辞赋，曾参与续写《东观汉记》及刻印熹平石经，又精于书法，擅长篆书、隶书，所创"飞白"书体，对后世影响甚大。

蔡邕曾作《女诫》教育女儿蔡文姬："夫心，犹首面也，是以甚致饰焉。面一旦不修饰，则尘垢秽之；心一朝不思善，则邪恶入之。人咸知饰其面，而莫修其心，惑矣。夫面之不饰，愚者谓之丑；心之不修，贤者谓之恶。愚者谓之丑，犹可；贤者谓之恶，将何容焉？故览照拭面，则思其心之洁也；傅脂，则思其心之和也；加粉，则思其心之鲜也；泽发，则思其心之顺也；用栉，则思其心之理也；立髻，则思其心之正也；摄鬓，则思其心之整也。"① 这篇《女诫》把深刻的道理，用日常生活细事形象地表达出来。蔡邕通过对女子饰其首面中的一系列细节的联想和思考，教育女儿不要只讲求外在的容貌美，而更要注重内在的精神美、人格美。蔡邕告诉女儿要注意"心"的修饰，做到心灵的纯洁、和善、正直、庄重，道理是非常深刻的。蔡文姬也没有辜负父亲的希望，不但博学有才辩，通音律，能诗文，而且具有"忧以天下，乐以天下"的崇高品质。蔡邕的教育思想对现代社会的家庭教育，仍然具有指导意义。

另据《华阳国志》记载，汉代南郑人杜泰姬从胎儿、婴孩、青少年三个阶段总结了她成功的教子之道，要求女儿和儿媳们，也用这种方法来教诫子弟，她说："吾之妊身，在乎正顺。及其生也，思存于抚爱。其长之也，威仪以先后之，礼貌以左右之，恭敬以监临之，勤恪以劝之，孝顺以内之，忠信以发之。是以皆成，而无不善。汝曹庶几勿忘吾法也。"②

4. 较为完善的胎教理论

---

① [清] 严可均校辑. 全上古三代秦汉三国六朝文·全后汉文 [M]. 中华书局,1958:878.
② [晋] 常璩撰，刘琳校注，华阳国志 [M]. 成都：巴蜀书社,1984:811.

我国的胎教始于西周，至汉代，思想家贾谊、刘向、王充等开始总结前代胎教经验，逐渐形成较为完善的胎教理论。

贾谊（前 200—前 168 年），西汉政论家、文学家。贾谊是从总结秦亡的教训、巩固汉代统治的角度研究胎教的。他认为，殷为天子二十余世，周为天子三十余世，而秦为天子二世而亡，其原因就在于商周教育太子有方，所以必须加强对太子的早期教育。而早期教育只是从婴儿时期开始是不够的，还应该重视胎教。因为胎儿是人生的初始阶段，要"慎始"。如何进行胎教呢？贾谊认为应该做到三点：第一，提高母亲的道德素质。他认为，父母的道德品质会对孩子产生重要的影响，尤其是母亲的道德素质对孩子影响更大。胎教中的"正本"理论，强调的就是母亲的道德素质。第二，慎选婚娶对象。贾谊主张婚嫁要选择有道德的人，建议婚娶嫁女一定要慎重，"必择孝悌世世有行义者。如是则子孙慈孝，不敢淫暴，党无不善，三族辅之。"第三，优化胎儿生长环境。胎儿的生长环境包括孕妇的生活环境和孕妇本人的言行、思想情绪。[①] 贾谊的胎教理论已经包含了现代胎教理论中的优生优育内容，有一定的科学性。

刘向从西周的胎教理论中概括出"慎感"的思想。他指出，良好的胎教可以收到"生子形容端正，才德必过人"的效果。他认为，实施胎教的宗旨在于"慎所感"，即重视胎儿通过母体对外界事物的感应，"感于善则善，感于恶则恶"。[②] 因此，孕妇要选择良好的居住环境，要注意饮食，所见所闻要合乎礼义，坐、立、卧、行都要有良好的姿态，要节制喜怒哀乐以保持沉静、稳定的情绪，使胎儿得到健康发育。

王充发展了"慎感"的理论。他认为，人有三性：正性、随性和遭性。正性即人一生出来即有儒家仁、义、礼、智、信五种道德规范；随性即"随父母之性"，受父母遗传的影响；遭性是指怀胎时遭受事物的影响，如"妊妇食兔，子生缺唇"；又如打雷时怀孕，生子形体会有缺陷等。这些说法现在看来显然是不科学的。与贾谊一样，王充十分重视父母的素质，特别是

---

① ［汉］贾谊撰，阎振益、钟夏校注，新书校注 [M]．北京：中华书局,2000:390.

② ［汉］刘向撰；刘晓东校点．列女传 [M]．沈阳：辽宁教育出版社,1998:4.

母亲的素质对下一代的影响，但王充是从其气本论的哲学思想出发进行论述的。他认为，气产生万物，人也是禀气而生，但人的禀气有厚薄，这与母亲的身体素质有着密切的关系。他说："妇人疏孕者子活，数乳者子死，何则？疏而气渥，子坚强；数而气薄，子软弱也。"① 王充已经认识到少生优育的重要性。他还指出，母亲怀孕时要保持良好的心态。如果孕妇情绪低落，孩子长大后"易感伤，独先疾病，病独不治"。如果母亲"心妄虑邪"，则孩子"狂悖不善，形体丑恶"。②

王充继承发展了刘向的慎感理论，丰富了贾谊的优生思想，形成了汉代优生与优育结合、父母身体与道德素质并重、外界环境与母亲情绪兼顾的胎教理论。这些理论在现在看来仍具有一定的科学性。汉代的胎教理论为我国古代胎教理论的发展奠定了基础。

二、秦汉时期家庭教育的主要方法

秦汉时期，家庭教育承担着多种多样的任务，影响家庭教育的因素也很多，因此，家庭教育方法亦是形式多样。

1. 家庭环境的熏陶

家庭是人实现社会化最早也是最主要的地方，对人的修养的形成影响最大。由于血缘和亲缘的关系，物质和精神上的依赖，家庭教育伴随着人的社会化的整个过程。秦汉时代的人已认识到家庭环境对于人的道德品行的形成和完善是十分关键的因素，家庭环境的熏陶是秦汉家庭教育的重要方法。

汉代一些官僚、士大夫大家庭逐步形成了世代相承的家教门风，使子孙后代受到潜移默化的影响。如王吉、王骏父子，"经明行修"，为官皆有能名，"骏子崇以父任为郎，历刺史、郡守，治有能名"，自王吉至王崇形

---

① 黄晖 . 论衡校释 [M]. 北京：中华书局 ,1990:29.

② 黄晖 . 论衡校释 [M]. 北京：中华书局 ,1990:55.

成了"世名清廉"的家风。①《汉书·诸葛丰传》载："诸葛丰字少季，琅邪人也。以明经为郡文学，名特立刚直。"② 以"明经为郡文学"开启了诸葛氏家族通经致用的学术渊源，"特立刚直"的品格亦对诸葛氏家族后裔产生了深远的影响，奠定了诸葛家族文化的基本价值取向。总之，家庭环境的熏陶似乎是无意识的教育，但教育的效果却是明显而又深远的。

2. 言传身教，榜样影响

家庭是一个人道德品质形成的重要场所，父母是子女最初的老师与榜样。家长的道德判断、言行举止、情感表达都在潜移默化之中对子女产生影响，子女在日常生活当中耳濡目染，不断地效仿与学习，继而内化为自身的人格与品性。

孔子云："其身正，不令而行；其身不正，虽令不从。"③ 家长只有不断加强自身的道德修养，以身作则，身教为先，才能对子女乃至整个家族施以积极的影响。万石君石奋以自己恭谨的行为来影响子孙："过宫门阙必下车趋，见路马必轼焉。子孙为小吏，来归谒，万石君必朝服见之，不名……子孙胜冠者在侧，虽燕必冠，申申如也。……上时赐食于家，必稽首俯伏而食，如在上前。"万石君对自己严格要求，注意自己的一言一行，处处以身作则，言传身教，因此"子孙遵教，亦如之。万石君家以孝谨闻乎郡国，虽齐鲁诸儒质行，皆自以为不及也。"④

在汉代家庭教育中，家长除了言传身教外，还善于以历史上或现实中的人物作为榜样来影响、教育子孙后辈。范滂因反对宦官专权被捕入狱，临行前与母诀别。其母不仅没有悲伤，反而勉励他说："汝今得与李、杜齐名，死亦何恨！既有令名，复求寿考，可兼得乎？"⑤ 范滂母亲用反宦官领袖李膺、杜密作为榜样来鼓励儿子，为了正义即使献出生命也不应遗憾。

① ［东汉］班固撰. 汉书·王吉传 [M]. 北京：中华书局 ,2000:2299-2300.
② ［东汉］班固撰. 汉书·诸葛丰传 [M]. 北京：中华书局 ,2000:2425.
③ 杨伯峻译注. 论语译注·子路 [M]. 北京：中华书局 ,1980:136.
④ ［东汉］班固撰. 汉书·石奋传 [M]. 北京：中华书局 ,2000:1688.
⑤ ［南朝宋］范晔撰. 后汉书·党锢列传·范滂传 [M]. 北京：中华书局 ,2000:1491.

榜样人物的高尚品质和光辉业绩对人有直观的激励与影响作用，汉代家长能结合子女的实际情况引导他们学习这些榜样人物的优秀品质、崇高理想和先进事迹。

3. 遇事则诲，相机而教

家庭教育可以利用遇到的事情，抓住恰当的时机来进行，这样可以取得较好的教育效果。例如，有一次，东汉官员陈寔看到了夜入其室、止于梁上的小偷，他抓住这个难得的教育时机，相机而教，正色训教子孙："夫人不可不自勉。不善之人未必本恶，习以性成，遂至于此。梁上君子者是矣！"陈寔又教育偷盗之人说："视君状貌，不似恶人，宜深克己反善。然此当由贫困。"[①]并送给他两匹绢让他改过自新。陈寔抓住"梁上君子"这种突如其来的教育时机来教育子孙，使子孙受到终生难忘的教益。选择这样恰当的事情和教育时机进行教育具有很强的针对性，会使子孙更容易受到启迪、领悟道理。

4. 批评惩罚，杖笞怒喝

我国家教文化中自古以来就有严慈相济的传统，正如《颜氏家训》所言："父子之严，不可以狎；骨肉之爱，不可以简。简则慈教不接，狎则怠慢生骄。""父母威严而有慈，则子女畏慎而生孝。"[②]

汉代封建家长制已经确立，家庭教育中存在着专横粗暴的现象。《说文》中解释"父"时说："父，矩也，家长率教者，从又举杖。"这是父亲以杖笞子的形象解释，从而揭示出在汉代家庭教育方法中存在着批评惩罚、杖笞怒喝的粗暴方式。在当时人们的观念中，正像《汉书·刑法志》所说："鞭扑不可弛于家，刑罚不可废于国"。[③]

传统社会的家庭教育中，有着严父慈母的角色分工。父亲一般对子女较为严厉，且有时会施以体罚，汉代文献记载中打骂子女多为父亲所为。

---

① [南朝宋] 范晔撰. 后汉书·陈寔传 [M]. 北京：中华书局,2000:1397.

② [北齐] 颜之推撰，王利器集解. 颜氏家训集解 [M]. 上海：上海古籍出版社,1980:25.

③ [东汉] 班固撰. 汉书·刑法志 [M]. 北京：中华书局,2000:925.

如李通父亲李守"为人严毅，居家如官廷"。① 邓训为官"宽中容众"，但"于闺门甚严，兄弟莫不敬惮，诸子进见，未尝赐席接以温色。"② 惠帝时，相国曹参的儿子曹窋已官至中大夫，由于他干预曹参的行为，曹参"怒而笞之二百"。③

第二节　秦汉时期沂蒙的儒学教育

秦汉时期，沂蒙教育以儒学教育为主，教育形式有官学、私学及家庭教育、社会教育等。

一、沂蒙官学中的儒学教育

秦朝建立后，曾在朝廷设博士 70 余人。这些博士多数是儒生，但他们未及发挥作用，即遭到"焚书坑儒"的厄运，故在秦朝存在的 15 年中，官学的儒学教育是谈不上的。

西汉建立初期的六七十年间，统治者以黄老思想为指导，儒学受到排斥。到汉武帝接受董仲舒建议"罢黜百家，独尊儒术"之后，朝廷设立五经博士，每位博士可招收弟子 50 名，至成帝时发展到 3000 余人。随着中央太学儒学教育的发展，地方官学的儒学教育也发展起来。

汉景帝时，蜀郡太守文翁在成都设立学官，"招下县子弟以为学官弟子"。一开始来学习的人并不多，他又采取了许多奖励政策，首先是物质上的优待，如免除徭役；其次是提高他们的社会地位，成绩优良者增补郡县吏的空缺，成绩稍差一点的担任孝弟力田（孝弟力田，汉代选拔官吏的科目之一。始于惠帝时，名义上是奖励有孝悌的德行和能努力耕作者。中选者经常受到赏赐，并免除一切徭役。至文帝时，与三老同为郡县中掌教化的乡官）。文翁到各县去出巡，常把一些成绩好的学生带在身边，谙习政

① ［南朝宋］范晔撰 . 后汉书·李通传 [M]. 北京：中华书局 ,2000:381.
② ［南朝宋］范晔撰 . 后汉书·邓禹传 [M]. 北京：中华书局 ,2000:405.
③ ［东汉］班固撰 . 汉书·曹参传 [M]. 北京：中华书局 ,2000:1563.

事，上传下达，出入官府也非常随便，这样就扩大了影响，"县邑吏民见而荣之，数年，争欲为学官弟子，富人至出钱以求之。由是大化，蜀地学于京师者比齐鲁焉。"文翁发展地方官学教育成绩显著，因而受到朝廷重视。汉武帝时在全国推行文翁的做法，"令天下郡国皆立学校官"。①至西汉后期，复立天下官学，郡国曰学，县、道、邑、侯国曰校，乡曰庠，聚曰序。学和校立经师 1 人，庠和序置《孝经》师 1 人。

西汉末年至更始政权时期，官立学校的儒学教育受到破坏。《后汉书·儒林传》称："昔王莽、更始之际，天下散乱，礼乐分崩，典文残落。"东汉建立后情况有所改变，东汉建立者刘秀"爱好经术"，据记载他到洛阳时，光是儒家经书秘籍等载有两千余车。因此，全国各地著名儒生，纷纷云集京师。于是重立五经博士，重修太学，儒学教育重新受到重视。汉明帝亲为诸儒讲经，汉章帝时举行白虎观会议，讨论五经同异并重视古文经的研究。顺帝时，"乃更修黉宇，凡所造构二百四十房，千八百五十室"，②时太学生有三万余人。灵帝熹平四年（175 年），用古文、篆、隶三体书法铭刻《五经》，树之学门，为天下读经的范本。这些都促进了官学儒学教育的发展。

两汉时期，沂蒙地区的各郡、国、县、道、邑、侯国都按照朝廷规定设立了学校，教授传播儒家经典，还有不少人去京师的太学学习。如《汉书·文翁传》所说"蜀地学于京师者比齐鲁焉"，这是说，蜀地由于文翁的重视，推动了儒学教育的发展，在京师太学学习的人数可以与齐鲁相比。由此可见，齐鲁在太学学习的人数与全国各地相比是比较多的，而齐鲁在当时是涉及沂蒙地区的。

二、沂蒙私学与儒学教育

秦汉时期的沂蒙地区，私学和儒学教育较为发达，私学的发展促进了

① ［东汉］班固撰．汉书·循吏传 [M]．北京：中华书局，2000: 2689.
② ［南朝宋］范晔撰．后汉书·儒林传 [M]．北京：中华书局，2000: 1717-1718.

儒学教育热潮的兴起。

两汉时期（前 206—189 年），沂蒙地区的大多数儒生都设帐授徒，其生徒学成之后，往往又步其师后尘再教授青年弟子，形成了庞大的私学网络。这种私学主要学习儒家的六经和六艺。

两汉时期，沂蒙地区私学的儒学教育发展程度较高，处于国内的先进水平，这是有着深刻的历史原因的。沂蒙地区在先秦时期已受到儒家学说的影响，这里有孔子的弟子及再传弟子多人，故儒学的基础较为深厚。战国时期儒学的代表人物荀子曾在沂蒙的兰陵（今山东兰陵）为官、讲学多年，使儒学影响更加广泛。至汉武帝时，儒学地位提高，更推动了沂蒙地区的儒学教育。见于记载的沂蒙私学儒学教育的著名事例有：

兰陵人孟卿，对《礼》《春秋》等深有研究。他设帐授徒，培养出名儒后苍、疏广及其子孟喜等。孟喜自幼受其父影响，又曾从名儒田何的再传弟子学《易》，后来独成一家，被称为"孟氏易学"，与京房的"京氏易学"同为西汉易学的两大流派。后苍系东海郡郯（今山东郯城）人，他随孟卿学《礼》，著《后氏曲台记》数万言。后苍亦广授弟子，其中有戴德、戴圣，他们各有著作传世，即《大戴礼记》和《小戴礼记》，影响巨大。后苍亦精通《诗经》，是《齐诗》最早的传人之一。后苍的弟子，在沂蒙的还有萧望之、匡衡等人。萧望之（不详—前 47 年）兰陵人，为汉初丞相萧何之后，从后苍习《齐诗》，后又从夏侯胜学《论语》及儒家礼仪。从政后，曾参加并实际主持了著名的石渠阁会议，评议五经异同。兰陵人匡衡，师事后苍，因家贫而凿壁偷光，学习儒家经典，善解《诗经》，虽从政后政绩不佳，但对儒学在沂蒙地区的传播是有贡献的。

兰陵人疏广，为后苍弟子，对《春秋》深有研究，他对自己的侄子疏受勤加教诲，使之很快学通儒家经典。不仅如此，疏广亦广授弟子，远近闻名。后叔侄二人皆出仕，分任太子太傅与太子少傅，传为佳话。他们退休回故乡后，注重用儒家思想教育子弟，并积极实践孔子"仁者爱人"的思想，散财帛于乡里。

郯人渡中翁，对《诗经》研究精深，开馆授徒，广招弟子，汉宣帝年少时曾随其学习。

兰陵人王臧，曾师事《鲁诗》的开创者申培，对《诗经》深有研究。他在朝廷上对儒学经典的宣传，实际为"独尊儒术"的实行做了准备。

兰陵人缪生，曾师事申培，对《诗经》的研究很有成就。

兰陵人褚大，字少孙，师事公羊学名儒胡毋生，为经学博士，曾补写《史记》之《外戚世家》《三王世家》《日者列传》《龟策列传》等篇。

王吉，为琅邪王氏家族迁居临沂后的第一位著名人物，他通晓五经，尤其是《春秋》《论语》造诣很深。其子王骏，曾随梁丘贺学《易》，亦对《鲁论》深有研究，历任谏大夫、幽州刺史、京兆尹、御史大夫等职。王骏之子王崇自幼受家学影响，通晓五经，后官至御史大夫，王莽时官至大司空。

卫宏，东海（今山东郯城）人，初学《毛诗》，作《毛诗序》，后学《古文尚书》，作《训旨》，是提倡古文经学的重要人物，有《汉旧仪》等传世。

阳都（今山东沂南）人诸葛丰，"以明经为郡文学"，①元帝时为司隶校尉，后加光禄大夫，以儒学传世。东汉末，诸葛珪为泰山郡丞，治儒学，诸葛珪子诸葛瑾"少游京师，治《毛诗》《尚书》《左氏春秋》"②。

三、社会生活中的儒学教育

自从汉武帝接受董仲舒的建议，实行"罢黜百家，独尊儒术"之后，统治集团通过各种手段充分利用儒学的教化作用，为其政权的巩固服务。这就使整个社会变成了儒学教育的大课堂，生活中充满了儒学教育因素。

1. 王良以清廉教人

东汉时期兰陵人王良是著名的儒生，通晓《尚书》。建武四年（27年），他被征辟为谏大夫，在任期间"数有忠言，以礼进止，朝廷敬之"。③后调

---

① [汉] 班固撰. 汉书·诸葛丰传 [M]. 北京：中华书局, 2000:2425.

② [西晋] 陈寿撰. 三国志·诸葛瑾传·裴松之注 [M]. 北京：中华书局, 2000:910.

③ [南朝宋] 范晔撰. 后汉书·王良传 [M]. 北京：中华书局, 2000: 623.

任太中大夫、大司徒司直。他十分节俭，不带妻子到官舍居住，一个人过着清苦的生活，盖的是粗布的被褥，用的是粗笨的陶器。王良所任的大司徒司直在当时属于高级官员，而他却如此清廉，这种品德的确是难能可贵的。

2.尹翁归以严治郡

尹翁归是河东平阴人，西汉昭帝时任东海郡（治所在今山东郯城）太守。赴任前到廷尉于定国那里辞行。于定国原籍东海郡，正好有同乡孩子的事想托付给尹翁归，但于定国与尹翁归晤谈一整天，都是些治国安邦及个人操守的事，无法让那同乡的儿子出来拜见尹翁归。尹翁归离开之后，于定国才说，他是一位贤士，你们没有能力在他手下任职，我又不能以私事强行干涉他的政务，所以此事不好开口。

尹翁归治理东海郡，对郡中的官吏百姓了如指掌。各县都建立了人员档案，处理案件时，根据自己掌握的情况决断，而不是只听有关部门的汇报。对犯有一般错误而又有紧急公务者可稍缓处罚；对稍有过失者则记入档案，予以警告。而对那些狡猾的官吏和势力很大的恶棍则立案定罪，严重的可处死。他每次出巡各县，也要逮捕惩戒犯罪者。这样做使得官员百姓都受到很好的教育而能改过自新。东海县原有大土豪许仲孙，作恶多端，扰乱了社会秩序，也扰乱了郡县的政务。尹翁归到任后，经过周密调查，抓住了确凿证据，将其处死示众。这使全郡震惊，没有人再敢触犯法令，东海郡出现了大治的局面。

3.诸葛丰以刚直示人

诸葛丰字少季，西汉琅邪阳都（今山东沂南）人。通过明经科荐举走上仕途，以卓然独立、刚直不阿而闻名。曾任御史大夫的属官，又升任侍御史，汉元帝擢为司隶校尉。他检举揭发无所避忌，当时京师流传着这样的话："间何阔，逢诸葛。"[1] 意思是说，为什么相隔这么长时间不能相聚，因为遇到诸葛丰正在监察。皇帝很欣赏他的正直无畏，加封他为光禄大夫。

---

① ［东汉］班固撰.汉书·诸葛丰传 [M].北京：中华书局,2000:2425.

侍中许章凭借外戚的身份而得到皇帝的宠信，骄奢淫逸，不遵奉国家法度，他的门客犯了罪，也牵连到他。诸葛丰欲上表弹劾许章，正好在路上相遇，诸葛丰手举符节命令许章下车，想立即逮捕他。许章情知不妙，连忙驾车逃走。诸葛丰急忙追赶，许章逃入宫中向皇帝求情，诸葛丰恰巧也来上奏。皇帝偏袒许章，不但不支持诸葛丰，还收了诸葛丰的符节。皇帝的这种不辨是非、姑息养奸的行为使诸葛丰十分愤慨。他上书据理力争，表明自己维护国家法度、除尽奸邪的决心："常愿捐一旦之命，不待时而断奸臣之首"，① 以使天下人都知道为恶者终究要受到惩罚的道理。他表示自己即使像历史上遭受各种冤枉而死的伍子胥、屈原那样，只要"杀身以安国，蒙诛以显君"，② 自己也毫无怨言。但皇帝根本不听他的忠言，反而把他降为城门校尉。诸葛丰对此毫不畏惧，继续上书弹劾他人的不法行为，触怒了皇帝，被免为庶人，终老于家。诸葛丰刚直不阿的高尚品格，"刺举无所避"③ 的惩治犯罪的精神，对诸葛氏后裔，特别是诸葛亮等人产生了深远的影响。

4. 童恢重视教化

童恢字汉宗，东汉琅邪姑幕（其地今属山东莒县、沂水）人。其父童仲玉乐于救助穷人，遇到荒年时，拿出全家的积蓄，拯救乡邻，由此而保全性命者百余人。父亲的这种高尚德行深深地影响了年幼的童恢，他决心长大之后为黎民百姓做些好事。

童恢年少时即到州郡中当属吏，司徒杨赐听说他处事公正，执法廉平，就聘用他为属吏。后来，杨赐因被他人弹劾而被免职时，手下的属吏纷纷扔下自己的名帖离开杨赐，只有童恢不顾个人安危，亲到朝廷为之争辩。等到杨赐的问题得到公正解决而恢复官联时，那些离去的僚属又都回来，而童恢却策马而去。不久又受到征辟，被任为不其县的县令。童恢十分重视对辖境内民众的教化，开展了多种形式的社会教育。凡官吏有违犯法律

---

① ［东汉］班固撰. 汉书·诸葛丰传 [M]. 北京：中华书局, 2000:2425.
② ［东汉］班固撰. 汉书·诸葛丰传 [M]. 北京：中华书局, 2000:2426.
③ ［东汉］班固撰. 汉书·诸葛丰传 [M]. 北京：中华书局, 2000:2425.

者，他总是根据具体情况予以公开处理。如果官吏称职，做了好事，他就赐以酒宴，表示劝勉慰劳。对各项生产，如耕织种收如何开展，他都制定了明确的规章制度，以便让民众有所遵循。这样一来，县境之内，政清务简，人民安居乐业，以致"牢狱连年无囚"。[①]附近各县的群众听说不其县治理得好，迁入的有二万余户。后因其政绩突出而被任命为丹阳太守。但不久即因病暴亡，令人叹惋。

5. 刘虞教民务生业

刘虞字伯安，东汉东海郡郯县（今山东郯城）人。通过举孝廉出仕为幽州刺史，后任大司马之职。刘虞任幽州刺史时，经常穿着破旧的衣服，绳编的草鞋，到田间地头去督促农民种好庄稼，养好蚕桑。又在上谷地方开设早市，便于各地商贾到此处贸易，买卖盐铁百货，一时出现了繁荣的景象。

当时正值东汉末年，青州、徐州一带战乱不止，当地民众便扶老携幼，到幽州投奔刘虞。据史书记载"归虞者百余万口"。[②]刘虞对他们热情接待，细心安排，教他们垦荒，养植蚕桑，很快安顿下来。因刘虞系汉朝宗室，董卓曾一度想立他为帝，遭到拒绝。不久，刘虞在与公孙瓒作战时兵败被杀。

6. 刘宽宽厚爱民

刘宽字文饶，东汉华阴人，桓帝时任东海（治所在今山东郯城）相。他以宽厚仁爱为原则，重视对群众的教化工作。对犯了错误的人不忍心用棍棒打罚，只是用蒲鞭抽几下，表示警告。每次到属县巡视时，他总要召见学官和学校的学生，并手执书卷与师生们互相问答讨论，探讨修身、齐家、治国、平天下的道理。见到父老乡亲时，总要劝告他们搞好农桑生产，发扬孝悌美德。在他的带领下，东海社会风气大为好转。刘宽因为政绩突出，后升任太尉。

---

① ［南朝宋］范晔撰. 后汉书·童恢传［M］. 北京：中华书局,2000:1677.

② ［南朝宋］范晔撰. 后汉书·刘虞传［M］. 北京：中华书局,2000:1590.

第三节　秦汉时期的沂蒙家庭教育

秦汉时期，沂蒙官学、私学的发达，促进了儒学教育热潮的兴起，儒学成为沂蒙家庭教育的主要内容，出现了一些儒学传家的家族。这一时期，沂蒙家教成果较为丰富，家教文化得到了较大的发展。

一、儒学成为沂蒙家庭教育的主要内容

两汉时期，特别是汉武帝之后，儒学逐渐成为沂蒙家庭教育的主要内容。在先秦儒学传播的基础上，两汉时期，沂蒙地区成为山东经学的重镇。这主要表现在以下三个方面：

第一，一批造诣较深的儒学经师的涌现。西汉时期出生于沂蒙并在全国有较大影响的儒学经师有兰陵（今山东兰陵）人王臧、缪生、孟卿、孟喜，以及孟卿弟子后苍、疏广等。孟喜独创的"孟氏易学"，在当时影响很大。后苍为东海郡郯(今山东郯城)人，著《后氏曲台记》数万言。后苍亦广授弟子，其中有戴德、戴圣，二戴各有著作传世，称《大戴礼记》《小戴礼记》(即今本《礼记》)。后苍亦精《诗经》，是《齐诗》最早的传人之一。疏广与其侄疏受曾于汉宣帝时分任太子太傅、太子少傅，时人以为荣。王吉，琅邪王氏家族迁居临沂后的第一位著名人物，通晓五经，尤精《春秋》《论语》。东汉时沂蒙籍的著名儒生有王良、伏湛、承宫、卫宏等。这些名儒或在地方，或在中央，对儒学的研读、传播发挥了重要作用。

第二，儒学教育的发展极为可观。东汉时，沂蒙地区的郡、县、乡普遍设立官学，主要学习儒家经典，儒学教育得到很大发展。除官学外，私学中的儒学教育亦很发达。沂蒙籍著名经师，皆设帐授徒，传授儒家经典。如孟卿广招门徒，悉心传授。后苍举办私学，教授弟子多人。王良在王莽执政时，不愿做官，回家授徒讲学，先后有弟子1000余人。伏湛亦曾设立私学，有弟子数百人。另有姑幕（其地今属山东莒县沂水）人徐子盛，以

《春秋》教授弟子数百人。杜抚（今山东郯城人），精研《韩诗》，居家教授弟子千余人。一般儒生亦从教，所教或十余人，或数十人不等。

第三，儒学家族化现象普遍。自儒术独尊之后，逐步出现了一些累世专攻一经并累世官宦的儒学家族。如琅邪王氏家族、兰陵萧氏家族等，皆以儒学传家。以儒学传家和累世官宦的社会现象，对沂蒙地区的历史及思想文化的发展有着深远的影响。

传承与践履儒学是沂蒙大族的基本文化特色。例如，琅邪王氏家族代传儒学，并因此而世代官宦。王吉通五经，史称其能为驺氏《春秋》，以《诗》《论语》教授子弟，为人处事皆以儒家的思想道德为指导原则及行为规范。其子王骏自幼受到良好的儒学教育，王吉又送其到名儒梁丘贺处学习《易》。王骏不仅通《易》，而且对《鲁论》亦深有研究，著有解释《鲁论》的《鲁王骏说》20篇。王骏之子王崇亦从小学习儒家经典。王骏、王崇父子皆位列三公。

琅邪诸葛氏家族自西汉后期亦成为一个以儒学传家的家族。两汉时期，诸葛氏的代表人物皆重儒学。如诸葛瑾，《三国志·吴书·诸葛瑾传》裴松之注引《吴书》曰："瑾少游京师，治《毛诗》《尚书》《左氏春秋》。遭母忧，居丧至孝，事继母恭谨，甚得人子之道。"[1]这一方面说明了诸葛瑾对儒家经典的学习研究情况，另一方面也说明了诸葛瑾是一个勇于践行儒家孝道思想的人物。出仕东吴之后，诸葛瑾以儒家思想道德为行事准则与规范。诸葛亮自幼受到祖上重儒传儒之风和父兄的影响，从今本《诸葛亮集》来看，他的思想虽然不限于一家，但其主要思想倾向是以儒学为主旨的。

琅邪颜氏家族的祖先颜回是儒学创立时期的重要人物，传承儒学是这一家族本来的义务。自颜盛率宗族迁居沂蒙之后，颜氏家族一直以传录、学习和践行儒家思想为己任。

东海匡氏家族与儒学文化的关系亦很密切。据《汉书·匡衡传》记载，匡衡的父亲以上世为农夫，匡衡后来官至丞相，其子孙多人为博士，这完

---

① ［西晋］陈寿撰.三国志·诸葛瑾传·裴松之注 [M].北京：中华书局,2000:910.

全是依靠学习儒学文化才取得的。

东海于氏家族虽然不是专治儒学的家族，但于定国深感自己的儒学修养不够，故从政后，他努力学习儒学，请专人讲授《春秋》，并对一切儒生皆表示尊敬，显示了他对儒学文化的热爱与尊崇。

东海王氏家族之王朗、王肃父子两代皆以治儒学闻名于世。王朗因"通经"才得以出仕，从政时以儒家思想为其处事的指导思想，从政之余，仍不忘研究儒家经典。王肃自幼受其父影响，学习儒经，曾受教于古文经学家宋忠。王肃在儒学研究方面，成就很大，对于保存和传播儒家经典文献发挥了重要作用。

泰山羊氏家族亦是以儒学传家的著名家族。羊祜终生践履儒家的思想道德，以《春秋》大一统之义为其行动指针，为国家的统一贡献了毕生之力。

秦汉既是我国封建中央集权制的确立时期，也是我国封建家庭教育框架的定型时期。秦统治者采用法家手段巩固其统治，在家庭教育方面，统治者同样用强制手段推行其主张，成为封建社会长期实行的父母送惩权的始作俑者。商鞅变法的目的在于鼓励耕战，其家庭教育思想也是为这一政治目的而服务的，为此他提出了"壹教"的主张，即统一教化内容，摒弃仁义道德，专崇耕战。表现为强制推行家庭伦理和强制子弟服从家长。至汉代，汉武帝时期确立了"独尊儒术"的文教政策，建立了以"三纲五常"为核心的儒家伦理纲常体系，并逐步形成了以儒家思想为主导，以官僚士大夫为主体，包括帝王家教、官僚士大夫家教、女子家教、胎教等在内的各级各类家庭教育的框架，以后的家庭教育的发展大都是在此框架内丰富完善而已。

两汉时期，由于独尊儒术政策的施行，通经致仕的刺激，大批士人学习热情高涨，不仅游学之风盛行，太学亦成为学术文化的中心，私家教授也十分发达，学者专长一艺之后，授徒讲论，同时亦受学术家传习惯的影响，极为重视家中子弟的学业继承，重道德、重知识的家教传统也逐步形成。① 正是因为有两汉家学的发展和学术家传的良好传统，学术逐渐家族化，所以在汉末动乱中，学术得以保存和延续。一些家族借此在魏晋南北朝时期一跃而成为门阀士族，这种家传的学术也成为这一时期门阀士族的一个文化特征，所以魏晋南北朝时期的世人尤为重视这种家教传统。家庭作为社会的组成部分，家教的好坏，不仅与家族的兴衰有关，也关系着国家和社会的稳定和发展。

二、蒙阴蒙氏家族三代忠君事秦

蒙骜（不详—前 240 年），战国时秦国大将，齐国人，祖籍今山东蒙阴。秦昭襄王时期，蒙骜从齐国西入秦，靠着军功官至上卿。到秦孝文王、庄襄王至秦始皇嬴政时期，蒙骜一直是秦国的得力大将。秦庄襄王元年（前 249 年），蒙骜带兵攻打韩国，夺取成皋、荥阳等地，建立了三川郡。第二年又率军攻打赵国，攻取 37 座城镇。秦王嬴政即位的第三年（前 244 年），蒙骜又率军攻打韩国，攻取了 13 座城镇。之后攻打魏国，占领 20 座城镇，建立了秦国的东郡。蒙骜为秦国疆域的扩张和国力的强大立下了汗马功劳，这为秦后来一统天下打下了坚实的基础。秦始皇七年（前 240 年），蒙骜病逝。

蒙骜之子蒙武也英勇善战，很快成为勇冠三军的战将。秦王二十三年（前 224 年），蒙武为裨将军，跟随大将王翦一起攻打楚国，大败楚军，杀名将项燕。第二年蒙武又率军攻楚，俘虏楚王。

秦王二十六年（前 221 年），蒙武之子蒙恬被任为将军，率军攻齐，大破齐军，升任内史。秦统一以后，蒙恬与其弟蒙毅一起受到秦始皇的重用。蒙恬率军 30 万，北驱匈奴，并主持万里长城的修建，后来又主持修建自九原至甘泉的驰道 1800 余里，继续为巩固国家的统一做出贡献。"始皇甚尊宠蒙氏，信任贤之。而亲近蒙毅，位至上卿，出则参乘，入则御前。恬任

---

① 马镛.中国家庭教育史 [M].长沙：湖南教育出版社,1997:1-47.

外事而毅常为内谋，名为忠信"。① 他们兄弟没有恃宠而骄，而是恪守忠君之道，感念皇帝的知遇之恩。后来由于宦官赵高的陷害，蒙恬、蒙毅兄弟二人一个自杀、一个被处死，蒙恬手握军权却甘愿蒙受莫名冤屈而不忍谋反，表现出蒙氏家族三代忠良的门风。

三、琅邪王吉以正直清廉传家

王吉（不详—前 48 年），字子阳，西汉时期官员，以正直清廉著称。王吉始家皋虞（今山东即墨），后迁都乡南仁里（今沙东临沂）。王吉少时好学明经，以郡吏举孝廉为郎，补若卢右丞（主管兵器库），迁云阳令。不久，举贤良为昌邑王中尉。昌邑王刘贺好游猎，放荡无节，王吉上书规劝。刘贺虽不能改过，但心中明白王吉的忠心，常加赏赐。国人知王吉多次诤谏，莫不敬重。汉昭帝亡后，大将军霍光秉政，遣使迎昌邑王刘贺到京，即皇帝位。临行前，王吉奏书劝谏刘贺，劝他约束自己，尊敬霍光等忠义大臣。然刘贺即位后，更加淫乱，群臣无奈，只得废刘贺重立。霍光等以刘贺臣属不向朝廷举奏刘贺罪过，致使朝廷误立刘贺为帝为由，将刘贺昌邑旧属皆下狱诛杀，唯有王吉与郎中令龚遂因忠直数谏得以减死，被处以髡刑，罚为城旦。不久，王吉又被汉宣帝重新起用为益州刺史，征为博士谏大夫。时外戚贵宠，王吉上书劝止，汉宣帝"以其迂阔，不甚宠异"，② 王吉于是谢病归琅邪。汉元帝即位后，遣使征王吉，王吉因年老，于赴京途中病卒。汉元帝亲派使臣吊唁。

王吉对经学颇有研究，兼通《五经》，亦通《驺氏春秋》，并以《诗》《论语》教授生徒，又爱好梁丘贺所讲之《易经》，令子王骏受学。王骏除通《易》外，对《鲁论》深有研究，著有解释《鲁论》的《鲁王骏说》20篇。

王吉还非常注重对儿子进行为官处世的教育。当时王吉父子因"经明

---

① ［西汉］司马迁撰.史记·蒙恬列传 [M].北京：中华书局,2000:1995.

② ［东汉］班固撰.汉书·王吉传 [M].北京：中华书局,2000:2298.

行修"，^①很受时人推崇。王骏以举孝廉为郎，因左曹陈咸和光禄勋匡衡的举荐，迁谏大夫，不久又升为赵王内史。王吉因昌邑王之事被判刑后，曾"戒子孙毋为王国吏"。^②于是，王骏向朝廷称病，免官回家。后来王骏又出任幽州刺史、司隶校尉、京兆尹、御史大夫等职。

王骏之子王崇幼承庭训，学习儒家经典及为人处世的道理。通过门荫被任为郎官，历任刺史、郡守等职，"治有能名"。^③至西汉末年平帝时，曾任大司空，封扶平侯。

从王吉到王崇，祖孙三代形成了"世名清廉"的家风。^④在为官时可以享受应享受的待遇，而去官之后就像一般人一样，"所载不过囊衣，不蓄积余财。去位家居，亦布衣蔬食。"^⑤因而受到世人的称赞。

四、疏广教子侄知足勿贪

东海兰陵人疏广从小好学，精于《论语》《春秋》。本始元年（前73年）初，汉宣帝征其为博士郎、太中大夫。地节三年（前67年），封为太子太傅。疏广信奉黄老之学，还乐于创办私学，治学严谨，注重学生的德学兼优。

疏广的侄子疏受，当时亦以贤明被选为太子家令，后升为太子少傅。

疏广、疏受在任职期间，曾多次受到皇帝的赏赐，被称为"二疏"。疏广任太傅五年，便有隐退之意。他跟侄子疏受说："吾闻'知足不辱，知止不殆'，'功遂身退，天之道'也。今仕（宦）[官]至二千石，宦成名立，如此不去，惧有后悔，岂如父子归老故乡，以寿命终，不亦善乎？"^⑥意思是说，我听说满足于已经得到的，人不会受羞辱；知道适可而止，人就不会有危险，一个人一旦功成名就应及时隐退，这是自然法则啊。现在我们

---

① ［东汉］班固撰 . 汉书·王吉传 [M]. 北京：中华书局 ,2000:2299.
② ［东汉］班固撰 . 汉书·王吉传 [M]. 北京：中华书局 ,2000:2299.
③ ［东汉］班固撰 . 汉书·王吉传 [M]. 北京：中华书局 ,2000:2299.
④ ［东汉］班固撰 . 汉书·王吉传 [M]. 北京：中华书局 ,2000:2300.
⑤ ［东汉］班固撰 . 汉书·王吉传 [M]. 北京：中华书局 ,2000:2300.
⑥ ［东汉］班固撰 . 汉书·疏广传 [M]. 北京：中华书局 ,2000:2280.

的官俸已达到二千石，官做到了高位，名声得到树立传播，到这这种情况仍不想离开，恐怕会后悔的，哪如我们叔侄二人告老还乡，平静的活到生命结束，不是也很好吗？于是，叔侄二人一起辞官还乡。皇帝答应了他们的请求，并加赐黄金 20 斤，皇太子赠金 50 斤。二疏辞官回到家乡之后，用皇帝、太子赏赐的钱财设宴置酒，跟乡党族人一起享用。有人不以为然，疏广解释说："吾岂老悖不念子孙哉？故自有旧田庐，令子孙勤力其中，足以供衣食，与凡人齐。今复增益之以为赢余，但教子孙怠惰耳。贤而多财，则损其志；愚而多财，则益其过。且夫富者，众人之怨也；吾既亡以教化子孙，不欲益其过而生怨。又此金者，圣主所以惠养老臣也，故乐与乡党宗族共飨其赐，以尽吾余日，不亦可乎！"[①] 意思是说，我哪里是年老昏乱不念及子孙呢？本来我自己就有田地房屋，让子孙们在里面辛勤劳作，土地产出足够能保障有饭吃有衣穿，过上与普通人一样的生活。如果现在我又继续添置房屋、购买土地使得财物有余，只能让子孙们变得懈怠懒惰罢了。有贤德的人钱财多了就会有损他的心志；愚蠢的人钱财多了就会增加他们的过失。况且富人常常是众人怨恨的对象。我既然没有德才来教化子孙，也不希望增加子孙的过失而招人怨恨。再说我手里的这些金钱，是圣明的皇上赐予我养老的，所以乐意和同乡及宗族一同享受皇帝的恩赐，来过完我的余生，难道不可以吗？

二疏去世之后，乡人感其散金之惠，在二疏宅旧址筑一座方圆 3 里的土城，取名为"二疏城"；在其散金处立一碑，名"散金台"；在二疏城内又建二疏祠，祠中雕塑二疏像，世代祭祀不绝。

五、萧望之以耿介教子

萧望之（不详—前 47 年），字长倩，东海郡兰陵（今山东兰陵）人，后徙居杜陵。自幼好学，苦读《齐诗》，后来跟随同县的后苍学习儒家经典，又曾向同学博士白奇学习，还跟随夏侯胜学《论语》《礼服》，很快博

---

① ［东汉］班固撰 . 汉书·疏广传 [M]. 北京：中华书局,2000:2281.

通五经，因此为京中的儒生们所称道。

萧望之为人正直、耿介，不为强权所屈。当时朝廷由大将军霍光专权，长史丙吉向他推荐了王仲翁、萧望之等人，霍光召见他们。因为之前发生过他人企图谋杀霍光的事，霍光因此戒备森然。凡是要见他的人，必须脱衣搜身，不准带兵器，见时还要有两名吏员挟持。萧望之认为，这是对人格的极大侮辱，因此不想再去见霍光。但是，有关官吏却不放萧望之走，发生了争吵。霍光听到后，命令吏员不要挟持，萧望之说："将军以功德辅幼主，将以流大化，致于洽平，是以天下之上延颈企踵，争愿自效，以辅高明。今士见者皆先露索挟持，恐非周公相成王躬吐握之礼，致白屋之意。"① 霍光听后很不高兴，任用了王仲翁等人，而没有任用萧望之。过了 3 年，王仲翁已经升为光禄大夫、给事中之职。而萧望之通过"射策"才得到郎官的位置，当了小苑东门的门官。当时王仲翁出入皆带隶役随从，前呼后拥，十分威风，看见萧望之，王仲翁说："不肯录录，反抱关为。"萧望之回答说："各从有志。"②

霍光死后，他的子侄们继续把持朝政。萧望之上书汉宣帝指出朝臣专权、皇权削弱的危害，由此逐渐得到宣帝的重用，岁中三迁，官至二千石，历任平原太守，左冯翊、大鸿胪、御史大夫等职，较好地处理了民族关系与若干内政问题。后来因受到朝臣排挤，出任太子太傅，以《论语》《礼服》教授太子。汉宣帝病重时，萧望之受遗诏辅政。

汉元帝即位后，萧望之主张以正直的儒臣担任中书令及谏官等职，反对宦官把持中书职务，因而引起宦官集团的嫉恨。他们对萧望之大加诽谤，并挑拨他与汉元帝的关系，最后设置圈套胁迫萧望之自杀。汉元帝闻之大惊，涕泣不止。

萧望之生前注重以儒学经典教育子侄，他有八子，见于记载的有萧伋、萧育、萧由、萧咸等人。他们不但博通儒经，而且继承了其父正直刚强的品格。萧伋在父亲遭受迫害时，曾不顾生命危险，上书朝廷辨明父亲无罪，

---

① ［汉］班固撰 . 汉书·萧望之传 [M]. 北京：中华书局 ,2000:2441.

② ［汉］班固撰 . 汉书·萧望之传 [M]. 北京：中华书局 ,2000:2442.

最后亦遭逮捕。萧望之死后，汉元帝让其"嗣为关内侯"。萧育曾任太子庶子、御史、谒者等职，后曾出使匈奴。在担任茂陵县令时，遇到年终考课。因不善逢迎，被列为第六。而漆县令列最后，受到责问。萧育见此，便为漆县令鸣不平，不料引得主持考课的右扶风大怒。考课会议结束后，要萧育到后堂去按职事条例检查错误。萧育自认为没有错误，于是要起身离去。有关吏员拉住萧育，萧育手按佩刀，愤怒地说："我萧育是杜陵的堂堂男子，去后堂干什么？"于是愤然离去。第二天，事闻朝廷，汉元帝喜欢他的正直不屈，于是下诏任之为司隶校尉。以后历任数郡太守及冀、青两州刺史、大鸿胪等职。萧育因为人正直严肃，处事果断，不善交结钻营，因而多次被调换职务。萧由起初在丞相府任职，亦曾出使匈奴，举贤良为定陶县令，后升为太守。在任善于治理，政绩突出，但也遇到许多挫折。在任定陶县令时，因汉哀帝刘欣当时是定陶王，萧由不愿附龙攀凤，所以刘欣很不高兴，不久刘欣下令免萧由为庶人。直到哀帝刘欣死后，汉平帝即位，萧由才恢复了官职。萧由亦以儒家经典教子，子孙官至二千石者六、七人。萧咸曾在丞相府任职，后被推举为茂才，任县令，历职内史、太守等职，以大司农终。每为官一任，都能做些好事实事。

六、于公以执法公允传家

于公是西汉东海郡郯县（今山东郯城）人，名字失传，于定国之父。他起初担任县里的狱吏，后任郡决曹，由于办案公正，受处理人都对他不记恨，郡中的老百姓还为他立了生祠，称"于公祠"。

当时东海郡有个妇女年轻守寡，又无子女，但对婆母很好，因此被称为孝妇，婆母多次劝她改嫁，她都坚决拒绝。其婆母对邻居说："这个孝顺的媳妇服侍我非常勤苦，她没有孩子，年轻守寡，真是可怜啊！我已经老了，还这样累赘她，这可怎么好！"不久，婆母为了减轻她的负担，就自己上吊死了。婆母的女儿听说后，便到官府告状，说她杀害了自己的母亲。官府逮捕了孝妇，孝妇申明自己绝没有杀害婆母，官吏不信，严刑拷打，结果屈打成招。案件报到府中，于公认为这个妇女赡养婆母 10 余年，又以孝顺闻名，称为孝妇，不可能杀害婆母。但太守不同意，于公据理力争，太守仍然不听；于公又气又急，抱着与案件有关的材料，痛哭不止，后来无法，只好称病辞职。太守最后竟以谋杀罪处死了孝妇。3 年后，新太守到任，于公又提出此案，新太守接受于公的意见，重审此案，才予以平反。这一真实故事成为后代许多文学作品的创作素材。元代关汉卿的《窦娥冤》亦曾受此影响。通过孝妇冤案的平反，于公赢得了郡中人们的广泛敬重。

于公十分重视对子孙的教育，他的儿子于定国从小跟着他学习法律条令，于公结合实际案例予以讲解指导，使于定国很快掌握了有关法律及断案程式。于公死后，于定国继续父业，先后任狱吏、郡决曹，后又补廷尉史，被推荐与御史中丞一起处理案件。因才能突出被任为侍御史，又升为御史中丞。汉昭帝死后，昌邑王刘贺继位，但刘贺荒淫无道，于定国上书劝谏。后来刘贺被废，于定国因谏诤有功受到重用，后任廷尉，负责全国的刑狱处理工作。

于定国任廷尉后，十分重视学习儒家经典。他专门请了老师学习《春秋》，对老师十分尊重。于定国平时为人谦恭，特别尊敬儒生，对那些家境贫穷的儒生以平等的礼节相待，对他们恩敬有加，受到广大儒生的称赞。他在处理各种案件时，坚持公正无私，总是特别照顾那些孤寡无依的人。对没有确凿证据而仅是存疑的案件都要从轻处理，处理各种案件总是十分谨慎，从不草率武断。因此，受到广泛赞誉，朝廷群臣称赞说："张释之为廷尉，天下无冤民；于定国为廷尉，民自以不冤。"[①]

七、薛宣巧训其子

薛宣字赣君，东海郡郯县（今山东郯城）人，西汉成帝时曾任丞相。在任丞相之前，做过临淮、陈留等郡的太守。在从临淮调任陈留时，他的儿子薛惠正在彭城做县令。薛宣经过彭城时，看到那里桥梁断了无人修整，

---

① 　[汉] 班固撰 . 汉书·于定国传 [M]. 北京：中华书局 ,2000:2282.

邮亭倒塌了无人过问，到处是一片荒凉破败景象。他想这都是因为自己的儿子薛惠怠政所致，但他停留彭城数日，住在驿馆之中，只是摆弄各种生活用具，观赏园中的青菜，却始终不问县中的政务吏治等事。

薛惠看到父亲的冷淡态度和不屑搭理自己的神情，意识到自己的治理不符合父亲的要求。于是专门派亲信属吏送薛宣去陈留。到郡衙后，属吏向薛宣询问为什么不在彭城教育薛惠治理之事，薛宣笑着说："吏道以法令为师，可问自知。及能与不能，自有资材，何可学也？"① 消息传出，大家都认为薛宣所言是很正确的。薛惠听到父亲的教诲后，知道是父亲批评自己资材愚钝、处事怠惰，于是努力加强自身修养，学习治理之道，后来终因政绩显著升为二千石的官员。

① ［汉］班固撰 . 汉书·薛宣传 [M]. 北京：中华书局 ,2000:2527.

第三章 魏晋南北朝时期沂蒙家教文化的繁荣

魏晋南北朝时期，社会动荡，官学衰微，家庭教育开始兴盛，从而弥补了官学教育的不足，担负起了培养人才的重任。家庭教育的内容丰富多彩，初步建立了较完整的家庭教育理论体系。以颜之推和他的《颜氏家训》为代表，沂蒙家教文化成就斐然。

第一节 魏晋南北朝时期家庭教育概述

魏晋南北朝时期，社会各阶层都注重家中子弟的教育培养，从而促使家教文化繁荣兴盛。

一、社会动荡，官学衰微，家教兴盛

魏晋南北朝是我国历史上战乱连年、政权频繁更替和社会剧烈变革的时期，社会各阶层都有一种危机感，官办学校处于一种难于正常发展的状态。官学的衰微，社会各阶层深感家庭教育的重要性，都想竭力教给子孙立身处世的知识和技能，以使子弟避灾免祸，于是家庭教育逐渐兴盛起来。这一时期，学术下移，学术和教育的重心逐渐转移到了家庭或家族。

魏晋南北朝时期的家庭教育有其鲜明的特点，主要表现在帝王家教发达，世家大族家教繁荣，家教思想活跃等。特别是《颜氏家训》的出现，深刻全面总结了当时的家教经验，在我国历史上第一次形成了系统的家庭教育思想，并创造了家训体这一中国特有的家教文献形式，在中国家教史

上具有划时代的里程碑式的意义。所以，魏晋南北朝时期也被认为是我国家庭教育蓬勃发展的时期。

在社会动荡不安的年代，无论是掌握生杀大权的帝王、享有特权的世家大族、士大夫，还是平民，都有种不稳定感。加之学校教育的无法连续，他们深感家庭教育的重要性。最具有典型意义，莫过于《颜氏家训》的作者颜之推。他一生共历四个朝代，在奔波流离中亲身经历了人生一幕幕惨剧，感受到全身保命的重要性，并痛定思痛，思考如何使他们家这个名门望族能够趋利避害，继续绵延不致没落。正如他在《颜氏家训》中说："人生在世，会当有业：农民则计量耕稼，商贾则讨论货贿，工巧则致精器用，伎艺则沈思法术，武夫则惯习弓马，文士则讲议经书。"并以"耻涉农商，羞务工伎"的士大夫和"因家世余绪，得一阶半级，便自为足，全忘修学"的人为例，通过这些人遭遇的"长受一生愧辱"① 教育子弟勤勉学习，引以为戒。这也是他撰写《颜氏家训》的动机和目的，可代表当时士人的一般心态。

魏晋南北朝时期的主要选官制度——九品中正制，强化了门第观念，对家教文化的兴盛有很大的促进作用。九品中正制品第人物主要是依据德才与家世。虽然九品中正制确立之初的本意，是为了加强中央政府对选举用人大权的控制与把握，同时调动不同社会出身的人们的积极性，改变了东汉以来豪门名士操纵察举的局面，但是，随着世族门阀大地主势力的日益膨胀，各级中正官把持选举用人的大权，他们品评人物不重视才能品德，只重家世门第，甚至发展到"上品无寒门，下品无势族"的地步。门第界限分明，九品中正制演变成了以家世出身作为品评的唯一标准，也就是按门第高低来取士。这反过来刺激了世家大族对门第的看重，使得士人更加注重家世门第的塑造与保持。因此，在社会动荡、官学衰微的魏晋南北朝时期，在九品中正制的刺激下，要使自己家族在政权中保持不败之地，就必须整齐家风，保持良好的声望，同时凭借其学术素养保持门第，所以世

---

① [北齐]颜之推著，张霭堂译注.颜之推全集译注·颜氏家训·勉学[M].济南：齐鲁书社,2004:76.

家大族都十分重视子孙成长，把自己的为学之道、为人处世之道等真实地记录下来，叮咛嘱咐，言辞恳切，甚至把言论编纂成为书籍以使流传后代，因此，这一时期，诫子书层出不穷，家训、家诫兴盛起来。

文化条件在家族的发展中起着重要作用，有时甚至能起决定作用。正如颜之推在《颜氏家训·勉学》中所说："自荒乱以来，诸见俘虏，虽百世小人，知读《论语》《孝经》者，尚为人师；虽千载冠冕，不晓书记者，莫不耕田养马。……若能常保数百卷书，千载终不为小人也。"① 虽有夸张，但所说培养子弟的文化修养对于获得和维持家族门户地位的重要性，却无疑是正确的。所以，由军功迈入士族行列的寒族，在取得政治地位后，也注重对子弟学术素养的教育；少数民族统治者在掌握政权后，也竭力教育子孙学习汉族的儒学，来维护其统治。

无论在何种形势下，魏晋南北朝时期士人对门第都是非常看重的，这种心态也就决定了士人对家族内子孙教育的态度，正如钱穆先生曾指出的："当时门第传统共同理想，所希望于门第中人，上自贤父兄，下至佳子弟，不外两大要目：一则希望其能具孝友之内行，一则希望其能有经籍文史学业之修养。此两种希望，并合成为当时共同之家教"。② 也可以说，对门第前途的期望与忧虑是导致士族家教空前受到重视的根本原因，家教文化的繁荣也就成为必然。

东晋时期，士族正处于发展的上升期，门阀士族政治使得士族有很高的政治地位，经济上也有足够的保障，生活安逸稳定，因此玄学的无为思想就被他们自然地接受下来。这实际上也是维护现有政治格局的一种思想态度，因为"无为"在政治上就是君王、百官、万民各任其事，各安其分。东晋时期，政治领袖王导和谢安都以无为著称，谢安在家教中也是推崇玄学政治理念的。

---

① ［北齐］颜之推著，张霭堂译注.颜之推全集译注·颜氏家训·勉学 [M].济南：齐鲁书社,2004:77.

② 钱穆.略论魏晋南北朝学术文化与当时门第之关系.中国学术思想史论丛（卷三）[M].合肥：安徽教育出版社,2004:159.

刘宋王朝对士族是既打击又拉拢，士族的政治地位乃至社会地位不断衰落下去，充当了政治花瓶，甚至是某些皇帝的杀戮对象。此时，玄学仍然是他们的选择，以玄学的清静无为来调和皇权与士族、士族和其他阶层、南北士族之间的矛盾。总体来说，儒家思想仍为魏晋南北朝时期官方的正统思想，但在士大夫阶层内普遍对儒学感到厌烦，他们在老庄的思想中追求自我的存在，寻求人生的价值。这种思想对魏晋南北朝时期士人的言行产生很大影响，许多士人效法老庄的清静无为，追求精神上的自由。这种个体解放的意识，也是魏晋南北朝时期多种思想存在的根源。

在玄风弥漫的形势下，佛教在与中国传统思想的碰撞中得到传播和发展，尤其是在东晋玄学兴盛的氛围中，以玄学观点来解释佛教理论很盛行。佛教僧侣主动传教，加上东晋时期的这些高僧往往又是清谈人物，甚至几乎在名士界处于领导地位，他们与玄学名士的交往，使佛教在门阀士族中也获得广泛支持。尤其在南北朝时期，佛学非常活跃。

南朝梁武帝就是佛教信徒，以帝王之尊，并行三教，力图融合儒释道。一大批儒者，如颜延之、沈约等，也都提倡佛教，主张儒释道兼综，颜之推甚至在家训著作中，有专篇《归心》教导子孙后代"皈依佛教"，不应只尊周孔，多角度调和儒佛思想，宣扬因果报应。

十六国和北朝时期，虽然儒学仍处于主导地位，但也未形成独尊，佛教也得到了推崇。而且，在这种新鲜宗教的面前，传统的崇儒劝学模式就显得陈旧老套，二者的冲突，也影响着家教文化的发展。

在东汉末年一度沉寂的道教在东晋再度盛行，修道不仅能到达死后得道升天的彼岸世界，更能获得"长生不死"的现世幸福，神人相通的理论也印合了儒家"天人感应""天人合一"的基本思想。葛洪所创造的神仙修身理论，更是得到门阀士族的欢心，畅游名山，寻药炼丹，既与玄学的超脱逍遥境界相吻合，又是追求养生长生的精神寄托，因此名士如王羲之亦乐此不疲，甚至给子孙命名也受道教思想影响。

魏晋南北朝时期社会思潮呈现出以儒学为主，杂以释道玄的状态，各种思想在冲突与融合中共存。时代变了，作为社会成员的人也随之调整自身，适应这种变化，儒道佛玄多种思想相互交织，这种变化势必也会对家教文化的内容、形式产生影响，因此，魏晋南北朝时期的家教文化在两汉经学传家的基础上，展示了许多新的内容，呈现出活跃又多姿多彩的面貌。

　　总之，魏晋南北朝时期动荡的形势赋予家长的职责，士人心态的演变，保持门第的渴望，各种思想交互作用造成的影响等，使魏晋南北朝时期的各个阶层的家庭教育都受到前所未有的重视，家教文化呈现出繁荣昌盛的局面。

二、魏晋南北朝家庭教育的主要内容

　　魏晋南北朝时期的世家大族，都非常重视家庭教育，相对于朝代的更替，谁来当皇帝，他们更看重的是门第的不堕、家族的振兴和家门学术的传承，因此他们始终关注子弟的教育问题，也正因为如此，前代的文化学术才得以继承和延续下去，不至于因为战乱和朝代更替造成的官学衰微而导致文化的断层。如两汉以来的儒学传统，在魏晋南北朝时期玄学兴盛、佛教发展、道教兴起的局面下，正是得益于家门的儒学教育才得以传承下来。在朝代更替频繁、社会动乱的时代，儒学始终以礼教的精神规诫着人们的言行，净化着社会风气，维护着社会秩序。

　　1.守道崇德，加强自身修养

　　魏晋南北朝时期的士人十分重视对子孙进行守道崇德的教育。他们认为，守道崇德，加强自身修养，不仅会影响家族子孙的成长，能够传承家族门风，而且对后世也会产生深远影响。例如，颜之推在《颜氏家训·省事》中说："君子当守道崇德，蓄价待时，爵禄不登，信由天命。"[①]有才德的人应当守道崇德，加强自身修养，以等待机遇的出现。而不应该为谋求官位奔走钻营，不顾羞耻，与人比才能高下，争功劳大小。他提出，做人要言行一致，不应只求虚名。"名之与实，犹形之与影也。德艺周厚，则名

---

① [北齐] 颜之推著，张霭堂译注.颜之推全集译注·颜氏家训·省事 [M].济南：齐鲁书社,2004:174.

必善焉；容色姝丽，则影必美焉。今不修身而求令名于世者，犹貌甚恶而责妍影于镜也。"① 他主张，应勤俭持家，反对奢侈靡费，"治家之宽猛，亦犹国焉。……奢则不孙，俭则固，与其不孙也，宁固。"② 这都是要求家族中晚辈要崇德向善，言行合一，齐家修身，切勿追求虚名，好逸恶劳，奢靡浪费。

一个人在面对流言蜚语时的表现，实际上更能体现出他的品性和修养，所以魏晋南北朝时期家庭教育中的施教者谆谆告诫子孙，如何对待流言，如何在流言蜚语下保持自己的品德节操，修炼自己的品行修养。颜延之的《庭诰》就有告诫儿子面对流言时如何作为的论述："流言谤议，有道所不免，况在阙薄，难用算防。接应之方，言必出己。或信不素积，嫌间所袭，或性不和物，尤怨所聚，有一于此，何处逃毁。苟能反悔在我，而无责于人，必有达鉴，昭其情远，识迹其事。日省吾躬，月料吾志，宽默以居，洁静以期，神道必在，何恤人言。"③ 面对流言蜚语，应该反躬自省，完善自身修养，更应坚守道德，达成志向。

加强自身的品德修养，要在"慎"字上下功夫。魏晋南北朝时期，政权更替，社会动荡，加上皇权的打压，使得士人处于朝不保夕的生存处境中，分外感到生命的脆弱与珍贵。因此，为人处世，谨小慎微，对儒家经典中的谦让、知足也就格外的关爱。颜延之在《庭诰》中从各方面论述谦让的必要性："言高一世，处之逾默，器重一时，体之滋冲，不以所能干众，不以所长议物，渊泰入道，与天为人者，士之上也。"④ 希望子孙不要因为自己能力强、学识高就锋芒毕露，咄咄逼人，要谦恭礼让，做谦谦君子。他还教育子孙："古人耻以身为溪壑者，屏欲之谓也。欲者，性之烦浊，气之蒿蒸，故其为害，则熏心智，耗真情，伤人和，犯天性。虽生必有之，

---

① [北齐] 颜之推著，张霭堂译注 . 颜之推全集译注·颜氏家训·名实 [M]. 济南：齐鲁书社，2004:156.

② [北齐] 颜之推著，张霭堂译注 . 颜之推全集译注·颜氏家训·治家 [M]. 济南：齐鲁书社，2004:24.

③ [南朝梁] 沈约撰 . 宋书·颜延之传 [M]. 北京：中华书局，2000:1254.

④ [南朝梁] 沈约撰 . 宋书·颜延之传 [M]. 北京：中华书局，2000:1251.

而生之德，犹火含烟而烟妨火，桂怀蠹而蠹残桂，然则火胜则烟灭，蠹壮则桂折。故性明者欲简，嗜繁者气惛，去明即惛，难以生矣。是以中外群圣，建言所黜，儒道众智，发论是除。"[①]七情六欲虽乃人之天性，但是一味地顺从欲望，则容易欲令智昏，伤情害性。古之圣者通过修行品德，加强自身修养，可以就德去欲，以德胜欲。《礼记·缁衣》告诫君子，当"谨于言而慎于行。"言行举止是人的内在品质的外部表现，最能反映一个人的人格修养。所以，以孔子为代表的儒家学派，一再告诫君子，言语行动要谨慎，仪容举止要庄重，一言一行都应该体现出内在的修养和心灵的境界。西晋羊祜的《诫子书》就告诫儿子，涵养要深厚，言语要恭敬，不可背后说长道短，"恭为德首，慎为行基。愿汝等言则忠信，行则笃敬，无口许人以财，无传不经之谈，无听毁誉之语。闻人之过，耳可得受，口不得宣，思而后动。"[②]

加强自身的品德修养，要在"淡泊""宁静"和"俭"字上下功夫。诸葛亮在《诫子书》开篇就强调修身、养德，提出"静以修身，俭以养德""非淡泊无以明志""非宁静无以致远""淫慢则不能励精""险躁则不能治性"。[③]重点谈了"淡泊"与"明志"、"宁静"与"致远"、"淫慢"与"励精"、"险躁"与"治性"的关系：静与俭以修身、养德为目的，淡泊与宁静以明志、致远为目标；修身、养德是明志、致远的关键。这既是诸葛亮对儿子的厚望和对后世子孙的要求，也是诸葛亮治学、修身、立世的经验之谈；既是诸葛亮睿智的体现，也是中华民族智慧的结晶。诸葛亮在《诫子书》中告诫子孙要做君子，而要做君子就要修身、养德。修身须静，养德须俭。"静以修身"，强调了内心的宁静对个人品德修养的重要作用；"俭以养德"，则强调了节俭即物质生活的低要求对个人品德修养的关键作用。修身养德是做人的根本，成才的基石。诸葛亮在《诫子书》中还强调，做

---

① ［南朝梁］沈约撰 . 宋书·颜延之传 [M]. 北京：中华书局 ,2000:1254.
② ［清］严可均校辑 . 全上古三代秦汉三国六朝文全晋文 [M]. 北京：中华书局 ,1958:1696.
③ 张连科，管淑珍校注 . 诸葛亮集校注 [M]. 天津：天津古籍出版社 ,2008:109.

人要学会淡泊和宁静。这里的"淡泊"是指不过分地追求名利，不急功近利；"宁静"是指内心安宁，不焦虑烦躁，达到内心世界的恬淡与平和。修身和为学都需要静，只有淡泊宁静，才能明确志向，才能实现远大的目标。同时，做人要自制，要防止"淫慢"和"险躁"。就是说，行为上一定不要放纵和散漫，也不要过激和浮躁。要做到振奋精神，奋发向上，精益求精，要不断地陶冶情操。

在处世方面，魏晋南北朝人主张"谨言慎行"，故很重视对子孙进行这方面的教育。谨言慎行，是一个人良好修养的体现，也能在乱世保全性命，但过分的谨言慎行，就显得怯弱了，而且，谨言慎行并不是说为人处世要丢掉气节，若是为官，处于一定的境况中，也要敢于做应做之事，言百姓之声，才算得上是一个正直的人，刚正的官。

为人处世的训诫，就是要求子孙待人接物，要谦和诚实，以礼相交，要戒除骄奢傲慢的作风，不随便议论别人的是非。处理事情，要灵活机智，思虑周密，行动端庄。这样做，为人则谦和，招人喜爱；处世则顺畅，被人认同。这是对自身的要求，同时，对周围生活环境，尤其是与身边的朋友交往，同样也要谨慎。择友良善，可以劝善规恶；择友不善，则易远善近恶，或者赴灾就祸，妄受牵连。不但会殃及个人，也会给家族带来灾祸，所以不可不慎。颜延之在《庭诰》中说："习之所变亦大矣，岂惟蒸性染身，乃将移智易虑。故曰：'与善人居，如入芝兰之室，久而不知其芬。'与之化矣。'与不善人居，如入鲍鱼之肆，久而不知其臭。'与之变矣。是以古人慎所与处。"①

2. 齐家守本，谨遵家庭伦理

古语云："欲治国者，先齐其家。"古代社会，家国一体，国家的治理以家庭的治理为基础，对家庭的治理、对家庭各种关系的处理，可以反映出一个人的品行修养和能力。一个家族的门风和声誉，也影响着别人对这个家族的评价，这种评价又会反过来影响这个家族的成员。一个门风整肃、

---

① [南朝梁] 沈约撰. 宋书·颜延之传 [M]. 北京：中华书局,2000:1255.

团结和睦的家族，会给这个家族带来良好的声誉和较高的社会地位。如，南朝谢氏家族享有很高的社会地位，不仅仅是因为政治上的优势，也是靠其高雅的门风。而家庭关系混乱的家族，则会为其成员带来祸患，终将导致家族的没落。因此，魏晋南北朝时期的士人，具有强烈的家族本位意识，在处理家庭与个人的关系时，家庭是处于核心地位的，家庭、家族的利益是超越个人利益的，个体对于家庭，是义务多于权利，个人的志向、婚姻等也从来都不是个人的事情，而是家庭、家族的事情。家庭成员之间也是以父子人伦为轴心，以宗法等级为基础，宗法等级使家庭人伦关系成为尊卑有别、长幼有序、嫡庶有分的等级人际关系。而家庭内部各成员之间的相处模式，对于一个人的成长也起着至关重要的作用，不仅影响着一个人的思想品性，也影响着他以后走上社会处理事情、与人交往的方式与原则。

　　齐家的首要原则是父母要承担起教育好子女的职责。父母对待子女不仅有养育的责任，还有教育的职责。在子女的教育问题上，家长有着不可替代的重要作用。如颜之推的《颜氏家训·序致》中所说："夫同言而信，信其所亲；同命而行，行其所服。禁童子之暴谑，则师友之诫不如傅婢之指挥；止凡人之斗阋，则尧舜之道，不如寡妻之诲谕。"[①] 同样可信的话语，人们更愿意信从自己亲人的；同样可行的命令，人们更愿意奉行自己所佩服之人的。禁止儿童过分的调皮，老师朋友的告诫还不如侍婢的指挥；制止平常人家的打架争吵，古代圣贤的道理还不如贤妻的劝告。这说明了家中长辈对子孙教育的独特作用。颜之推还说："子当以养为心，父当以学为教。使汝弃学徇财，丰吾衣食，食之安得甘？衣之安得暖？若务先王之道，绍家世之业，藜羹缊褐，吾自安之。"[②] 虽说是为了劝子安心读书，但也强调了他身为父亲教子学习先王之道，继承家世之业的职责。《颜氏家训》中还有《教子》篇专门详述该如何教育孩子。认为教育孩子同培育树苗一样，

---

① ［北齐］颜之推著，张霭堂译注．颜之推全集译注·颜氏家训·序致［M］．济南：齐鲁书社，2004:1.

② ［北齐］颜之推著，张霭堂译注．颜之推全集译注·颜氏家训·勉学［M］．济南：齐鲁书社，2004:103.

要自幼加以扶持和引导，使他们向着正确的方向发展。未出生时就应实行胎教，幼时不懂事时要适当劝诱，懂事之后则要用家长的威严和慈爱，使孩子在衣食住行和道德作风方面形成良好的习惯。①

在传统社会的家教中，家庭伦理教育占有极其重要的地位，魏晋南北朝时期也是如此。协调好家庭内部的人际关系，处理好家庭中发生的矛盾，家庭才能和睦。颜之推在《颜氏家训·兄弟》中说："夫有人民而后有夫妇，有夫妇而后有父子，有父子而后有兄弟：一家之亲，此三而已矣。自兹以往，至于九族，皆本于三亲焉，故于人伦为重者也，不可不笃。"②家庭内的各种关系主要是以夫妇、父子、兄弟为核心延伸扩展开的，处理好家庭内部的关系也就主要是处理好这三者之间的关系。处理夫妻、父子、兄弟之间的关系时，尽管提倡夫义、父慈和兄友，由于受传统等级观念的影响，其实更多的还是强调妻顺、子孝和弟恭。

关于家庭中夫妇之间关系的处理，传统观念主张男主外、女主内，夫妇职责有别。妇女应该主持家里的吃饭穿衣之类的事情，一定要谨守礼法，不能让妇女掌权而招来祸患。颜之推在《颜氏家训·治家》中说："妇主中馈，惟事酒食衣服之礼耳，国不可使预政，家不可使干蛊。如有聪明才智，识达古今，正当辅佐君子，助其不足，必无牝鸡晨鸣，以致祸也。"③即使是有聪明才智、识古通今的妇女，也只能让她辅佐丈夫。

父子之间关系的处理原则是父慈子孝。孝是为人子女应具备的首要的伦理品德，当然，欲要子孝，必先父慈。颜延之的《庭诰》曰："欲求子孝必先慈，将责弟悌务为友。虽孝不待慈，而慈固植孝；悌非期友，而友亦立悌。"④认为父兄应以身作则，先行慈友，才能期望子孝弟悌。颜之推《颜

---

① [北齐]颜之推著，张霭堂译注. 颜之推全集译注·颜氏家训·教子 [M]. 济南：齐鲁书社,2004:5-10.

② [北齐]颜之推著，张霭堂译注. 颜之推全集译注·颜氏家训·兄弟 [M]. 济南：齐鲁书社,2004:13.

③ [北齐]颜之推著，张霭堂译注. 颜之推全集译注·颜氏家训·治家 [M]. 济南：齐鲁书社,2004:29.

④ [南朝梁]沈约撰. 宋书·颜延之传 [M]. 北京：中华书局,2000:1251.

氏家训·治家》亦曰："夫风化者，自上而行于下者也，自先而施于后者也。是以父不慈则子不孝，兄不友则弟不恭，夫不义则妇不顺矣。"①颜之推认为，教育感化这种事，是从上到下推行的，父不慈，子就有可能不孝；兄不友，弟就有可能不恭。而且作为被教育者的子孙，他们在当儿子时不仅受到了"孝"的教育，还预先接受了"慈"的教育，因为他们最终要长大成人，娶妻生子，都要成为他们的子孙的教育者。所以，他们不仅在做儿子时能做个孝子，将来在做父亲时也能做个慈父，良好家风就能够世代相传，发扬光大。颜之推还在《颜氏家训·教子》中具体地阐述了父慈子孝的办法，严慈兼施，善得其中，是处理好父子关系的基础。他说："父子之严，不可以狎；骨肉之爱，不可以简。简则慈孝不接，狎则怠慢生焉。由命士以上，父子异宫，此不狎之道也；抑搔痒痛，悬衾箧枕，此不简之教也。"②

兄弟之间的相处之道，也是处理家庭关系的关键因素。《颜氏家训·兄弟》曰："兄弟者，分形连气之人也。""兄弟不睦，则子侄不爱；子侄不爱，则群从疏薄；群从疏薄，则僮仆为仇敌矣。如此，则行路皆踏其面而蹈其心，谁救之哉？"③兄弟乃形体独立而气息相通之人，因此，兄弟间要特别的相亲相爱。只有兄弟间和睦相处，子侄之间才能相互爱护，族人之间也不至于关系疏远淡薄。颜之推还说："二亲既殁，兄弟相顾，当如形之于影，声之于响。"④父母去世之后，同为父母留下的骨肉，兄弟之间更应相互照应。兄弟之间，因为地近情亲，隔阂容易消除，疏漏容易弥补，不要因为仆妾、妻子等外人的挑拨而使兄弟关系疏远。"人之事兄"，当"同于

---

① ［北齐］颜之推著，张霭堂译注. 颜之推全集译注·颜氏家训·治家 [M]. 济南：齐鲁书社,2004:24.
② ［北齐］颜之推著，张霭堂译注. 颜之推全集译注·颜氏家训·教子 [M]. 济南：齐鲁书社,2004:7.
③ ［北齐］颜之推著，张霭堂译注. 颜之推全集译注·颜氏家训·兄弟 [M]. 济南：齐鲁书社,2004:13-14.
④ ［北齐］颜之推著，张霭堂译注. 颜之推全集译注·颜氏家训·兄弟 [M]. 济南：齐鲁书社,2004:13.

事父"，兄"爱弟"亦当如同"爱子"。①如此一来，兄弟相亲，子侄相爱，家族就能和睦。每个家族都和睦相处，则社会和谐，国家安定。

家庭成员间除了夫妇、父子、兄弟之外，婆媳、妯娌之间的关系也很重要，处理不好也会影响到家庭的稳定。《颜氏家训·治家》曰："妇人之性，率宠子婿而虐儿妇。"婆媳矛盾是传统家庭中最典型、最普遍的问题，婆媳关系也是最难处理的家庭人际关系，是"家之常弊"，②每个家庭都应引以为戒，努力做到不宠不虐，才能不生怨恨，和谐共处。除了婆媳之间，妯娌之间的相处也非易事。颜之推说："娣姒者，多争之地也，使骨肉居之，亦不若各归四海，感霜露而相思，伫日月之相望也。"妯娌是家庭中最易发生争执的一种关系，即使是同胞姐妹，处在妯娌的位置，其感情也不如远嫁各地，何况是"行路之人，处多争之地"，没有矛盾隔阂的很少。这是因为她们"当公务而执私情，处重责而怀薄义也"。"若能恕己而行，换子而抚，则此患不生矣"。③

另外，传统家庭中还有继母与前妻的孩子的关系，也要谨慎处理。颜之推《颜氏家训》专列《后娶》篇，可见这个问题的普遍性。颜之推列举历史上孩子遭继母虐待的故事，警示子孙及世人严肃对待这个问题："吉甫，贤父也；伯奇，孝子也。以贤父御孝子，合得终于天性，而后妻间之，伯奇遂放。曾参妇死，谓其子曰：'吾不及吉甫，汝不及伯奇。'王骏丧妻，亦谓人曰：'我不及曾参，子不如华、元。'并终身不娶，此等足以为诫。其后，假继惨虐孤遗、离间骨肉、伤心断肠者，何可胜数。慎之哉！慎之哉！"④孩子遭受继母的挑拨离间甚至虐待，父子感情自然会受到影响，更

① [北齐]颜之推著，张霭堂译注.颜之推全集译注·颜氏家训·兄弟[M].济南：齐鲁书社,2004:14.
② [北齐]颜之推著，张霭堂译注.颜之推全集译注·颜氏家训·治家[M].济南：齐鲁书社,2004:31.
③ [北齐]颜之推著，张霭堂译注.颜之推全集译注·颜氏家训·兄弟[M].济南：齐鲁书社,2004:14.
④ [北齐]颜之推著，张霭堂译注.颜之推全集译注·颜氏家训·后娶[M].济南：齐鲁书社,2004:18.

会影响到异母兄弟之间的感情。特别是在父亲去世之后，异母兄弟因为利益之争，互相辱骂，乃至对簿公堂，这实在是家庭之祸，应该引起每个此类家庭的重视。

3. 志存高远，需要持之以恒

魏晋南北朝时期的人很重视对子孙的立志教育，树立远大志向能为人生提供明确的奋斗目标，进而能指导自己的行动，确定实施的计划，可以说志向能够决定一个人最终会成为什么样的人。如诸葛亮在《戒外生书》中所言："夫志当存高远，慕先贤，绝情欲，弃疑滞，使庶几之志，揭然有所存，恻然有所感。忍屈伸，去细碎，广咨问，除嫌吝，虽有淹留，何损于美趣，何患于不济。若志不强毅，意不慷慨，徒碌碌滞于俗，默默束于情，永窜伏于凡庸，不免于下流矣。"①明确提出做人要志存高远，并指出了高远志向的具体内涵和实现途径。立志的重要前提是要有坚韧的毅力，若志向不坚，则会毫无结果，正如颜之推所说："有志尚者，遂能磨砺，以就素业；无履立者，自兹堕慢，便为凡人。"②有坚定志向的人，就可以经过磨砺，成就高尚清白的事业；反之，志向不坚之人，怠惰散漫，最终会一事无成。

树立高远志向是成才的根本，持之以恒则是志向达成的保证。若一个人有很多志向，或不停地变换志向，今天想学这，明天想学那，即便是有高远的志向，也不可能达成。所以，人不仅要志存高远，还要持之以恒，坚持不懈，这样才能学有所成。南朝齐王僧虔针对儿子不断更换志向，变换所学内容的情况，在《诫子书》中列举了儿子半途而废的各种例证："往年有意于史，取《三国志》聚置床头，百日许，复徙业就玄。"③告诫儿子要立志不移，学贵有恒，不要不切实际，光有志向而不努力，这样是不可能跻身于学术大家之列的。因为仅一项学术要想达到"会"的程度就很难。

① 张连科，管淑珍校注. 诸葛亮集校注 [M]. 天津：天津古籍出版社，2008:111.
② [北齐] 颜之推著，张霭堂译注. 颜之推全集译注·颜氏家训·勉学 [M]. 济南：齐鲁书社,2004:76.
③ [唐] 李延寿撰. 南史·王僧虔传 [M]. 北京：中华书局,2000:399.

"曼倩有云：'谈何容易。'见诸玄，志为之逸，肠为之抽，专一书，转诵数十家注，自少至老，手不释卷，尚未敢轻言。"怎可学一点皮毛，而"开《老子》卷头五尺许，未知辅嗣何所道，平叔何所说，马、郑何所异，《指》《例》何所明，而便盛于麈尾，自呼谈士"，这样是不可能实现志向的，"岂有庖厨不脩，而欲延大宾者哉？"① 只有刻苦学习，坚持不懈，把所学内容理解透彻，才可张口讨论。要吸取经验教训，专学一书，将之学通。王褒在《幼训》中亦云："文王之诗曰：'靡不有初，鲜克有终。'立身行道，终始若一。'造次必于是'，君子之言欤？"② 学习不能时紧时松，而应始终如一，孜孜不倦。颜之推在《颜氏家训·勉学》中说："人有坎壈，失于盛年，犹当晚学，不可自弃。"③ 由于种种际遇，最好的年华没能学习，到青春年华不在时，也应该学习。晚成大器者，更是难能可贵。而且学亦无迟早，"幼儿学者，如日出之光；老而学者，如秉烛夜行，犹贤乎瞑目而无见者也。"④ 学习贵在坚持，不可放弃，所以颜之推在北齐灭亡、颠沛流离的处境中，在"朝无禄位，家无积财"⑤ 之时，仍让儿子持之以恒地读书而不放弃学习。他们都深刻领悟到学习必须坚持不懈，所以谆谆告诫子孙，让他们能够从前人的经验教训或至理名言中，明白该如何坚定不断学习的志向。

4.勉学求知，成就立身之本

魏晋南北朝时期，儒家经典仍然是家学的主要内容，但文学、史学、律学、医学、科技、玄学等也是家学的重要内容。在动乱的社会中，能够拥有一技之长，可以安身立命，不至于在家世浮沉中无法生存。

魏晋南北朝时期的家教施教者，谆谆教诲子孙勤奋读书，反复说明学

---

① [南朝梁] 萧子显撰 . 南齐书·王僧虔传 [M]. 北京：中华书局 ,2000:403-404.
② [唐] 姚思廉撰 . 梁书·王褒传 [M]. 北京：中华书局 ,2000:406-407.
③ [北齐] 颜之推著，张霭堂译注 . 颜之推全集译注·颜氏家训·勉学 [M]. 济南：齐鲁书社 ,2004:89.
④ [北齐] 颜之推著，张霭堂译注 . 颜之推全集译注·颜氏家训·勉学 [M]. 济南：齐鲁书社 ,2004:89-90.
⑤ [北齐] 颜之推著，张霭堂译注 . 颜之推全集译注·颜氏家训·勉学 [M]. 济南：齐鲁书社 ,2004:103.

习的重要意义，同时在教育子孙的过程中注重教育的方式方法，使受教育者从内心里信服，并自觉自愿地去发奋学习。诸葛亮在《诫子书》中说："才须学也，非学无以广才"。①强调非学无以增长才能。颜之推在《颜氏家训·勉学》中说："夫所以读书学问，本欲开心明目，利于行耳。"②申明读书学习的目的是为了开阔视野，增长见识，以利于做人行事。不知道孝养双亲的人，让他看看古人如何体谅父母的心意，秉承父母的意愿，这样，他就会因惶恐而感到惭愧，从而照样去做了。不懂得忠于国君的人，让他看看古人如何忠于职守，不侵越权限，遇到危险宁肯付出生命，这样，他就会为自己做得不够而痛心，想去效法古人了。总之，各种各样的品行都可以用读书学习的方法加以培养，用学到的知识来指导自己的行动，这是最有效的教育手段。他还说："夫学者所以求益耳。见人读数十卷书，便自高大，凌忽长者，轻慢同列，人疾之如仇敌，恶之如鸱枭。如此以学自损，不如无学也。"③学习的目的是为了增长才智，如果是因为读的书多就骄傲自大，不尊敬长者，轻视同辈，反倒是以所学损己，那就还不如不读书。

王僧虔在《诫子书》中告诫其子发奋读书，祖荫不可靠："舍中亦有少负令誉、弱冠越超清级者，于时王家门中，优者龙凤，劣犹虎豹。失荫之后，岂龙虎之议？况吾不能为汝荫，政应各自努力耳。"④唯有通过自己的努力，掌握真才实学，方可在失去荫庇后独立生存。并指出社会地位的高低，不决定于门第出身，而在于自己是否勤奋读书，是否有真才实学。社会上那些父子贵贱不同、兄弟声名有别现象出现的本质原因，就在于是否勤奋读书。针对儿子已过而立之年，又有官职家累，无法专心念书，他教导儿子"为可作世中学，取过一生耳"。⑤颜之推历任四朝，始终靠自己的

---

① 张连科，管淑珍校注.诸葛亮集校注 [M].天津：天津古籍出版社，2008:109.

② [北齐]颜之推著，张霭堂译注.颜之推全集译注·颜氏家训·后娶 [M].济南：齐鲁书社，2004:85.

③ [北齐]颜之推著，张霭堂译注.颜之推全集译注·颜氏家训·后娶 [M].济南：齐鲁书社，2004:86.

④ [唐]李延寿撰.南史·王僧虔传 [M].北京：中华书局，2000:399.

⑤ [南朝梁]萧子显撰.南齐书·王僧虔传 [M].北京：中华书局，2000:404.

才学立足于乱世，因此他更重视子弟的学习，要求子弟学习的内容也比较实用。他在《颜氏家训·勉学》中说："人生在世，会当有业：农民则计量耕稼，商贾则讨论货贿，工巧则致精器用，伎艺则沈思法术，武夫则惯习弓马，文士则讲义经书。"① 学习一门技艺，可用以安身立命，身为士大夫的颜之推，自然是把读书当作最可贵的技艺，"夫明《六经》之指，涉百家之书，纵不能增益德行，敦厉风俗，犹为一艺，得以自资。"② 以此可以自立。除儒学之外，他还教授子孙佛学和杂谈。

魏晋南北朝时期，通过家教这种形式，子承父业，"以技自显于一世"的还有很多，书法如王羲之、王献之等人。各个家族根据自家的社会地位和家学传统，都对子孙的学习内容进行指导，使子孙能够在乱世中保全性命，或能够光耀门楣，或能够使家传之学流传下去等等，使这一时期的家学内容呈现出儒、玄、佛、书法、医学、天文等都有传授的现象。

5. 养生教育

魏晋南北朝时期道教得到长足发展，道教养生观念也为世人所接受，并在家教文化中有所反应。如颜之推的《颜氏家训》中就有专篇谈到养生的问题，他说："神仙之事，未可全诬，但性命在天或难钟值。"他相信修炼神仙的事并非全是虚妄，但是人生在世，会有各种各样的牵累羁绊，加上修炼仙丹所需的花费也非一般人所能承受。而且纵使成仙，也终将一死，所以他告诉子孙："不愿汝曹专精于此。若其爱养神明，调护气息，慎节起卧，均适寒暄，禁忌食饮，将饵药物，遂其所禀，不为夭折者，吾无閒然。"③ 如果追求的是爱惜保养精神，调理养护气血，小心节制起居，适应冷暖变化，避免不利健康的饮食，服用有益养身的药物，以顺从天年而不致短命，那才是正确的养生方式。而想要养生，需要先能保全性命："夫养生

① [北齐]颜之推著，张霭堂译注. 颜之推全集译注·颜氏家训·勉学 [M]. 济南：齐鲁书社，2004:76.

② [北齐]颜之推著，张霭堂译注. 颜之推全集译注·颜氏家训·勉学 [M]. 济南：齐鲁书社，2004:77.

③ [北齐]颜之推著，张霭堂译注. 颜之推全集译注·颜氏家训·养生 [M]. 济南：齐鲁书社，2004:190.

者先须虑祸，全身保性，有此生然后养之，勿徒养其无生也。"①养生固然重要，然而"夫生不可不惜，不可苟惜"，若"涉险畏之途，干祸难之事，贪欲以伤生，谗慝而致死，此君子之所惜哉；行诚孝而见贼，履仁义而得罪，丧身以全家，泯躯而济国，君子不咎也。"②如果是因为自己踏上危险的道路，从事招致灾难的活动，为贪得无厌而丧生，因奸邪诣媚而致死，这是君子所应痛惜的。而如果是因为做忠孝的事情而被害，干仁义的事情而获罪，牺牲自身来保全家庭，献出生命来捍卫国家，这种死是死得其所。颜之推还举例说："自乱离已来，吾见名臣贤士，临难求生，终为不救，徒取窘辱，令人愤懑。"人应该注重养生，保全性命，但绝不是苟且偷生，如果为了保家卫国，是可以舍生取义的。

　　魏晋南北朝时期还有几篇与酒有关的诫子文，谈到饮酒与养生的关系。王肃在《家诫》中说："夫酒，所以行礼，养性命欢乐也。过则为患，不可不慎。"③认为饮酒要适量，过度则有害养生。颜延之的《庭诰》也说："酒酌之设，可乐而不可嗜，嗜而非病者希，病而遂眚者几。既眚既病，将蔑其正。若存其正性，纾其妄发，其唯善戒乎。"④认为饮酒是为了快乐而不是为了满足嗜好，耽爱饮酒就容易出错，可能会引起严重的后果，所以饮酒要有限制。诸葛亮在《又诫子书》中则说："夫酒之设，合礼致情，适体归性，礼终而退，此和之至也。主意未殚，宾有余倦，可以至醉，无至迷乱。"⑤认为饮酒的意义更主要的在于合乎礼仪表达感情，追求的是宾主和谐之境，即便是性情所至，可以喝醉，但不可以昏乱。以上诫子文都是强

① ［北齐］颜之推著，张霭堂译注. 颜之推全集译注·颜氏家训·养生 [M]. 济南：齐鲁书社,2004:191.

② ［北齐］颜之推著，张霭堂译注. 颜之推全集译注·颜氏家训·养生 [M]. 济南：齐鲁书社,2004:191.

③ ［清］严可均校辑，全上古三代秦汉三国六朝文·全三国文 [M]. 北京：中华书局,1958:1161.

④ ［南朝梁］沈约撰. 宋书·颜延之传 [M]. 北京：中华书局,1974:1894.

⑤ 张连科，管淑珍校注. 诸葛亮集校注·又诫子书 [M]. 天津：天津古籍出版社,2008:111.

调喝酒要有节制。

在官学衰微的魏晋南北朝时期，家庭教育弥补了官学教育的不足，担起了为国家培养人才的重任，文化学术也主要依赖于家庭内部的教育得以传承，并且士大夫的家学、家风还影响着整个社会的风气。

三、魏晋南北朝时期家庭教育的主要方法

在社会动荡、官学衰微的魏晋南北朝时期，门阀士族制度的存在，为了使自己家族在政权中保持不败之地，就必须整齐家风，保持良好的声望，凭借学术素养保持门第，因此世家大族都十分重视对子孙的教育，把自己的为学之法、处世之道真实地记录下来，以此作为教材教育子孙。因此，诫子文层出不穷，家训、家诫兴盛起来，成为这一时期家庭教育的显著特点。

1. 多种方式相结合的言传与身教

魏晋南北朝时期家庭教育的施教者在教育子孙时注重并习惯于言传身教。这里所说的"身教"，并不只是家中长辈以身作则，为受教育者树立榜样，还包括长辈通过讲述自己的亲身经历，教诫子孙为人处世的道理。这一时期，以这种方式教育子孙的家诫、家训出现得较多。这种方式的优点在于，家教施教者与受教者的亲情关系使受教者对施教者的生活经历比较熟悉，能够感同身受。而且在父权制下，家长的权威性使得家中长辈在子孙心目中的形象很高大，他们的所作所为也是子孙潜意识中所崇拜和模仿的对象，因此以这种方式教诫子孙，使他们更容易接受，并能够付诸实践。如西晋羊祜的《诫子书》说："恭为德首，慎为行基，愿汝等言则忠信，行则笃敬，无口许人以财，无传不经之谈，无听毁誉之语，闻人之过，耳可得受，口不得宣，思而后动。若言行无信，身受大谤，自入刑论。岂复惜汝？耻及祖考。"羊祜以外戚之重，佐命之职，在西晋政坛上地位极高，但他一生立身处世一贯谨慎，对子女的教育也是如此。在这封《诫子书》中，他先从自身说起，说自己"今之职位，谬恩之加耳"；然后再把话题转到

子女身上，说他们不如自己，更没有什么特殊的才能，因此更应当谨慎处事。要求子女"无口许人以财"，"无传不经之谈"，既可看出羊祜不以贵戚自居的品质，同时也透露了他在政治风云中战战兢兢、唯恐祸由口出的心理。从自己的经历出发来教诫子女，希望子女能够继承他的处世之道，按照他的要求为人处世。①颜之推在《颜氏家训·诫兵》中用叙说家族历史的方式教育子孙，"颜氏之先""世以儒雅为业"，"未有用兵以取达者"，即使有一些依仗武力者也没有得到好的下场。他告诉子孙，当今有一些士大夫，稍有一些武力便依仗卖弄之，往往是"大则陷危亡，小则贻耻辱"，会招致"陷身灭族"之祸，要子孙引以为戒。②用这种方式进行教育，增强了子孙的家族自豪感，使他们更加努力进取，学习祖先榜样，继承家族传统，以保持家门延续不衰。

　　家教的施教者在对子孙进行教育时并非一味地说教，他们还非常注重教育的方式方法，或引用一些名人名言、格言俗语等来讲道理，增强说服力，以使自己的观点更易为受教者所接受；或通过对比、比喻等方式，形象生动地说明自己的观点，让受教者更容易理解消化。如颜延之的《庭诰》在教育子孙要有知足的品格时，就采用了对比和比喻的方式："欲者，性之烦浊，气之蒿蒸，故其为害，则熏心智，耗真情，伤人和，犯天性。虽生必有之，而生之德，犹火含烟而烟妨火，桂怀蠹而蠹残桂，然则火胜则烟灭，蠹壮则桂折。故性明者欲简，嗜繁者气惛，去明即惛，难以生矣。"③颜延之将知足与贪欲，比作火与烟、桂与蠹，通过他们之间的关系，加以对比，形象地说明贪念的害处，告诫子孙要知足。说到交友的原则时，他也用比喻来形象透彻地说理："'与善人居，如入芷兰之室，久而不知其芬。'与之化矣。'与不善人居，如入鲍鱼之肆，久而不知其臭。'与之变

---

① [清] 严可均校辑 . 全上古三代秦汉三国六朝文·全晋文 [M]. 北京：中华书局，1958:1161.
② [北齐] 颜之推著，张霭堂译注 . 颜之推全集译注·颜氏家训·诫兵 [M]. 济南：齐鲁书社 ,2004:185-186.
③ [南朝梁] 沈约撰 . 宋书·颜延之传 [M]. 北京：中华书局 ,2000:1253-1254.

矣。是以古人慎所与处。"① 教育子孙要谨慎择友。

颜之推的《颜氏家训》更是运用多种方式进行说教。《勉学》篇中引用谚语"积财千万，不如薄伎在身"，② 勉励子孙努力学习，掌握一门技艺，在"一旦流离，无人庇荫"的遭遇下方可自保；运用比喻"光阴可惜，譬诸逝水"，③ 教育子孙珍惜光阴；"人生小幼，精神专利，长成已后，思虑散逸，固须早教，勿失机也"，④ 通过幼小时候能够精神专注与长成之后容易思虑涣散的一种状态对比，教育子孙及早学习，不要失去时机；"幼而学者，如日出之光；老而学者，如秉烛夜行，犹贤乎瞑目而无见者也。"⑤ 用"日出之光"比喻"幼而学者"，用"秉烛夜行"比喻"老而学者"，形象地说明早学与晚学的差别，但即使晚学仍然比闭上眼睛什么都看不到要好；"夫学者犹种树也，春玩其华，秋登其实。讲论文章，春华也，修身利行，秋实也"，⑥ 用"春华""秋实"比喻"讲论文章"与"修身利行"，生动形象地告诉子孙学习的目标。《教子》篇在谈到父母应该严加管教子女，必要时可以用体罚的形式时，他说："凡人不能教子女者，亦非欲陷其罪恶，但重于呵怒伤其颜色，不忍楚挞惨起肌肤耳。当以疾病为喻，安得不用汤药针艾救之哉？又宜思勤督训者，可愿苛虐于骨肉乎？诚不得已也。"⑦ 颜之推以治病需要汤药针灸做比喻，说明在孩子犯错时必要的体罚所起到的治病救人的作用，说

① [南朝梁]沈约撰.宋书·颜延之传[M].北京：中华书局,2000:1255.
② [北齐]颜之推著，张霭堂译注.颜之推全集译注·颜氏家训·勉学[M].济南：齐鲁书社,2004: 77.
③ [北齐]颜之推著，张霭堂译注.颜之推全集译注·颜氏家训·勉学[M].济南：齐鲁书社,2004: 90.
④ [北齐]颜之推著，张霭堂译注.颜之推全集译注·颜氏家训·勉学[M].济南：齐鲁书社,2004: 89.
⑤ [北齐]颜之推著，张霭堂译注.颜之推全集译注·颜氏家训·勉学[M].济南：齐鲁书社,2004: 89-90.
⑥ [北齐]颜之推著，张霭堂译注.颜之推全集译注·颜氏家训·勉学[M].济南：齐鲁书社,2004:89.
⑦ [北齐]颜之推著，张霭堂译注.颜之推全集译注·颜氏家训·教子[M].济南：齐鲁书社,2004:7.

理形象而又透彻。在《文章》篇中，颜之推列举古代文人之"翘秀者"，从战国时期的屈原、宋玉，到汉代的东方朔、司马相如、班固，再到魏晋时期的嵇康、阮籍、傅玄、谢灵运等，说明"自古文人，多陷轻薄"，而"今世文士，此患弥切"，①进而说明自己为文的观点："文章当以理致为心肾，气调为筋骨，事义为皮肤，华丽为冠冕。今世相承，趋末弃本，率多浮艳。辞与理竞，辞胜而理伏；事与才争，事繁而才损。放逸者流宕而忘归，穿凿者补缀而不足。"但当世文风如此，他也加以灵活变通："时俗如此，安能独违？但务去泰去甚耳。"并希望"必有盛才重誉，改革体裁者，实吾所希。"②这样运用对比的方式说理，增强了说服力，更易于受教者所接受。

2. 情感与训诫相交融

魏晋南北朝时期，门阀士族制度的存在，世家大族更加强烈地期望家门的长盛不衰，所以家长们主动地撰写了一些教子文来教诫子孙。因这些训诫者和被训诫者的关系，多为父子关系，这种亲密的血缘关系决定了其内容很少有掩饰成分，更多的是真情实感的流露。他们在家训中真实地表达了自己的道德理想追求，为子孙树立修身的典范，并结合自己的人生经验对所追求的修身养性的崇高境界进行具体阐释，给予子孙以告诫和引导。所以这些训诫文个性较为鲜明，流露出家长的丰富情感，表现出情感与训诫相交融的特色。

颜之推非常注意家教中父母慈爱与训诫的结合，他说："吾见世间，无教而有爱，每不能然。饮食运为，恣其所欲，宜诫翻奖，应诃反笑，至有识知，谓法当尔。骄慢已习，方复制之，捶挞至死而无威，忿怒日隆而增怨，逮于成长，终为败德。"③世间有些父母对子女只知溺爱而不进行严格教育，日常生活中一味任其所为，该训诫时反而夸奖，该呵斥时反而嬉笑，

---

① ［北齐］颜之推著，张霭堂译注 . 颜之推全集译注·颜氏家训·文章 [M]. 济南：齐鲁书社 ,2004: 124-125.

② ［北齐］颜之推著，张霭堂译注 . 颜之推全集译注·颜氏家训·文章 [M]. 济南：齐鲁书社 ,2004: 139.

③ ［北齐］颜之推著，张霭堂译注 . 颜之推全集译注·颜氏家训·教子 [M]. 济南：齐鲁书社 ,2004:5.

等到孩子懂事以后，对自己的错误行为浑然不觉，以为理所当然。骄矜傲慢已经养成习惯，才想起来制止，即使捶挞至死也起不到威慑作用，父母日益加剧的怒气只会增加孩子的怨恨之情。这样等到孩子长大成人，终究会成为道德败坏的人。所以父母对待子女应该将慈爱与严格要求相结合。"父母威严而有慈，则子女畏慎而生孝矣。"①父母做到威严而又慈爱，子女就会因为敬畏、谨慎而产生孝顺之心了。所以父母应该做到宽严有度，严慈相济。他说："父子之严，不可以狎；骨肉之爱，不可以简。简则慈孝不接，狎则怠慢生焉。"②他认为，父子之间要严肃，不可以狎昵；骨肉之间要互爱，不可以简慢。简慢了，父之慈、子之孝都不能到位；狎昵了，儿子对父亲就失去了尊敬。所以古代的人，在日常生活中一般会父子异室，以做到父子不狎昵。但同时又让子女为父母按痛搔痒，铺床叠被，这就是为了做到不简慢。为了保持父亲的威严形象，古人还经常地不亲自教授自己的孩子，选择易子而教。颜之推认为，为了达到教育目的，不论是怒责，还是鞭笞，都是可以采用的。"笞怒废于家，则竖子之过立见"，家庭中如果废止了杖责和怒喝，僮仆的过错就会立即出现，所以"治家之宽猛，亦犹国焉"。③但是这个宽猛的度不好把握，父母一般不忍心杖责呵斥自己的骨肉，颜之推以治病须用汤药针灸为喻："凡人不能教子女者，亦非欲陷其罪恶，但重于呵怒伤其颜色，不忍楚挞惨起肌肤耳。当以疾病为喻，安得不用汤药针艾救之哉？又宜思勤督训者，可愿苛虐于骨肉乎？诚不得已也。"④可谓是言真意切，情理兼备，父母爱子、教子之苦心表达得淋漓尽致。

---

① [北齐] 颜之推著，张霭堂译注. 颜之推全集译注·颜氏家训·教子 [M]. 济南：齐鲁书社,2004:5.
② [北齐] 颜之推著，张霭堂译注. 颜之推全集译注·颜氏家训·教子 [M]. 济南：齐鲁书社,2004:7.
③ [北齐] 颜之推著，张霭堂译注. 颜之推全集译注·颜氏家训·治家 [M]. 济南：齐鲁书社,2004:24.
④ [北齐] 颜之推著，张霭堂译注. 颜之推全集译注·颜氏家训·教子 [M]. 济南：齐鲁书社,2004:7.

第二节 魏晋南北朝时期的沂蒙家庭教育

魏晋南北朝时期，沂蒙家庭教育有了很大的发展，以颜之推和他的《颜氏家训》为代表，沂蒙家教文化成就斐然。

一、中国家训之祖——《颜氏家训》

《颜氏家训》是南北朝时期北齐文学家颜之推的传世代表作。颜之推以自身丰富而又复杂的社会生活经历为基础，为教育子孙而写就的《颜氏家训》，是中华民族历史上第一部内容丰富、体系宏大的家训著作，对我国家庭教育产生了深远的影响。

颜之推（531—约595年），字介，祖籍琅邪临沂（今山东临沂）。颜之推9岁时，其父颜协病故，他主要由两位兄长抚育成长。颜氏家族是中国历史上最有名望的家族之一，世代承袭儒家学说，颜之推自幼受到了良好的儒家教育。《北齐书·颜之推传》载："世善《周官》《左氏》，之推早传家业。……习《礼》《传》，博览群书，无不该洽，词情典丽，甚为西府所称。"[1]19岁时，颜之推出仕，被任命为湘东王国右常侍，加镇西墨曹参军。侯景之乱后，颜之推回江陵，任梁元帝萧绎的散骑常侍，并奉命校书，得以尽阅秘阁藏书。梁元帝承圣三年（554年），北朝的西魏攻陷江陵。次年，颜之推全家被遣送弘农。北齐文宣帝天保七年（556年），他携全家逃奔北齐，受到北齐文宣帝的礼遇。先后命他任赵州功曹参军、通直散骑常侍、中书舍人、黄门侍郎等职，主持文林馆事，并编撰《修文殿御览》。北周灭北齐后，颜之推被任为御史上士。杨坚建立隋朝，颜之推入隋，主要从事编撰工作。

颜之推著述丰富，有《文集》30卷，《颜氏家训》20篇，《笔墨法》1卷，《稽圣赋》3卷，《证俗音字》5卷，《证俗文字略》1卷，《集灵记》20

---

[1] ［唐］李百药撰 . 北齐书·颜之推传 [M]. 北京：中华书局 ,2000:425.

卷，《急就章注》1 卷，《还魂志》3 卷。现仅存《颜氏家训》《还魂志》及《观我生赋》1 篇，佚诗 5 首。

颜之推的丰富阅历和他善于学习的长处，使他成为南北朝至隋初儒学造诣最深的学者之一，同时也使之成为对于修身、齐家、治国等问题最有见识的人物之一，这为他后来写作《颜氏家训》提供了良好的条件。《颜氏家训》撰写于颜之推入隋之后，至去世时尚未完成，后由其长子颜思鲁修订刊行。

颜之推一生经历坎坷，多次死里逃生，自谓"三为亡国之人"，经历了许多生命的磨难与挫折。每一次，他都是依靠自身的才学获得当朝者赏识，最终化险为夷，并多次进入国家的政治中心。他曾任梁朝散骑侍郎、北齐黄门侍郎、北周御史上士，这都得益于他渊博的知识和他的为人处世之道。他在《颜氏家训》中反复劝人要好好读书，自求上进，并强调为学贵在真知，不可自欺欺人。这在当今时代仍有教育意义。

在《颜氏家训·勉学》中，他明确提出："父兄不可常依，乡国不可常保，一旦流离，无人庇荫，当自求诸身耳。"[1] 只有依靠自己的积极努力才能赢得生存的机会 . 在这个总原则下，20 篇家训都带有强烈的务实风格和实践意义。

和其他一般士大夫出身的人一样，儒家忠孝仁义的信条也是颜之推的重要思想。颜之推作为一名士族子弟，在劫后余生、痛定思痛之后深深感到，在性命危难、朝不保夕的动乱时代，能够使自己的家族趋利避害，继续生存、繁荣下去，并且有所发展，是他义不容辞的义务与责任。这也是他写作《颜氏家训》的初衷所在。

在书中，颜之推不断警示后人谦逊知足、谨慎处世的重要性。这也是他的生活实际。生活在北朝的南朝士人一直被排斥，即使被当朝者重用，也并不能获得足够的尊重。《北史·齐本纪》中记载：北齐皇帝高洋甚至让身为宰辅的杨愔"使进厕筹。……马鞭鞭其背，流血浃袍。以刀子劙其

---

① [北齐] 颜之推著，张霭堂译注 . 颜之推全集译注·颜氏家训·勉学 [M]. 济南：齐鲁书社 ,2004:77.

腹"。① 在这样的生存环境里，要想生命无虞，就必须事事谨慎小心。

自汉朝以来，历朝家训颇多，但唯有《颜氏家训》被认为是古今家训之祖，可以说，这正是得益于颜之推独特的人生阅历和务实的处世风格。

1.《颜氏家训》的主要内容

《颜氏家训》内容丰富，结构完整，全书共有 7 卷 20 篇，每一篇集中论述一个问题。开篇《序致》说明写作宗旨，其他 19 篇分别为《教子》《兄弟》《后娶》《治家》《风操》《慕贤》《勉学》《文章》《名实》《涉务》《省事》《止足》《诫兵》《养生》《归心》《书证》《音辞》《杂艺》《终制》。它们大体按照从家庭到个人，从道德修养到文化、艺术修养的顺序进行编排。可以说，无论是立身、处世，还是治家、为学，《颜氏家训》都有所涉及，俨然一部为人处世、治家为学的百科全书。

第一卷包括《序致》《教子》《兄弟》《后娶》《治家》五篇，论述了家族内部的人际关系和家庭治理等齐家的具体内容和方法。第一篇《序致》相当于书的自序，颜之推开宗明义地指出，写作本书的目的，就是将自己一生的经验心得系统地整理出来，传给后世子孙，希望可以此整顿门风，对子孙后代有所帮助。第二篇《教子》主要阐述了子女的教育问题。第三篇《兄弟》，论述兄弟之间的相亲相爱对于家庭和睦的重要性。第四篇《后娶》主要讨论妻子死后，丈夫续弦再娶，如何处理好前后妻所生子女的关系问题。第五篇《治家》主要阐述了一些治家的理论和观点。

第二卷包括《风操》《慕贤》两篇，论述士大夫的风度和修养。第六篇《风操》，风操是指士大夫的门风节操。颜之推认为，士大夫讲究风度节操也要视具体情况而定。第七篇《慕贤》，指出应多接触有德行的贤人，以潜移默化地陶冶自己的性情。

第三卷《勉学》，说明学习对个人生存、发展的重要影响。

第四卷《文章》《名实》《涉务》，则告诫后人要学习处理实际事务的能力。第九篇《文章》，通过评论古代著名文人的文章，讲述如何写作。第十

---

① [唐]李延寿撰 . 北史·齐本纪中 [M]. 北京：中华书局 ,2000:169.

篇《名实》，主要探讨了名与实的关系，强调为人处世要表里如一，修身慎行。第十一篇《涉务》，涉务，就是办实事的意思。认为士大夫处世应有益于社会，不能整天高谈虚论，无论哪一种事物，只要精通了，就会既有益于国家，也有益于自身。

第五卷《省事》《止足》《诫兵》《养生》《归心》，从为官、理财、养生和宗教信仰等方面全面论述全身免祸的办法。第十二篇《省事》指出全身免祸的具体办法。第十三篇《止足》告诫后人不论做官还是积财，都必须节制欲望。第十四篇《诫兵》论述习武带兵的态度。第十五篇《养生》说明养生重在避祸。第十六篇《归心》从佛教与儒教本为一体的观点出发，告诫子孙要修身养性，不可虚度生命。

第六卷《书证》篇主要是对经史典籍所做的零星考证，告诫后人应博览群书。

第七卷《音辞》篇专门讲述了语言和音韵方面的内容，《杂艺》篇则主要讨论了应如何对待书法、绘画、卜筮、算术、医学等，《终制》篇谈论丧葬礼制，告诫子孙要一切从简。

2.《颜氏家训》中的家庭教育思想

颜之推以一介儒生，身仕四朝，保持家业不坠，他的立身处世经验确有许多值得后人学习和借鉴的地方。比如他反复强调读书的重要性，劝诫后人当谦逊知足，要惜物节俭，即使在今天依然有重要的现实意义。被誉为"家教规范"的《颜氏家训》，最为人所看重的是它的家庭教育思想，对于当今的中国家庭教育仍有很强的指导意义。

《颜氏家训》内容丰富，涉及的问题很多，但其主旨是如何以儒家思想教导子女立身处世这一根本性的问题。颜之推主要提出了下列观点：

第一，家庭教育必须创设良好的环境。

关于环境在教育中的作用，先秦诸子已多所论述，如墨悲丝染、孟母三迁等皆涉及环境在教育中的作用。《颜氏家训·慕贤》篇谈到环境对人的影响时说："人在少年，神情未定，所与款狎，熏渍陶染，言笑举动，无心于学，潜移暗化，自然似之，何况操履艺能，较明易习者也？"又说："是以与善人居，如入芝兰之室，久而自芳也；与恶人居，如入鲍鱼之肆，久而自臭也。"①强调环境对人成长的重要性。

在家庭教育中，良好的家庭环境尤为重要。颜之推以自己的体会说明了这一问题，《序致》篇云："吾家风教，素为整密。昔在龆龀，便蒙诱诲。每从两兄，晓夕温清。规行矩步，安辞定色，锵锵翼翼，若朝严君焉。赐以优言，问所好尚，励短引长，莫不恳笃。"②正是这种良好的家庭环境与教育，才为颜之推成为国之良才打下了基础。

为了创建良好的家庭环境，颜之推认为，应当处理好夫妇、父子、兄弟、姒娣以及其他家庭成员之间的关系。《教子》《兄弟》《后娶》《治家》等篇重点论述了家庭关系处理的问题，其基本原则就是，所有成员都要遵循儒家伦理规则，做到夫义、妇顺、父慈、子孝、兄友、弟恭，家庭和睦，互相包容，这样就有可能创设出良好的家教环境。

当然，一个人在成长的过程中遇到的往往不一定是一个十分理想的环境，或者是后来家庭环境发生了变化，这就需要努力发掘当前环境中有利于自身成长的积极因素。《颜氏家训》在这方面提出了若干有价值的思想。《慕贤》篇曰："孔子曰：'无友不如己者。'颜、闵之徒，何可世得！但优于我，便足贵之。"③这就是说，只要在某一方面优于自己的人，便可以与之交友相处。颜之推指出，在对待贤人的问题上，人们一般只重视听说的和离自己远的，而对身边的贤人却看不到、不重视，这是不正确的。实际上，人们之间不过是互有短长而已。

第二，反对放纵与过度溺爱子孙，主张以严教子。

《颜氏家训》全篇自始至终贯穿着这样的思想：反对放纵与过分溺爱子孙，主张必须对子孙严格要求，强化教育，努力使之成才。《序致》《教子》

---

① ［北齐］颜之推著，张霭堂译注. 颜之推全集译注·颜氏家训·慕贤［M］. 济南：齐鲁书社，2004:68.

② ［北齐］颜之推著，张霭堂译注. 颜之推全集译注·颜氏家训·序致［M］. 济南：齐鲁书社，2004:1.

③ ［北齐］颜之推著，张霭堂译注. 颜之推全集译注·颜氏家训·慕贤［M］. 济南：齐鲁书社，2004:68.

《治家》等篇对此都有深刻阐述。

《序致》篇开宗明义，说明写作此书的目的是"整齐门内，提撕子孙"，① 即主要是为了整顿家风，教导自己的子孙。《教子》篇指出："上智不教而成，下愚虽教无益，中庸之人，不教不知也。"② 对于大多数人而言，不经教育是不成才的。所以，自古以来贤明的君王都非常重视对子孙的教育。在此篇中，颜之推列举了若干实例，来说明溺爱子女的危害。如梁元帝时的一个学士，本来聪明有才，其父对他不是正确引导，而是一味宠爱，"失于教义"，每说对一句话，就到处宣扬，"终年誉之"；每做错一件事，却"掩藏文饰"，希望他自行改正。结果使其"暴慢日滋"，最后因言语失礼冲撞他人而死于非命。③ 像这样的事例在历史上还有很多，如春秋时期的共叔段之死，西汉时期刘邦的爱子如意之死，三国时期刘表因偏爱少子刘琮而致倾覆，袁绍因偏爱而致两子相拼之事等，都说明了对子孙溺爱偏爱而不能以严教之的危害。

在《教子》《治家》等篇中，颜之推阐明了教子以严的必要性。他说："治家之宽猛，亦犹国焉"，"笞怒废于家，则竖子之过立见；刑罚不中，则民无所措手足"，④ 治家如同治国，教育子孙必须宽猛相济，严慈结合。《教子》篇列举当时大司马王僧辩的例子，说明以严教子的必要性："王大司马母魏夫人，性甚严正。王在湓城时，为三千人将，年逾四十，少不如意，犹捶挞之，故能成其勋业。"⑤ 当然，严与宽在不同的语境中有不同的标准，但在子孙教育中，坚持严而有度的原则，无疑是必要和正确的。

---

① ［北齐］颜之推著，张霭堂译注.颜之推全集译注·颜氏家训·序致 [M].济南：齐鲁书社,2004:1.

② ［北齐］颜之推著，张霭堂译注.颜之推全集译注·颜氏家训·教子 [M].济南：齐鲁书社,2004:5.

③ ［北齐］颜之推著，张霭堂译注.颜之推全集译注·颜氏家训·教子 [M].济南：齐鲁书社,2004:7.

④ ［北齐］颜之推著，张霭堂译注.颜之推全集译注·颜氏家训·治家 [M].济南：齐鲁书社,2004:24.

⑤ ［北齐］颜之推著，张霭堂译注.颜之推全集译注·颜氏家训·教子 [M].济南：齐鲁书社,2004:7.

第三，提倡及早教育和终生教育。

《颜氏家训》认为对于子孙的教育应该及早进行。《教子》篇曰："古者，圣王有胎教之法：怀子三月，出居别宫，目不邪视，耳不妄听，音声滋味，以礼节之。"① 古代圣王提倡胎教，颜之推认为，此事颇有道理，故应提倡。胎教之后就是幼教，"当及婴稚，识人颜色，知人喜怒，便加教诲，使为则为，使止则止。比及数岁，可省笞罚。"② 及早教育，养成良好的规矩，长大以后就省去了打骂责罚。《勉学》篇亦曰："人生小幼，精神专利，长成已后，思虑散逸，固须早教，勿失机也。"③ 再次强调教育必须及早进行，万勿失去幼年精神专注的最佳时机。颜之推又用对比的方法从反面指出不及早教育的危害，等到长成，"骄慢已习，方复制之，捶挞至死而无威，忿怒日隆而增怨，逮于成长，终为败德。"④ 一旦错过幼年教育的最佳时机，等到孩子长大以后，骄矜傲慢已成习惯，这才想起来制止他，即使捶挞至死也已无威慑作用，只会徒增他们对父母的怨恨。

能够及早接受教育固然是人生之大幸，"然人有坎壈，失于盛年，犹当晚学，不可自弃"⑤。有的人少壮之时可能会因穷困而失学，还应该在晚年坚持学习，不可自暴自弃。颜之推列举了许多事例说明终生教育的重要性与可行性："孔子曰：'五十以学《易》，可以无大过矣。'魏武、袁遗，老而弥笃，此皆少学而至老不倦也。"⑥ 孔子认为，50 岁开始学习《易》，也可

---

① [北齐] 颜之推著，张霭堂译注 . 颜之推全集译注·颜氏家训·教子 [M]. 济南：齐鲁书社 ,2004:5.
② [北齐] 颜之推著，张霭堂译注 . 颜之推全集译注·颜氏家训·教子 [M]. 济南：齐鲁书社 ,2004:5.
③ [北齐] 颜之推著，张霭堂译注 . 颜之推全集译注·颜氏家训·勉学 [M]. 济南：齐鲁书社 ,2004:89.
④ [北齐] 颜之推著，张霭堂译注 . 颜之推全集译注·颜氏家训·教子 [M]. 济南：齐鲁书社 ,2004:5.
⑤ [北齐] 颜之推著，张霭堂译注 . 颜之推全集译注·颜氏家训·勉学 [M]. 济南：齐鲁书社 ,2004:89.
⑥ [北齐] 颜之推著，张霭堂译注 . 颜之推全集译注·颜氏家训·勉学 [M]. 济南：齐鲁书社 ,2004:89.

以使剩余的人生没有大的过错。魏武帝曹操、袁遗到了老年学习更加认真，这都是少年勤学到老不倦的例子。"曾子七十乃学，名闻天下；荀卿五十，始来游学，犹为硕儒；公孙弘四十余，方读《春秋》，以此遂登丞相；朱云亦四十，始学《易》、《论语》；皇甫谧二十，始受《孝经》、《论语》，皆终成大儒，此并早迷而晚悟也。"① 曾子 70 岁才学习，仍然天下闻名；荀卿 50 岁开始游学，仍能成为大儒；公孙弘 40 多岁才读《春秋》，还能靠此当上丞相；朱云也是 40 岁开始学习《易经》《论语》，皇甫谧 20 岁开始学习《孝经》《论语》，他们终于都成了大学问家。这些都是早先迷惑后来觉悟的例子。颜之推说："世人婚冠未学，便称迟暮，因循面墙，亦为愚耳。"② 颜之推总结说："幼而学者，如日出之光；老而学者，如秉烛夜行，犹贤乎瞑目而无见者也。"③ 不断学习，终生学习，才是正确的人生态度。

第四，培养子孙认真读书、积极有为而又知足少欲的人生态度。

《颜氏家训》强调要培养子孙认真读书、积极有为而又知足少欲的人生态度，这是贯穿全书的基本思想之一。

关于读书问题，颜之推在《勉学》篇中对读书的目的、意义、作用等问题做了系统阐述，为子孙读书提供了指导。针对南朝士大夫子弟不愿读书的不良习气，颜之推指出："自古明王圣帝，犹须勤学，况凡庶乎！"④ 他认为士大夫子弟从数岁开始到冠婚之年，应该认真学习儒家经典，这样经过十几年的努力，就可以获得立身之本，而免除一生的愧辱。即使遇到社会动乱，"有学艺者，触地而安"。颜之推还引用谚语劝喻子孙，"谚曰：

---

① [北齐]颜之推著，张霭堂译注.颜之推全集译注·颜氏家训·勉学 [M].济南：齐鲁书社,2004:89.
② [北齐]颜之推著，张霭堂译注.颜之推全集译注·颜氏家训·勉学 [M].济南：齐鲁书社,2004:89.
③ [北齐]颜之推著，张霭堂译注.颜之推全集译注·颜氏家训·勉学 [M].济南：齐鲁书社,2004:89-90.
④ [北齐]颜之推著，张霭堂译注.颜之推全集译注·颜氏家训·勉学 [M].济南：齐鲁书社,2004:76.

'积财千万，不如薄伎在身'"，而"伎之易习而可贵者，无过读书也"。①
读书的作用在于"开心明目，利于行耳"。②具体来说，"未知养亲者，欲
其观古人之先意承颜，怡声下气，不惮劬劳，以致甘腴，惕然惭惧，起而
行之也"。③那些不知道奉养父母的人，可以让他们看看古人如何体贴父母
的心意，秉承父母的意愿，低声下气地与父母说话，不辞劳累地奉上甘美
熟烂的食品，这样他就会因惶恐而感到惭愧，就会照样去做了。"未知事君
者，欲其观古人之守职无侵，见危授命，不忘诚谏，以利社稷，恻然自念，
思欲效之也。"④不懂得事奉国君的人，让他看看古人如何忠于职守，不侵
越权限，遇到危险肯付出生命，常作忠诚的劝谏以求有利于国家，这样他
就会为自己做得不够而痛心，想去效法古人了。"素骄奢者，欲其观古人之
恭俭节用，卑以自牧，礼为教本，敬者身基，瞿然自失，敛容抑志也。"⑤
平时骄横奢侈的人，让他看看古人如何勤俭节用，谦卑自守，以礼仪为教
育的根本，以恭敬为立身的基础，这样他就会大吃一惊，若有所失，收敛
容色，抑制自己的心意了。"素鄙吝者，欲其观古人之贵义轻财，少私寡
欲，忌盈恶满，赒穷恤匮，赧然悔耻，积而能散也。"⑥平时贪鄙吝啬的人，
让他看看古人如何重义轻财，节制欲望，忌讳富有，厌恶聚敛，周济穷困，
抚恤匮乏，这样他就会感到面红耳赤，羞耻悔恨，而把积聚的钱财散发了。
"素暴悍者，欲其观古人之小心黜己，齿弊舌存，含垢藏疾，尊贤容众，茶

① [北齐] 颜之推著，张霭堂译注. 颜之推全集译注·颜氏家训·勉学 [M]. 济南：齐
　鲁书社,2004:77.
② [北齐] 颜之推著，张霭堂译注. 颜之推全集译注·颜氏家训·勉学 [M]. 济南：齐
　鲁书社,2004:85.
③ [北齐] 颜之推著，张霭堂译注. 颜之推全集译注·颜氏家训·勉学 [M]. 济南：齐
　鲁书社,2004:85.
④ [北齐] 颜之推著，张霭堂译注. 颜之推全集译注·颜氏家训·勉学 [M]. 济南：齐
　鲁书社,2004:85-86.
⑤ [北齐] 颜之推著，张霭堂译注. 颜之推全集译注·颜氏家训·勉学 [M]. 济南：齐
　鲁书社,2004:86.
⑥ [北齐] 颜之推著，张霭堂译注. 颜之推全集译注·颜氏家训·勉学 [M]. 济南：齐
　鲁书社,2004:86.

然沮丧，若不胜衣也。"①平时暴躁蛮横的人，让他看看古人如何小心谨慎控制自己，懂得齿亡舌存的道理，能忍受耻辱，宽宏大度，礼敬贤士，包容众人，这样他就会退缩下来，颓丧得像身体都承受不了衣服的重量一样。"素怯懦者，欲其观古人之达生委命，强毅正直，立言必信，求福不回，勃然奋厉，不可恐慑也。"②平时怯懦胆小的人，让他看看古人如何乐观放达，听任命运安排，刚毅正直，说话讲求信用，以正道求取福禄，这样他就会勃然奋起，不再感到恐惧而无勇气了。总之，各种品行都可以通过读书的方法来培养，"纵不能淳，去泰去甚"，③把学习得到的知识，用来指导行动，无不通达有效。

《颜氏家训》在强调认真读书的同时，又反对虚夸，反对浮躁不实的习气，其意在于引导子孙关心与涉足实际事务，学习应世经务的实际本领，以做到利国利民利家利己。颜之推认为，国家使用的人才，大致不过六类："一则朝廷之臣，取其鉴达治体，经纶博雅；二则文史之臣，取其著述宪章，不忘前古；三则军旅之臣，取其断决有谋，强干习事；四则藩屏之臣，取其明练风俗，清白爱民；五则使命之臣，取其识变从宜，不辱君命；六则兴造之臣，取其程功节费，开略有术"。④第一类是朝廷决策之臣，要选取通晓治国要旨，才学渊博品行端正之人；第二类是文史记载之臣，要选取能够撰写典章制度，不忘古圣先贤明训之人；第三类是军旅指挥之臣，要选取处事果断有谋略，强力能干而又熟悉战事之人；第四类是为国守疆之臣，要选取通晓风俗习惯，清白廉洁爱护人民之人；第五类是奉命出使之臣，要选取能识别变化，便宜行事，不辜负国君使命之人的；第六类是

① [北齐]颜之推著，张霭堂译注.颜之推全集译注·颜氏家训·勉学[M].济南：齐鲁书社,2004:86.
② [北齐]颜之推著，张霭堂译注.颜之推全集译注·颜氏家训·勉学[M].济南：齐鲁书社,2004:86.
③ [北齐]颜之推著，张霭堂译注.颜之推全集译注·颜氏家训·勉学[M].济南：齐鲁书社,2004:86.
④ [北齐]颜之推著，张霭堂译注.颜之推全集译注·颜氏家训·涉务[M].济南：齐鲁书社,2004:164.

兴建营造之臣，要选取能衡量功效，节省费用，开创经营之人。这些人才都是勤于学习、坚守操行的人。但是人的才智各有长短，又怎么能苛求全晓全能呢？"但当皆晓指趣，能守一职，便无愧耳"。^①只要能通晓所从事工作的宗旨，能胜任一种职务，便可不空食君禄，能无愧于心了。

《颜氏家训》还特别论述了"止足"问题，教育子孙为人处世要适可而止，不可贪得无厌，欲望无穷。颜之推的先祖东晋时期的颜含曾给颜氏家族子孙立下"靖侯成规"："汝家书生门户，世无富贵，自今仕宦不可过二千石，婚姻勿贪势家。"^②要求后世子孙"勿贪"。颜之推继承并进一步阐发了这一思想。他列举了历史上的帝王，如周穆王、秦始皇、汉武帝等，虽"富有四海，贵为天子"，却因为"不知纪极"，结果都以失败告终。因此，他告诫子女："唯在少欲知足，为立涯限尔"，^③认为做人要少欲知足，欲望的追求应该有个限度。关于这个限度，颜之推给出了具体的标准，家庭生活中"二十口家，奴婢盛多，不可出二十人，良田十顷，堂室才蔽风雨，车马仅代杖策，蓄财数万，以拟吉凶急速。不啻此者，以义散之。不至此者，勿非道求之"。^④大概 20 口人的家庭，奴仆不可超过 20 人，有良田 10 顷，大小房屋只求能遮蔽风雨，车马仅能代步，再积蓄数万钱财，以备遇到红白事时急用，就可以了。超过这个数的，应该适当散发掉。达不到这个数的，也不要用非法手段去谋取。做官的人，"仕宦称泰，不过处在中品，前望五十人，后顾五十人，足以免耻辱，无倾危也。高此者，便当罢谢，偃仰私庭"。^⑤当时颜之推身为黄门侍郎，按照他的标准，到了应该

① ［北齐］颜之推著，张霭堂译注.颜之推全集译注·颜氏家训·涉务 [M].济南：齐鲁书社,2004:164.
② ［北齐］颜之推著，张霭堂译注.颜之推全集译注·颜氏家训·止足 [M].济南：齐鲁书社,2004:181.
③ ［北齐］颜之推著，张霭堂译注.颜之推全集译注·颜氏家训·止足 [M].济南：齐鲁书社,2004:181.
④ ［北齐］颜之推著，张霭堂译注.颜之推全集译注·颜氏家训·止足 [M].济南：齐鲁书社,2004:181.
⑤ ［北齐］颜之推著，张霭堂译注.颜之推全集译注·颜氏家训·止足 [M].济南：齐鲁书社,2004:181.

辞去官职的时候了，之所以还没有辞职，他特别解释了原因："当时羁旅，惧罹谤讟，思为此计，仅未暇尔。"①只是因为当时寄居异乡，害怕遭到别人的毁谤，并非是贪图高位。

颜之推既要求子孙认真读书，注重实务；又告诫他们知足勿贪，勿过涯限。很显然，他的这种处世态度是符合儒家思想的。

第五，提倡求真务实之道，反对虚夸浮躁之风。

颜之推在《颜氏家训》中用较多的篇幅批评了南朝时期教育上的浮夸不实之风，大力提倡求真务实之道。他在《涉务》篇中说道："士君子之处世，贵能有益于物耳，不徒高谈虚论，左琴右书，以费人君禄位也。"②认为有学问有品行的人处世，应该以有益于社会有益于别人为贵，而不光是高谈阔论，空费人君之禄。《勉学》篇强调："人生在世，会当有业"，"农民则计量耕稼，商贾则讨论货贿，工巧则致精器用，伎艺则沈思法术，武夫则惯习弓马，文士则讲议经书"。③人活在世上，应该有自己的职业，并在自己的职业领域修习业务，求真务实。然而，南朝的一部分贵族子弟，"耻涉农商，羞务工伎，射则不能穿札，笔则才记姓名，饱食醉酒，忽忽无事，以此销日，以此终年"。④平日里，他们"熏衣剃面，傅粉施朱，驾长檐车，跟高齿屐"，⑤出则乘车，入则扶持，生活上十分讲究，却腹内空空，如同草莽。"明经求第，则顾人答策；三九公讌，则假手赋诗"，⑥全无真才

① [北齐]颜之推著，张霭堂译注.颜之推全集译注·颜氏家训·止足[M].济南：齐鲁书社,2004:181-182.

② [北齐]颜之推著，张霭堂译注.颜之推全集译注·颜氏家训·涉务[M].济南：齐鲁书社,2004:164.

③ [北齐]颜之推著，张霭堂译注.颜之推全集译注·颜氏家训·勉学[M].济南：齐鲁书社,2004:76.

④ [北齐]颜之推著，张霭堂译注.颜之推全集译注·颜氏家训·勉学[M].济南：齐鲁书社,2004:76.

⑤ [北齐]颜之推著，张霭堂译注.颜之推全集译注·颜氏家训·勉学[M].济南：齐鲁书社,2004:77.

⑥ [北齐]颜之推著，张霭堂译注.颜之推全集译注·颜氏家训·勉学[M].济南：齐鲁书社,2004:77.

实学。等到遇上"吉凶大事，议论得失，蒙然张口，如坐云雾。公私宴集，谈古赋诗，塞默低头，欠伸而已"。① 别人看到这样的情形都恨不能替他找个地洞钻进去。更可悲的是，一旦遭遇离乱，可能会落得"转死沟壑"的下场。而有真才实学的人，可以凭借一技之长，"触地而安"。颜之推以他亲眼所见举例，"自荒乱已来，诸见俘虏，虽百世小人，知读《论语》、《孝经》者，尚为人师"；反之，"虽千载冠冕，不晓书记者，莫不耕田养马"。由这些活生生的例子，他得出结论："若能常保数百卷书，千载终不为小人也。"颜之推通过这些实例，告诫自己的子孙必须从中接受教训，要学习儒家经典，涉猎百家之书，掌握实际本领，这样"纵不能增益德行，敦厉风俗，犹为一艺，得以自资"，掌握一技之长，即可有立身之本。

颜之推认为，学习的目的主要在于实用，并非为了装潢门面或谋求卿相禄位。他在《勉学》篇里说："夫所以读书学问，本欲开心明目，利于行耳。"② "未知养亲者"，通过读书，可以学习古人如何孝事父母；"未知事君者"，通过读书，可以学习古人如何忠君报国，等等。颜之推还用比喻的方式进一步说明学习的目的："夫学者犹种树也，春玩其华，秋登其实。讲论文章，春华也，修身利行，秋实也。"③ 学习就像种树一样，春天为了赏其花，秋天为了得其实。讲论文章，就像是春天赏花，修身利行才是收获果实，是学习的根本目的。

颜之推提倡名实相符，反对矫揉造作、欺世盗名的恶劣风气。他在《名实》篇中说："上士忘名，中士立名，下士窃名。""窃名者，厚貌深奸，干浮华之虚称，非所以得名也。"④ 但是，"人之虚实真伪在乎心，无不见乎

---

① [北齐] 颜之推著，张霭堂译注 . 颜之推全集译注·颜氏家训·勉学 [M]. 济南：齐鲁书社 ,2004:76.

② [北齐] 颜之推著，张霭堂译注 . 颜之推全集译注·颜氏家训·勉学 [M]. 济南：齐鲁书社 ,2004:85.

③ [北齐] 颜之推著，张霭堂译注 . 颜之推全集译注·颜氏家训·勉学 [M]. 济南：齐鲁书社 ,2004:89.

④ [北齐] 颜之推著，张霭堂译注 . 颜之推全集译注·颜氏家训·名实 [M]. 济南：齐鲁书社 ,2004:156.

迹"，人的虚实真假虽然藏在内心，但是都会在行为上有所体现，一旦为人所察，"巧伪不如拙诚，承之以羞大矣"。历史上的"伯石让卿，王莽辞政，当于尔时，自以巧密，后人书之，留传万代，可为骨寒毛竖也"。这些前车之鉴都应引以为戒，免得"以一伪丧百诚"，① 弄得名声扫地。

颜之推始终以儒家思想为言行指导，但是也难能可贵地表现出随时代发展而加以灵活变通的思想。如对儒家六经之一的《礼记》，颜之推摒弃盲目崇拜的态度，而予以实事求是的评价。他列举了若干应随着时代发展而加以变化的礼仪规范，例如避讳问题，"《礼》云：'见似目瞿，闻名心瞿。'"② 见到相貌跟已故父母很像的人会眼中一惊，听到名字与已故父母相同的人会心中一惊。如果在平常的场合，应该说明其中的情由，尽可能回避，实在不能回避，也应当忍耐着。"犹如伯叔兄弟，酷类先人，可得终身肠断，与之绝耶？"③ 颜之推还谈到了父母死后子女尽孝的问题，《礼记》中有许多规定，民间亦有许多习俗，有些是合理的，有些则不近情理应予以灵活变通。他认说："礼缘人情，恩以义断，亲以噎死，亦当不可绝食也。"④

与上述求真务实思想相联系，《颜氏家训》提出了百艺可学、以一技立身的观点。《杂艺》篇对当时社会上流行的各种技艺做了简要介绍与评析，如书法、绘画、射箭、卜筮、算术、医术、弹琴、博弈、投壶、弹棋等，认为士人对各种技艺皆可学习，但是不需过精，更没有必要以其为专业，因为"夫巧者劳而智者忧，常为人所役使"。⑤ 这种看法，自然有其片面性，这是因为在当时的自然经济条件下，耕读、出仕为士大夫的主要事业，所

① [北齐]颜之推著，张霭堂译注.颜之推全集译注·颜氏家训·名实[M].济南：齐鲁书社,2004:156.
② [北齐]颜之推著，张霭堂译注.颜之推全集译注·颜氏家训·风操[M].济南：齐鲁书社,2004:35.
③ [北齐]颜之推著，张霭堂译注.颜之推全集译注·颜氏家训·风操[M].济南：齐鲁书社,2004:35.
④ [北齐]颜之推著，张霭堂译注.颜之推全集译注·颜氏家训·风操[M].济南：齐鲁书社,2004:54.
⑤ [北齐]颜之推著，张霭堂译注.颜之推全集译注·颜氏家训·杂艺[M].济南：齐鲁书社,2004:286.

以很难对各种技艺做出恰当的评价。

3.《颜氏家训》在中国家训史上的地位和作用

中国古代社会中，家庭教育的传统源远流长，故以父辈家长训诫子女为基本内容的家训之作甚多，但流传至今的极少。据记载，西周初年鲁国初建，伯禽将归于鲁时，周公有训诫伯禽之言。西汉东方朔有诫子之文，刘向有《诫子书》。东汉时，马援有《诫兄子书》，张奂亦有《诫兄子书》，郑玄、司马徽皆有《诫子书》。三国时期，魏王肃、王昶、皆有家诫，蜀诸葛亮作《诫子书》《诫外生书》，吴姚信有诫子之言，另有魏旬爽作《女诫》、魏程晓作《女典》。至两晋南北朝时期，嵇康作《家诫》，羊祜、陶潜皆有《诫子书》，颜延之作《庭诰》，梁简文帝亦有诫子之言。由此可以看出，在《颜氏家训》成书之前，以家诫的形式训诫子女已成为一种家教传统。只是与《颜氏家训》相比，这些家诫都篇幅较短，信息量较少，其内容主要在于直陈某种道理，分析引导较少，多以申敕告诫为主。

《颜氏家训》总结继承了前代家诫的成功之处，改"家诫"为"家训"，变简单的申敕告诫为分析诱导，以大量的历史事例说明相关道理；从原来的片言只语，发展为系统的著作。从其内容来看，《颜氏家训》既是一部家教类著作，又是一部历史、哲学著作，它为后人留下了南北朝时期大量的生动具体的历史事例，也可以说是当时人写的一部当代史，因而史学价值很高，可以作为后人研究魏晋至隋初历史的重要参考。因而《颜氏家训》的价值超过了以前所有的家诫。

南宋陈振孙作《直斋书录解题》，称《颜氏家训》为"家训"之祖，明王三聘亦持此种观点，这是有道理的。王钺《读书蕞残》称："北齐黄门颜之推家训二十篇，篇篇药石，言言龟鉴，凡为人子弟者，当家置一册，奉为明训，不独颜氏。"[①]宋人晁公武《郡斋读书志》称:《颜氏家训》"述立身治家之法，辨正时俗之谬，以训子孙"。[②]明代张璧认为，"乃若书之传，

---

① 王利器.颜氏家训集解[M].北京：中华书局,1983:1.
② 王利器.颜氏家训集解[M].北京：中华书局,1983:638.

以提身，以范俗，为今代人文风化之助，则不独颜氏一家之训乎尔。"① 范文澜先生指出："《颜氏家训》的佳处在于立论平实。平而不流于凡庸，在南方浮华北方粗野的气氛中，《颜氏家训》保持平实的作风，自成一家言。所以被看作处世的良轨，广泛地流传在士人群中。"②

在《颜氏家训》的影响下，从最下层的平民群众到最高统治者都重视子女的教育问题。后世也出现了一大批家训著作，如唐代的《太宗家教》、柳玭《诫子孙文》、宋代司马光的《家范》、朱熹的《童蒙须知》、明清之际孙奇逢的《教子家训》、清朱柏庐的《朱子治家格言》等。近代以来则有林则徐的家书、曾国藩的《曾公家训》影响最大。这些家范、家训的主旨都与《颜氏家训》基本一样，都是用儒家的思想教育子孙，使之成为利国利民的有用之材。由此可以看出，《颜氏家训》的影响是极其深远的。

二、魏晋南北朝时期沂蒙家教名人选介

沂蒙家教名人众多，家训系统完整，是魏晋南北朝时期沂蒙文化繁荣的主要表现之一，现择要选介如下。

1. 卞氏姑侄

卞兰，生卒不详，琅邪开阳（今山东省临沂市兰山区）人。三国时期魏国诗人、学者。他的父亲卞秉，官至魏国昭烈将军，被封为开阳侯。他的姑姑卞氏，为曹操正妻，魏文帝曹丕之母。

三国时期的卞兰，是皇亲国戚，家庭显贵。他也是一个颇有文才的人，曾作《赞述太子赋》，很得曹丕的欢心。父亲卞秉去世后，卞兰作为嫡长子承袭父亲爵位，为开阳侯，被曹丕任命为奉车都尉、游击将军，加散骑常侍。

卞兰还是一个"好直言"的耿介之士。魏明帝曹叡即位时，卞兰想让皇帝外放他到边境做官，防御吴蜀两国。但明帝却希望卞兰留在朝廷，卞

---

① 王利器. 颜氏家训集解 [M]. 北京：中华书局, 1983:614.

② 范文澜. 中国通史·第二册 [M]. 北京：人民出版社, 1949:665.

兰就常常激烈地劝谏明帝。卞兰患有一种病，时常口干唇裂。有一次，魏明帝相信用巫术施法的水能治卞兰的病，就让人拿来赏赐给卞兰。可是卞兰坚决不喝，并上书说治病靠医药，怎么能相信巫术？明帝听后很不高兴。后来卞兰病情加重身亡，也有人认为卞兰是因为折了明帝的脸面而恐惧自杀。

卞兰有《座右铭》传世："重阶连栋，必浊汝真；金宝满室，将乱汝神。厚味来殃，艳色危身，求高反坠，务厚更贫。闭情塞欲，老氏所珍；周庙之铭，仲尼是遵。审慎汝口，戒无失人，从容顺时，和光同尘。无谓冥漠，人不汝闻；无谓幽宵，处独若群。不为福先，不与祸邻。守元执素，无乱大伦；常若临深，终始为纯。"①卞兰主张应该节制个人的物欲情欲，认为欲望致祸，人应求真，守住本分，朴素生活，不乱纲常。独处也要如同群居时一样小心谨慎，谨言慎行，善始善终。同时也要适应形势变化，从容应对，"和光同尘"。这样，才能远离祸端，独善其身。卞兰的《座右铭》对当今时代的人立身处世仍有一定的借鉴意义。

卞兰的姑姑卞氏（159—230 年）为曹操正妻，魏文帝曹丕之母，是我国历史上著名的贤妻良母。卞氏年轻时曾沦落为以声色谋生的歌舞伎，先被曹操看中纳为妾，后来又被曹操扶立为正妻。卞氏为人谦和包容，一心辅助曹操，教养儿女，善待曹操其他的姬妾。曹操姬妾众多，其中早亡的也不少，她们年幼的孩子曹操都是托付给卞氏抚养，卞氏一律视如己出，尽心尽力抚养教育，深得曹操信赖和宠幸。曹操曾夸赞卞氏说："怒不变容，喜不失德，故是最为难。"②

史书记载："后性约俭，不尚华丽，无文绣珠玉，器皆黑漆。太祖常得名珰数具，命后自选一具。后取其中者，太祖问其故，对曰：'取其上者为贪，取其下者为伪，故取其中者。'"③卞氏身边工作人员的日常膳食也都是粗茶淡饭，少有鱼肉，其节俭若此。在卞氏以身作则示范下，曹魏后宫里

① 曾国藩著.经史百家杂钞 上 [M].长沙：岳麓书社,2015:261.
② [晋] 陈寿.三国志·魏书·后妃传 [M].北京：中华书局,2000:118.
③ [晋] 陈寿.三国志·魏书·后妃传·裴松之注 [M].北京：中华书局,2000:118.

面，朴素节俭蔚然成风。卞氏因曾经历过贫苦的生活，所以养成一生厉行节俭的好习惯，并没有因后来地位提高而改变，令人敬仰。

更难能可贵的是，在"一人得道，鸡犬升天"的封建社会里，卞氏对自己娘家族人同样严格约束，常劝他们生活务必节俭，不要指望赏赐，并告诫他们如果谁违犯科禁，只能罪加一等，不要希望因为蒙受恩宠就会被宽恕。因此卞氏家族虽贵为皇亲国戚，却并没有获得多少特殊照顾。正是因为卞氏等后妃的自觉约束，"魏后妃之家，虽云富贵，未有若衰汉乘非其据，宰割朝政者也。鉴往易轨，于斯为美。"①

卞氏曾作《示外舍》教诫娘家族人："居处当务节俭，不当望赏赐，念自佚也。外舍当怪吾遇之太薄，吾自有常度故也。吾事武帝四五十年，行俭日久，不能自变为奢，有犯科禁者，吾且能加罪一等耳，莫望钱米恩贷也。"②

2. 诸葛亮

诸葛亮（181—234年），字孔明，号卧龙，琅邪阳都（今山东沂南）人，三国时期蜀汉丞相，杰出的政治家、军事家。在世时被封为武乡侯，死后追谥忠武侯。诸葛亮一生践行"鞠躬尽瘁，死而后已"的誓言，后世成为中国传统文化中忠臣与智慧的代表。诸葛亮曾作《诫子书》《又诫子书》《诫外生书》等传世，其主要内容因前文已有多次涉及，在此不再赘述。

3. 王祥

王祥（184—268年），字休徵，琅邪临沂（今山东临沂）人，汉代谏议大夫王吉之后，"书圣"王羲之五世祖王览的同父异母兄弟。王祥在东汉末隐居20年，曹魏时期，先后任大司农、司空、太尉等职，封爵睢陵侯。西晋建立，拜太保，进封睢陵公。王祥早年丧母，对继母非常孝顺，为古代"二十四孝"之一"卧冰求鲤"的主人翁，有"孝圣"之称。

① ［晋］陈寿．三国志·魏书·后妃传 [M]．北京：中华书局,2000:127.
② ［晋］陈寿．三国志·魏书·后妃传·裴松之注 [M]．北京：中华书局,2000:119.

　　王祥所代表的孝文化在临沂古地名词中延续了其精神精髓①，又成为新时代家庭教育的重要内容。

　　东汉末年天下大乱，王祥带着继母和同父异母的弟弟王览，来到庐江避难。三国魏黄初年间，王祥任徐州别驾，他剿匪安民，政声远播，当地人创作民谣歌颂他说："海沂之康，实赖王祥；邦国不空，别驾之功。"司马炎代魏建立西晋，封王祥为睢陵公，拜太保。因为年纪大了，王祥一再要求辞官，最后晋武帝司马炎同意他以睢陵公的封号回家养老，赐给他车马、府第及钱绢等物，并给王祥配置了官骑 20 人、舍人 6 人。朝中每遇有大事，晋武帝便派人前去征询王祥的意见。泰始五年（269 年），王祥病逝，时年 85 岁。王祥一生清廉，崇尚俭朴，所以他临终前留下遗令训诫子弟，除了感激朝廷重用外，主要就是告诉子孙要节俭办丧事，并且详细地提出具体的简葬要求，防止子孙办理中走了样。同时还对子孙提出五条立身之本。据《晋书》记载，王祥去世后，家人严格遵循他的遗嘱，节俭办理丧葬。"奔赴者非朝廷之贤，则亲亲故吏而已，门无杂吊之宾。族孙戎叹曰：'太保可谓清达矣！'"②

　　面对死亡，王祥表现出来的不是恐惧，而是不厌其烦地详细交代子孙如何具体地节俭办理自己的后事，表明他心胸豁达，对人生要义领悟透彻。他的《遗令训子孙》全文如下：

　　"夫生之有死，自然之理。吾年八十有五，启手何恨。不有遗言，使尔无述。吾生值季末，登庸历试，无毗佐之勋，没无以报。气绝但洗手足，不须沐浴，勿缠尸，皆浣故衣，随时所服。所赐山玄玉佩、卫氏玉玦、绶笥皆勿以敛。西芒上土自坚贞，勿用墼石，勿起坟陇。穿深二丈，椁取容棺。勿作前堂、布几筵、置书箱镜查之具，棺前但可施床榻而已。糗脯各一盘，玄酒一杯，为朝夕奠。家人大小不须送丧，大小祥乃设特牲。无违余命！高柴泣血三年，夫子谓之愚。闵子除丧出见，援琴切切而衰，仲尼

① 苗守艳.沂蒙地区古地名研究 [M].北京：九州出版社,2016：:168.
② [唐] 房玄龄等撰.晋书·王祥传 [M].北京：中华书局,2000:645.

谓之孝。故哭泣之哀，日月降杀，饮食之宜，自有制度。夫言行可覆，信之至也；推美引过，德之至也；扬名显亲，孝之至也；兄弟怡怡，宗族欣欣，悌之至也；临财莫过乎让：此五者，立身之本。颜子所以为命，未之思也，夫何远之有！"①

4. 辛宪英

辛宪英（191—269年），三国时期魏国兖州泰山郡（今山东费县）人羊耽的妻子，魏晋时期著名才女。羊耽曾任泰山太守，官至太常。羊耽的父亲羊续，是我国历史上有名的清官，有"悬鱼太守"的美名。辛宪英的父亲辛毗，为魏国侍中，辅佐过曹魏三代帝王。

辛宪英聪明有才鉴，是一位见识超凡的女性。西晋时期，辛宪英的外孙夏侯湛写有《羊太常辛夫人传》记述了她的事迹。

曹丕经过与弟弟曹植的斗争，得立太子后，"文帝（曹丕）得立，抱毗颈而喜曰：'辛君知我喜不？'毗以告宪英，宪英叹曰：'太子代君主宗庙社稷者也。代君不可以不戚，主国不可以不惧，宜戚而喜，何以能久？魏其不昌乎！'"②辛宪英由曹丕的"宜戚而喜"看出了曹丕器量的局限。由此可知，辛夫人熟读历史，是一位知识女性。

辛宪英的弟弟辛敞为曹爽参军，司马懿打算杀掉曹爽，趁曹爽出城，关闭城门以拒之。"大将军司马鲁芝将爽府兵，犯门斩关，出城门赴爽，来呼敞俱去"，辛敞害怕，拿不定主意，"问宪英曰：'天子在外，太傅闭城门，人云将不利国家，于事可得尔乎？'宪英曰：'天下事不可知，然以吾度之，太傅殆不得不尔！明皇帝临崩，把太傅臂，以后事付之，此言犹在朝士之耳。且曹爽与太傅俱受寄托之任，而独专权势，行以骄奢，于王室不忠，于人道不直，此举不过以诛曹爽耳。'敞曰：'然则事就乎？'宪英曰：'得无殆就！爽之才非太傅之偶也。'敞曰：'然则敞可以无出乎？'宪英曰：'安可以不出。职守，人之大义也。凡人在难，犹或恤之；为人执

---

① ［唐］房玄龄等撰．晋书·王祥传［M］．北京：中华书局，2000:644-645.
② ［晋］陈寿．三国志·魏书·辛毗传·裴松之注［M］．北京：中华书局，2000:522.

鞭而弃其事，不祥，不可也。且为人死，为人任，亲昵之职也，从众而已。'敞遂出。宣王果诛爽。事定之后，敞叹曰：'吾不谋于姊，几不获于义。'"① 在这样的生死关头，辛宪英能拿定主意，且劝其弟不苟且，胆识中见义气，确实不凡。

魏国大将钟会担任镇西将军后，辛宪英问侄子羊祜说："钟士季何故西出？"羊祜说："将为灭蜀也。"辛宪英说："会在事纵恣，非持久处下之道，吾畏其有他志也。"钟会西征出发的时候，任命辛宪英的儿子羊琇为参军。羊琇不想去，就向魏文帝请辞，但文帝不允许。辛宪英深感忧虑地说："他日见钟会之出，吾为国忧之矣。今日难至吾家，此国之大事，必不得止也。"她并未教儿子退缩，而是嘱咐到钟会那里赴任的儿子说："入则致孝于亲，出则致节于国，在职思其所司，在义思其所立，不遗父母忧患"。② 钟会灭蜀后，果然反叛朝廷，后被人所杀，而羊琇因为牢记母亲的嘱咐，在军中待人接物施之"仁恕"，最终得以保全性命和名节。此事足见辛宪英的睿智与见识。清代历史学家蔡东藩评论辛宪英说："变起争权事可知，教忠仍使守纲维；羊家智妇辛家姊，留播千秋作女师。"③

辛宪英有《戒子语》传世："行矣，戒之！古之君子，入则致孝于亲，出则致节于国，在职思其所司，在义思其所立，不遗父母忧患而已。军旅之间，可以济者，其惟仁恕乎！汝其慎之！"④

5. 王肃

王肃（195—256 年），字子雍，东海郡郯（今山东郯城）人，司徒王朗之子，官至中领军，加散骑常侍，三国时期著名经学家。王肃曾对各种儒经进行注释，善贾逵、马融之学，他的经学在魏晋时期被称作"王学"。王肃去世时，数百学生为他披麻戴孝。唐太宗贞观二十一年（647 年），王肃被作为历代先贤先儒二十二人之一配享孔子庙。

---

① ［晋］陈寿 . 三国志·魏书·辛毗传·裴松之注 [M]. 北京：中华书局,2000:522.
② ［晋］陈寿 . 三国志·魏书·辛毗传·裴松之注 [M]. 北京：中华书局,2000:522.
③ 蔡东藩著 . 蔡东藩中华史·后汉史 [M]. 北京：中国华侨出版社 , 2014:524.
④ ［晋］陈寿 . 三国志·魏书·辛毗传·裴松之注 [M]. 北京：中华书局,2000:522.

王肃曾写过一篇关于饮酒的《家诫》：

"夫酒，所以行礼、养性命、欢乐也，过则为患，不可不慎。是故宾主百拜，终日饮酒，而不得醉，先王所以备酒祸也。凡为主人饮客，使有酒色而已，无使至醉。若为人所强，必退席长跪，称父诫以辞之。敬仲辞君，而况于人乎！为客又不得唱造酒史也。若为人所属，下坐行酒，随其多少；犯令行罚，示有酒而已，无使多也。祸变之兴，常于此作，所宜深慎。"①

王肃这篇《家诫》专谈如何对待饮酒。他认为酒可以"行礼、养性命、为欢乐"，但过量则祸生，或做宾、或做主都应谨慎。他谈到了三种场合下的应对方式：一是作为主人劝客人喝酒，"使有酒色而已，无使至醉"；二是作为客人，"不得唱造酒史"，不能喝起来没完；三是作为下属行酒之时，达意即可，不要刻板地去行罚强劝，以免引发事端。王肃这篇《家诫》很有见地，很切合实际。

6. 羊祜

羊祜（221—278 年），字叔子，泰山南城（今山东费县）人，三国时期著名战略家、政治家和文学家。羊祜是东汉南阳太守羊续之孙，著名文学家蔡邕之外孙，博学能文，善于谈论。魏元帝时与荀勖共理朝政。司马昭欲代魏，他与之策划。入晋后封郡公，食邑三千。后因病荐杜预自代。羊祜"立身清俭，被服率素，禄俸所资，皆以赡给九族，赏赐军士，家无余财"②。后人称其德量"虽乐毅、诸葛孔明不能过也"。③ 曾作《诫子书》训诫子孙：

"吾少受先君之教，能言之年，便召以典文。年九岁，便诲以《诗》《书》。然尚犹无乡人之称，无清异之名。今之职位，谬恩之加耳，非吾力

---

① ［宋］欧阳询 . 艺文类聚·卷二十三 [M]. 北京：中华书局 ,1956.
② ［唐］房玄龄等撰 . 晋书·羊祜传 [M]. 北京：中华书局 ,2000:666.
③ ［唐］房玄龄等撰 . 晋书·羊祜传 [M]. 北京：中华书局 ,2000:663.

所能致也。吾不如先君远矣，汝等复不如吾。咨度弘伟，恐汝兄弟未之能也；奇异独达，察汝等将无分也。恭为德首，慎为行基。愿汝等言则忠信，行则笃敬。无口许人以财，无传不经之谈，无听毁誉之语。闻人之过，耳可得受，口不得宣，思而后动。若言行无信，身受大谤，自入刑论，岂复惜汝，耻及祖考。思乃父言，纂乃父教，各讽诵之。"①

《晋书·羊祜传》载，羊祜"位至公而无子"，②羊祜死后，皇帝还曾下令让其兄之子奉羊祜嗣。所以，有人认为这篇《诫子书》可能是羊祜写给侄子的。羊祜兄弟三人，二兄早亡，写这篇《诫子书》时长兄也已去世，所以他代行父辈责任，从为人做事、对人对己等方面对侄子进行训诫，由此可以看出羊祜对家族兴旺传承的强烈的责任感。

事实上，羊祜《诫子书》中强调的"言则忠信，行则笃敬"等训诫之词，也是羊祜自己为人处世的准则。他在荆州任职 10 年，以德施政，深得人心。与东吴对峙中，羊祜对待东吴的百姓、军队以信义为先，每次交战之前，羊祜都先和东吴商定好时间，从不搞袭击。羊祜的部队收割了东吴田里的稻谷充军粮，要根据数量用绢偿还。如有动物被吴国人打猎时射伤跑过边境，羊祜都要让人给送回去。羊祜的这些做法，赢得了吴人的敬重，都以"羊公"称呼他。羊祜去世时，荆襄一带的百姓一度罢市，"巷哭者声相接"。③"襄阳百姓于岘山祜平生游憩之所建碑立庙，岁时飨祭焉。望其碑者莫不流涕，杜预因名为堕泪碑。荆州人为祜讳名，屋室皆以门为称，改户曹为辞曹焉。"④

羊祜的《诫子书》中特别要求侄子们要对人恭敬，谨慎做人。"闻人之过，耳可得受，口不得宣"，这些训诫从表面上看是让侄子们明哲保身，其实也是一种无奈的自保。因为从当时社会背景看，魏晋易代之际，政治

---

① [宋] 欧阳询. 艺文类聚·卷二十三 [M]. 北京：中华书局，1956.
② [唐] 房玄龄等撰. 晋书·羊祜传 [M]. 北京：中华书局，2000:668.
③ [唐] 房玄龄等撰. 晋书·羊祜传 [M]. 北京：中华书局，2000:666.
④ [唐] 房玄龄等撰. 晋书·羊祜传 [M]. 北京：中华书局，2000:667.

斗争险恶，一不小心就可能引来灾祸，轻则"身受大谤"，重则"自入刑论""耻及祖考"。羊祜的《诫子书》中还提出"言则忠信，行则笃敬"，"无口许人以财，无传不经之谈，无听毁誉之语"，"思而后动"，是强调说话做事要诚实守信，远离是非，从容理智。今天，在我们为人处世上，依此而为，对于构建和谐人际关系，建设诚信社会，同样大有裨益。

同时，从这篇家训中，我们还看到，羊祜对后代的要求并非是让他们做大官、得富贵，他反复强调的是如何做人。可见，在羊祜心里，做一个诚实守信、心态健康、内心和谐的人，比得到富贵权势更重要，这才是真正为子孙着想。这对我们今天教育子女如何成人，也很有启发意义。

7. 颜延之

颜延之（384—456 年），字延年，南朝宋琅邪临沂（今山东临沂）人。颜延之少年时期家境贫寒，他发奋求学，博览群书，终成大家，"文章之美，冠绝当时"，[①]与谢灵运并称"颜谢"，为"元嘉三大家"之一，引领代表一代文学风尚。他所作《庭诰》影响深远。

《庭诰》是颜延之现存篇幅最长、影响最大，在写法上又极有特色的作品，同时也是魏晋南北朝时期家训文学的代表作，一改之前各种文献里留存下来的只言片语式的家训形式，多角度综合论述且独立成篇，可以说是我国历史上家训文学的真正开端，从形式到内容对后世家训，尤其是对颜之推的《颜氏家训》影响深远。

据《宋书·颜延之传》记载，元嘉三年，颜延之被"征为中书侍郎，寻转太子中庶子，顷之，领步兵校尉，赏遇甚厚"，但因为"好酒疏诞，不能斟酌当世"，"辞甚激扬，每犯权要"，[②]被贬为永嘉太守。愤怒的颜延之就写了《五君咏》以述恨，言辞更加激烈。惹得权臣大怒，要把他贬到更偏远的地方。面临生死攸关的大波折，已近天命之年的颜延之深受震撼，性格也发生了一些变化。在此后长达七年的时间里，他过着低调生活，不断地自省、反思，对人生做了系统的总结，这些都在《庭诰》中体现出来。

---

① ［南朝梁］沈约撰 . 宋书·颜延之传 [M]. 北京：中华书局 ,2000:1249.

② ［南朝梁］沈约撰 . 宋书·颜延之传 [M]. 北京：中华书局 ,2000:1250.

他解释说："《庭诰》者，施于闺庭之内，谓不远也。吾年居秋方，虑先草木，故遽以未闻，诰尔在庭。"①直接点明了《庭诰》的性质和写作目的。

其实，这篇《庭诰》不仅有颜延之自己对人生遭遇的感悟，还包括对长子颜竣行为和下场的憎恶与心疼。颜竣因跟随宋孝武帝刘骏，又立了一些战功，便借着孝武帝的器重，骄横傲慢，权倾朝野。史载，有一天早上，颜延之到颜竣那里去，看到等候在门外求见颜竣的人成群，颜竣却安然高卧，不起床会见。颜延之勃然大怒，说："你是出身于粪土之中的人，好不容易升到了云霄之上，就立刻到了如此地步，你怎么能够持久呢？"颜竣建私宅，富丽堂皇，颜延之又告诫说："善为之，无令后人笑你拙也。"②但颜竣不听劝诫，依然我行我素，后来果然获罪被杀。这也对颜延之的内心形成很大的冲击。

《庭诰》折射着颜延之对个人宦海沉浮和家庭变故的深思，更体现着他对后代的谆谆教导，从中可以深切感受到颜延之浓郁的伤痛之情与殷切之意。在今天的家庭教育中，家长和孩子一起读一读颜延之的《庭诰》，定会受益匪浅。

8. 王僧虔

王僧虔（426—485 年），祖籍琅邪临沂（今山东临沂）人，是东晋丞相王导的玄孙、南朝宋侍中王昙首之子，刘宋和南齐时的官员。他喜好文史，擅长音律，书承祖法，真、行俱工，是一代书法大家，现存墨迹有《王琰帖》等。

王僧虔有四个儿子：王慈、王志、王彬、王寂。王僧虔对孩子们的教育非常严格。大儿子王慈在读书上志向不定、不能专心，开始想在史学方面有所成就，就拿了《三国志》堆放床头天天翻看。可是很快厌烦了，又去学玄学，学了一知半解就不懂装懂，夸夸其谈。王僧虔为此十分恼火，专门写了这篇《诫子书》，批评教育儿子。在书信行文中我们可以看到，一开始，他对儿子做出尖锐的批评，可以说是劈头盖脸、毫不客气，并举了

---

① ［南朝梁］沈约撰．宋书·颜延之传 [M].北京：中华书局,2000:1250.

② ［南朝梁］沈约撰．宋书·颜延之传 [M].北京：中华书局,2000:1257.

大量的例子，使批评更有针对性。但逐渐地，语言由批评变为劝导，由尖锐变得温和，并加入了现身说法的表述，使用大量形象的比喻，来增强说服力。到最后更是动之以情，言辞恳切，用"未死之间，望有成就者，不知当有益否？各在尔身己切，岂复关吾邪？鬼唯知爱深松茂柏，宁知子弟毁誉事！"①这些话推心置腹，望子成龙的迫切之情和为人父母的慈爱之心，令人感动。

王僧虔《诫子书》全文如下：

"知汝恨吾不许[汝]学。欲自悔厉，或以阖棺自欺，或更择美业，且得有慨，亦慰穷生。但亟闻斯唱，未睹其实。请从先师听言观行，冀此不复虚身。吾未信汝，非徒然也。往年有意于史，取《三国志》聚置床头，百日许，复徙业就玄，自当小差于史，犹未近彷佛。曼倩有云：'谈何容易。'见诸玄，志为之逸，肠为之抽，专一书，转诵数十家注，自少至老，手不释卷，尚未敢轻言。汝开《老子》卷头五尺许，未知辅嗣何所道，平叔何所说，马、郑何所异，《指》《例》何所明，而便盛于麈尾，自呼谈士，此最险事。设令袁令命汝言《易》，谢中书挑汝言《庄》，张吴兴叩汝[言]《老》，端可复言未尝看邪？谈故如射，前人得破，后人应解，不解即输赌矣。且论注百氏，荆州《八帙》，又《才性四本》、《声无哀乐》，皆言家口实，如客至之有设也。汝皆未经拂耳瞥目，岂有庖厨不脩，而欲延大宾者哉？就如张衡思侔造化，郭象言类悬河，不自劳苦，何由至此？汝曾未窥其题目，未辨其指归；六十四卦，未知何名；《庄子》众篇，何者内外；《八帙》所载，凡有几家；《四本》之称，以何为长。而终日欺人，人亦不受汝欺也。由吾不学，无以为训。然重华无严父，放勋无令子，亦各由己耳。汝辈窃议亦当云：'何日不学，在天地间可嬉戏，何忽自课谪？幸及盛时逐岁暮，何必有所减？'汝见其一耳，不全尔也。设令吾学如马、郑，亦必甚胜；复倍不如今，亦必大减。致之有由，从身上来也。[汝]今壮年，

---

① [南朝梁] 萧子显撰. 南齐书·王僧虔传 [M].北京：中华书局,2000:404.

自勤数倍许胜，劣及吾耳。世中比例举眼是，汝足知此，不复具言。

吾在世，虽乏德素，要复推排人间数十许年，故是一旧物，人或以比数汝等耳。即化之后，若自无调度，谁复知汝事者？舍中亦有少负令誉弱冠越超清级者，于时王家门中，优者则龙凤，劣者犹虎豹，失荫之后，岂龙虎之议？况吾不能为汝荫，政应各自努力耳。或有身经三公，蔑尔无闻；布衣寒素，卿相屈体。或父子贵贱殊，兄弟声名异。何也？体尽读数百卷书耳。吾今悔无所及，欲以前车诫尔后乘也。汝年入立境，方应从官，兼有室累，牵役情性，何处复得下帷如王郎时邪？为可作世中学，取过一生耳。试复三思，勿讳吾言。犹捶挞志辈，冀脱万一，未死之间，望有成就者，不知当有益否？各在尔身已切，岂复关吾邪？鬼唯知爱深松茂柏，宁知子弟毁誉事！因汝有感，故略叙胸怀矣。"①

9. 徐勉

徐勉（466—535 年），字修仁，东海郯（今山东郯城）人。南朝梁大臣、文学家。徐勉年少孤贫，早励清节。笃志好学，进入国子监学习。通过选拔考试，补西阳王国侍郎。梁朝建立后，拜中书侍郎，转尚书左丞，迁太子詹事，辅佐昭明太子萧统。后拜吏部尚书，负责官员铨选，迁侍中、尚书右仆射，官至中书令，以足疾去位。徐勉为官清廉，家无蓄积，自称遗子以清白，是我国历史上著名的清官。常与门人晚上聚会，曾有一客人向他求官，徐勉正色答道："今夜只可谈风月，不宜及公事。"故人称"风月尚书"。

徐勉曾作《诫子书》传世：

"吾家世清廉，故常居贫素，至于产业之事，所未尝言，非直不经营而已。薄躬遭逢，遂至今日，尊官厚禄，可谓备之。每念叨窃若斯，岂由才致，仰藉先代风范及以福庆，故臻此耳。古人所谓'以清白遗子孙，不亦

---

① ［南朝梁］萧子显撰. 南齐书·王僧虔传 [M].北京：中华书局,2000:403-404.

厚乎。'又云:'遗子黄金满籯,不如一经。'详求此言,信非徒语。吾虽不敏,实有本志,庶得遵奉斯义,不敢坠失。所以显贵以来,将三十载,门人故旧,亟荐便宜,或使创辟田园,或劝兴立邸店,又欲舳舻运致,亦令货殖聚敛。若此事众,皆距而不纳,非谓拔葵去织,且欲省息纷纭。

中年聊于东田间营小园者,非在播艺,以要利入,正欲穿池种树,少寄情赏。又以郊际闲旷,终可为宅,傥获悬车致事,实欲歌哭于斯。慧日、十住等,既应营婚,又须住止,吾清明门宅,无相容处。所以尔者,亦复有以;前割西边施宣武寺,既失西厢,不复方幅,意亦谓此逆旅舍耳,何事须华?常恨时人谓是我宅。古往今来,豪富继踵,高门甲第,连闼洞房,宛其死矣,定是谁室?但不能不为培 之山,聚石移果,杂以花卉,以娱休沐,用托性灵。随便架立,不在广大,惟功德处,小以为好。所以内中逼促,无复房宇。近营东边儿孙二宅,乃藉shift住南还之资,其中所须,犹为不少,既牵挽不至,又不可中涂而辍,郊间之园,遂不办保,货与韦黯,乃获百金,成就两宅,已消其半。寻园价所得,何以至此?由吾经始历年,粗已成立,桃李茂密,桐竹成阴,膝陌交通,渠畎相属。华楼迥榭,颇有临眺之美;孤峰丛薄,不无纠纷之兴。渎中并饶菰蒋,湖里殊富芰莲。虽云人外,城阙密迩,韦生欲之,亦雅有情趣。追述此事,非有吝心,盖是笔势所至耳。忆谢灵运《山家诗》云:'中为天地物,今成鄙夫有。'吾此园有之二十载矣,今为天地物,物之与我,相校几何哉!此吾所馀,今以分汝,营小田舍,亲累既多,理亦须此。且释氏之教,以财物谓之外命;儒典亦称:'何以聚人曰财。'况汝曹常情,安得忘此。闻汝所买姑孰田地,甚为舄卤,弥复何安。所以如此,非物竞故也。虽事异寝丘,聊可仿佛。孔子曰:'居家理治,可移于官。'既已营之,宜使成立。进退两亡,更贻耻笑。若有所收获,汝可自分赡内外大小,宜令得所,非吾所知,又复应沾之诸女耳。汝既居长,故有此及。

凡为人长,殊复不易,当使中外谐缉,人无间言,先物后己,然后可贵。老生云:'后其身而身先。'若能尔者,更招巨利。汝当自勖,见贤思齐,不宜忽略以弃日也。非徒弃日,乃是弃身,身名美恶,岂不大哉!可不慎欤？今之所敕，略言此意，正谓为家已来，不事资产，既立墅舍，以乖旧业，陈其始末，无愧怀抱。兼吾年时朽暮，心力稍殚，牵课奉公，略不克举，其中馀暇，裁可自休。或复冬日之阳，夏日之阴，良辰美景，文案间隙，负杖蹑屦，逍遥陋馆，临池观鱼，披林听鸟，浊酒一杯，弹琴一曲，求数刻之暂乐，庶居常以待终，不宜复劳家间细务。汝交关既定，此书又行，凡所资须，付给如别。自兹以后，吾不复言及田事，汝亦勿复与吾言之。假使尧水汤旱，吾岂知如何；若其满庾盈箱，尔之幸遇。如斯之事，并无俟令吾知也。《记》云：'夫孝者，善继人之志，善述人之事。'今且望汝全吾此志，则无所恨矣。"①

据《梁书·徐勉传》记载，徐勉有两个儿子，长子徐崧，次子徐悱。徐悱"字敬业，幼聪敏，能属文。起家著作佐郎，转太子舍人，掌书记之任。累迁洗马、中舍人，犹掌书记。出入宫坊者历稔，以足疾出为湘东王友，迁晋安内史。"②可惜徐悱早逝。徐崧的生平事迹在史书中没有记载，只有这篇《诫子书》提到是给长子徐崧的。

徐勉是一个勤于公务的官员，起早贪黑，往往几十天才回一趟家。每次回家，一群狗都惊吠起来。自己叹道："吾忧国忘家，乃至于此。若吾亡后，亦是传中一事。"③他关心世俗事情，当时人办丧事，只求快速，早上死亡，晚上殡敛。徐勉根据《礼记·问丧》，上疏要求改正，"三日而后敛者，以俟其生也；三日而不生，亦不生矣。"④皇上批准奏疏。以后无论士庶，都要停尸三日才大敛。

他身居高位，不营产业，家无积蓄，俸禄都分别周济亲族中贫困的人。《诫子书》中自己提到门人故旧极力建议发财致富的方案，都被拒绝，他的主张是："人遗子孙以财，我遗之以清白。"真可算得是为官者的榜样。

---

① ［唐］姚思廉撰．梁书·徐勉传［M］.北京：中华书局,2000:262-264.

② ［唐］姚思廉撰．梁书·徐勉传［M］.北京：中华书局,2000:265.

③ ［唐］姚思廉撰．梁书·徐勉传［M］.北京：中华书局,2000:259.

④ ［唐］姚思廉撰．梁书·徐勉传［M］.北京：中华书局,2000:259.

人们常用"身在江海，心怀魏阙"形容追求名利的欲望。徐勉人在朝廷，却心怀林泉，追求的不是荣名利禄，而是恬淡自由，《诫子书》顺笔写了一段难得的休闲生活。正因为保持这种淡泊的情趣，身居要职而能够远离贪污受贿、以权谋私等丑恶行径。

这封《诫子书》直接开导儿子的地方不很多，而是着重叙述自己立身处世的原则并要求儿子继承父亲的风范。言传身教，长者以身作则，幼辈也就容易遵行。

徐勉在朝为官，且年纪已老。徐崧作为长子，理应接替父亲管理家中产业和内外亲眷。《诫子书》突出对财产的看法，同时又以自身经验体会，告诉儿子要正确处理修身齐家与经营产业的关系，体现出一个清廉高官对人生的豁达态度。这封《诫子书》在梁代已被世人传诵。

第四章　隋唐宋元时期沂蒙家教文化的坚守

从全国范围来讲，隋唐宋元时期的家教文化处于大发展时期，甚至可以说处于繁荣时期，但是，就沂蒙地区来讲，则处于相对平淡时期，但仍有可圈可点之处，仍在坚守、延续着沂蒙家教文化的传统。

第一节　隋唐时期家庭教育概述

隋唐时期是我国封建社会的鼎盛时期，社会政治、经济、文化空前繁荣和昌盛，教育事业蓬勃发展，家庭教育也得到了进一步的丰富和发展。隋唐建立起从中央到地方的前所未有的完整的官学体系，前代战乱时期主要由私学和家学承担的知识教育任务，相当一部分转由官学来完成。

隋朝统一中国后，重新重视儒学，儒学进入复兴期，崇儒兴学思想在朝野重新确立。魏晋南北朝时期，由于社会的动乱和玄学、佛学的冲击，儒家形成了南北不同的研究风格，"南人约简，得其英华，北学深芜，穷其枝叶"。[①] 隋文帝即位后，认识到儒学的重要地位，曾在牛弘的建议下，广泛征集儒家经典。隋炀帝时又将儒家经典加以整理、分类，分为甲、乙、丙、丁四目，分统于经、史、子、集四类，成为后来史籍分类的正统方法。隋朝借全国的统一，积极促进南北儒学的合流，使南北儒学逐渐融合。

学校是教化之本源，隋唐统治者积极推动学校教育的发展。隋文帝时曾两度颁行诏书，劝学行礼。开皇三年（583年）四月，隋文帝下诏书曰：

---

① ［唐］魏徵撰 . 隋书·儒林传 [M]. 北京：中华书局,2000:1147.

"建国重道，莫先于学；尊主庇民，莫先于礼。……若敦以学业，劝以经礼，自可家慕大道，人希至德。岂止知礼节，识廉耻，父慈子孝，兄恭弟顺者乎？始自京师，爰及州郡，宜祗朕意，劝学行礼。"①开皇九年（589 年），隋统一全国之后，隋文帝又一次下诏劝学："往以吴、越之野，群黎涂炭，干戈方用，积习未宁。今率土大同，含生遂性，太平之法，方可流行。……代路既夷，群方无事，武力之子，俱可学文，人间甲仗，悉皆除毁。有功之臣，降情文艺，家门子侄，各守一经，令海内翕然，高山仰止。京邑庠序，爰及州县，生徒受业，升进于朝，未有灼然明经高第，此则教训不笃，考课未精，明勒所由，隆兹儒训。"②尽管隋文帝在晚年，"不悦儒术，专尚刑名"，于仁寿年间"废天下之学，唯存国子一所，弟子七十二人"，③但时间极为有限。隋炀帝继位后，对儒学更为热衷，他在大业元年（605 年）颁《求贤兴学诏》，强调："君民建国，教学为先，移风易俗，必自兹始。"④据史料记载，炀帝之时"复开庠序，国子郡县之学，盛于开皇之初"，⑤并令"国子等学，亦宜申明旧制，教习生徒，且为课试之法，以尽砥砺之道。"⑥

唐代统治者也非常重视学校教育。武德七年（624 年），唐高宗李渊颁布《兴学敕》："自古为政，莫不以学为先。学则仁、义、礼、智、信五者俱备，故能为利深博。朕今欲敦本息末，崇尚儒宗，开后生之耳目，行先王之典训。"⑦唐太宗李世民也认识到"戡乱以武，守成以文，文武之用，各随其时"，⑧因此，"大阐文教"。

隋唐时期的学校教育分为官学和私学两大体系。官学由政府开办和管辖，具有较大的规模和较强的专业性，是培养统治人才的主要基地，因此

---

① ［唐］魏徵撰.隋书·柳昂传 [M].北京：中华书局,2000:853-854.

② ［唐］魏徵撰.隋书·高祖纪下 [M].北京：中华书局,2000:23.

③ ［唐］魏徵撰.隋书·儒林传 [M].北京：中华书局,2000:1148.

④ ［唐］魏徵撰.隋书·炀帝纪上 [M].北京：中华书局,2000:44.

⑤ ［唐］魏徵撰.隋书·儒林传 [M].北京：中华书局,2000:1148.

⑥ ［唐］魏徵撰.隋书·炀帝纪上 [M].北京：中华书局,2000:45.

⑦ ［北宋］宋敏求.唐大诏令集·崇儒 [M].北京：商务印书馆,1959:537.

⑧ ［北宋］司马光.资治通鉴卷 192[M].北京：中华书局,1956:6030.

受到统治集团的特别重视。官学分为中央与地方两级。隋唐时期，中央官学不断得到强化，不仅国子监从太常寺脱离出来成为独立的中央教育行政管理机构，而且整个教育管理体系不断完善，诸如学官的任职条件，学生的管理、考试、奖惩等制度都有了明确的规定。国子监所隶属的学校体系也逐步成型，分别为国子学、太学、四门学、律学、书学、算学，俗称"六学"。隋唐中央官学在传授经学、培养通经致用的人才的同时，并不排斥实科知识，如隋代首开先例，把算学作为专业在国学中设置。唐代则在各政府机构中附设有专业学校。如太医署所设的医学，司天台附设的天文学，太仆寺设有兽医专业等。

隋唐时期的地方官学也有了新的发展。一方面，朝廷大力支持，推动了地方官学制度的建立。隋开皇初年，政局逐步稳定之后，潞州刺史柳昂上表言事，建议隋文帝"劝学行礼"，隋文帝接受建议，颁布《劝学行礼诏》，由此，"天下州县皆置博士习礼焉"。①《隋书·儒林传序》记载当时的情景："博士罄悬河之辩，侍中竭重席之奥，考正亡逸，研核异同，积滞群疑，涣然冰释。于是超擢奇隽，厚赏诸儒，京邑达乎四方，皆启黉校。齐、鲁、赵、魏，学者尤多，负笈追师，不远千里，讲诵之声，道路不绝。中州儒雅之盛，自汉、魏以来，一时而已。"②另一方面，地方官学的建设也依赖地方官员的作为。一些勤政爱民的地方官员运用他们手中的权力，推动州县官学的复兴和发展。《新唐书·李栖筠传》载：常州刺史李栖筠"大起学校，堂上画《孝友传》示诸生，为乡饮酒礼，登歌降饮，人人知劝。"③李栖筠在常州建起州学，奠定了良好的基础，后来的常州刺史独孤及又加以发扬光大，于是常州的社会风气大为改变，成为人才辈出的文化之邦。

官学门槛较高，等级森严，规模有限，普通民众要接受教育，无法进入官学学习，只得求诸私学。为了适应民众受教育的需要，弥补官学的不足，隋唐时期实行官学与私学并举的方针。开元二十一年（733 年）五月，

---

①　[唐] 魏徵撰 . 隋书·柳昂传 [M]. 北京：中华书局 ,2000:854.

②　[唐] 魏徵撰 . 隋书·儒林传 [M]. 北京：中华书局 ,2000:1148.

③　[宋] 欧阳修，宋祁撰 . 新唐书·李栖筠传 [M]. 北京：中华书局 ,2000:3714.

唐玄宗明确下令允许民间自由办学，以作为官学的补充："诸州县学生，年二十五已下，八品九品子，若庶人生年二十一已下，通一经已上，及未通经，精神通悟，有文词史学者，每年铨量举选，所司简试，听入四门学，充俊士。即诸州人省试不第，情愿入学者听。国子监所管学生，尚书省补。州县学生，长官补。……许百姓任立学。欲其寄州县受业者亦听。"开元二十六年（738 年）正月，又下令："古者乡有序，党有塾，将以宏长儒教，诱进学徒，化民成俗，率由于是。其天下州县，每乡之内，各里置一学。仍择师资，令其教授。"① 政府的提倡为私学的兴办创造了条件，促进了民间私学的发展。唐代以后，私学的兴办趋于多样化，地区分布更广，规模更大，私学成为整个学校教育体系中的重要组成部分，弥补了官学发展单一化之不足。《隋书》卷 75《儒林传·包恺传》载："东海包恺，字和乐。其兄愉，明《五经》，恺悉传其业。又从王仲通受《史记》、《汉书》，尤称精究。大业中，为国子助教。于时《汉书》学者，以萧、包二人为宗匠。聚徒教授，著录者数千人。"② 包恺先后从其兄包愉和王仲通学习《五经》和《史记》《汉书》，最后成为一代名师，从其"聚徒教授，著录者数千人"来看，说明其私家办学具有较大的规模。同卷《刘焯传》载刘焯与其友刘炫，"后因国子释奠，与炫二人论义，深挫诸儒，咸怀妒恨，遂为飞章所谤，除名为民。"二人"于是优游乡里，专以教授著述为务，孜孜不倦。"时人称其为"二刘"。当时"天下名儒后进，质疑受业，不远千里而至者，不可胜数。论者以为数百年已来，博学通儒，无能出其右者。然怀抱不旷，又啬于财，不行束修者，未尝有所教诲，时人以此少之。"③ 由这段材料我们可以知道，才学之士为民以后往往从事民间的教育事业。同书《刘炫传》载，刘炫在隋文帝初年，因献伪书取赏，"后有人讼之，经赦免死，坐除名，归于家，以教授为务"。④《新唐书·儒学传上》记载："马嘉运，魏州繁水

① ［宋］王溥撰.唐会要 卷 35 "学校"[M]. 北京：中华书局,1955:634-635.
② ［唐］魏徵撰.隋书·儒林传 [M]. 北京：中华书局,2000:1154.
③ ［唐］魏徵撰.隋书·儒林传 [M]. 北京：中华书局,2000:1156.
④ ［唐］魏徵撰.隋书·儒林传 [M]. 北京：中华书局,2000:1157.

人。……退隐白鹿山，诸方来受业至千人。"① 由此可见隋唐私学之兴盛。

为了保证学校的教学质量，隋朝对于教师的选拔也很重视。所选拔的地域遍及全国，所选拔的人才大多为各地的名德大儒。武安人马光，"少好学，从师数十年，昼夜不息，图书谶纬，莫不毕览，尤明《三礼》，为儒者所宗。开皇初，高祖征山东义学之士，光与张仲让、孔笼、窦士荣、张黑奴、刘祖仁等俱至，并授太学博士，时人号为六儒。"后来，除了马光以外，其他诸人或死或被遣，"唯光独存。尝因释奠，高祖亲幸国子，王公以下毕集。光升座讲礼，启发章门。已而诸儒生以次论难者十馀人，皆当时硕学，光剖析疑滞，虽辞非俊辨，而理义弘赡，论者莫测其浅深，咸共推服，上嘉而劳焉。山东《三礼》学者，自熊安生后，唯宗光一人。"随着马光进入长安，他起初"教授瀛、博间，门徒千数，至是多负笈从入长安。"②这一方面说明马光在太学中学问高深，另一方面说明他早期在民间教授学生人数之多。

在崇文重学的社会大环境之下，隋唐时期的家庭教育也得到了较大的发展，并呈现出一些独有的时代特征。如出现了李世民的《帝范》，把中国古代帝王家教推向了巅峰；出现了柳玭的《家训》、苏瓌《中枢龟镜》等家训精品和一批教子诗、教子文；胎教走上与医学结合的道路，也是这一时期家教的一个新特点；女子教育出现了对后世影响较大的《女孝经》《女论语》等女教书。隋唐家庭教育继承了前代家庭教育的传统，在家庭教育内容、成才观等方面有所发展，在我国家庭教育史上占有非常重要的地位。

一、隋唐家庭教育的主要内容

隋唐时期的人特别重视家庭教育，强调读书的重要性，认为"黄金未

---

① ［宋］欧阳修，宋祁撰 . 新唐书·儒林传上·马嘉运传［M］. 北京：中华书局 ,2000:
4333.
② ［唐］魏徵撰 . 隋书·儒林传［M］. 北京：中华书局 ,2000:1155.

是宝，学问胜珍珠"，①② "养子莫徒使，先教勤读书"；重视早教和终生学习。在唐代流传很广的《太公家教》强调人应该早学，并应终生学习："小而学者，如日出之光；长而学者，如日中之光；老而学者，如日慕（暮）之光；老而不学，冥冥如夜行。"③

隋唐家庭教育主要涉及以下几方面的内容：

1. 道德规范教育

隋唐时期的思想道德和行为规范教育以三纲五常、忠恕孝悌为主，要求敬天尊祖、忠君报国、孝敬父母、尊敬师长。强调个人在人伦关系中的地位、权利和义务，即父义、母慈、兄友、弟恭、子孝等。如《太公家教》要求子孙孝事父母、忠君敬师，做到："事君尽忠"，"一日为君，终日为主""孝子事父，晨省暮看。知饥知渴，知暖知寒。忧时共戚，乐时同欢。父母有疾，甘美不餐。食无求饱，居无求安"；"其父出行，子须从后。路逢尊者，齐脚敛手。尊人之前，不得唾地。尊人赐酒，必须拜受。尊者赐肉，骨不与狗。尊者赐果，怀核在手"；"弟子事师，敬同于父。习其道术，学其言语……一日为师，终日为父"。④白居易《十二时行孝文》将孝子对父母日常生活的照料按一天十二个时辰加以排列："平旦寅，早起堂前参二亲。处分家中送疏水，莫教父母唤频声。日出卯，立身之本须行孝。甘饮盘中莫使空，时时奉上知饥饱。食时辰，居家治务最须勤。无事等闲莫外宿，归来劳费父嫌憎。隅中巳，终孝之心不合二。竭力勤酬乳哺恩，自得名高上史记。正南午，侍奉尊亲莫辞诉。回乾就湿长成人，如今未合论辛苦。日昳未，在家行孝兼行义。莫取妻言兄弟疏，却教父母流双泪。哺时申，父母堂前莫动尘。纵有些些不称意，向前小语善谘闻。日入酉，但愿父母得长寿。身如松柏色坚政，莫学愚人多饮酒。黄昏戌，下帘拂床早交毕。安置父母卧高堂，睡定然乃抽身出。人定亥，父母年高须保爱。但能

---

① 张锡厚．王梵志诗校辑[M]．北京：中华书局,1983:117.

② 张锡厚．王梵志诗校辑[M]．北京：中华书局,1983:51.

③ 冯瑞龙，詹杭伦：华夏家训·太公家教，成都：天地出版社,1995:100.

④ 冯瑞龙，詹杭伦．华夏家训·太公家教[M]．成都：天地出版社,1995:97.

行孝向尊亲，总得扬名于后世。夜半子，孝养父母存终始。百年恩爱暂时间，莫学愚人不欢喜。鸡鸣丑，高楼大宅得安久。常劝父母发慈心，孝得题名终不朽。"①子女对父母的孝主要体现在父母在世时日常生活的关心照顾，父母去世后以礼安葬和祭奠，慎重追远，秉承其志。法照和尚的《寄劝俗兄弟二首》："同气连枝本自荣，些些言语莫伤情。一回相见一回老，能得几时为弟兄？兄弟同居忍便安，莫因毫末起争端。眼前生子又兄弟，留与儿孙作样看。"②劝诫俗世家中兄弟要团结和睦，给儿孙做好榜样。

教育子孙树立远大志向、为人处世、知足勿贪、勤俭勿奢等，也是隋唐家庭道德教育中的重要内容。人生于世间，志向至关重要，人不立志，就会稀里糊涂，随遇而安，随波逐流。因此隋唐时期的人在家庭教育中注重子孙的立志教育，要求子女早立志、立大志。如淑德郡主《教子诗》云："人生励志应早立，汝宜经史勤时习。"③杜甫《又示宗武》诗中教导儿子："十五男儿志，三千弟子性。曾参与游夏，达者得升堂。"④树立远大志向，追慕先贤，才能激发自己积极向上的热情。

教育子孙为人处世之道是隋唐家庭教育的重要课题，从白丁布衣到皇族高官皆如此。唐代文学家刘禹锡的《口兵诫》是他读了其远祖刘向的"口者兵也"的遗训，反思自己一生坎坷经历之后写的教子文。强调言语对人的伤害甚于兵器，为什么这样说呢？"五刃之伤，药之可平。一言成疴，智不能明。"人被兵刃所伤，可以用药物修复，而一旦被人诋毁，则很难为自己辩白清楚。"人或罹兵，道途奔救，投方效技，思恐其后。人或罹譖，比肩狐疑，借有纷解，毁辄随之。故曰舌端之孽，惨于楚铁。"口舌之罪，甚于兵器，因此人生在世，还是少说为妙："辩为诈媒，默为德基。玉椟不启，焉能瑕疵？犨麋深居，孰谓可嗤？"言语不应当成为兵器，而应该成

---

① [唐]白居易著；丁如明，聂世美校点.白居易全集[M].上海：上海古籍出版社，1999:1003-1004.

② 陈尚君.全唐诗补编[M].北京：中华书局,1992:939.

③ 陈尚君.全唐诗补编[M].北京：中华书局,1992:1580.

④ [唐]李白，[唐]杜甫著.李白杜甫诗全集[M].北京：北京燕山出版社,2009:499.

为自我保护的屏障，并得出多吃饭、少说话的处世哲学："我诚于口，惟心之门。无为我兵，当为我藩。以慎为键，以忍为阃。可以多食，勿以多言。"①刘禹锡的《犹子蔚适越戒》则形象地阐述了其谨慎做人的观点。刘禹锡的侄子要去丞相府任从事之职，临行前刘禹锡以青铜礼器的制作和保养来比喻人的处世之道："若知彝器乎？始乎斫轮，因入规矩，剞中廉外，枵然而有容者，理腻质坚，然后加密石焉。风戾日晞，不剖不聱，然后青黄之，鸟兽之，饰乎瑶金，资在清庙。其用也罍以养洁，其藏也棣以养光，苟措非其所，一有毫发之伤，偏然与破甑为伍矣。"青铜礼器的制作需要花费大量艰苦的劳动，其保养也很费功夫，但稍有不慎，有毫发之伤则身价大跌，与破瓦罐为伍。人的成长也同样要花费本人和家庭的大量心血，所以处世为官也要小心谨慎："汝之始成人，犹器之作朴，是宜力学为砻斫，亲贤为青黄，睦僚友为瑶金，忠所奉为清庙，尽敬以为罍，慎微以为棣，去怠以护伤，在勤而行之耳。"在这里，刘禹锡把为人和为官形象地比作礼器的生产和保养，要求侄子处处小心，防止出现任何细小的差错。他认为，爬得越高，往往会跌得越惨："夫伟人之一顾逾乎华章，而一非亦惨乎黥刖。行矣慎诸，吾见垂天之云，在尔肩腋间矣。"②正因如此，他把防止出现任何过错看得比什么都重要。《犹子蔚适越戒》与《口兵戒》一样，反映刘禹扬在经过长期生活磨难之后，对当时官场和社会生活的深刻认识和谨小慎微的生活态度。白居易写过一首《续座右铭》，阐述了其外圆内方的处世哲学："勿慕贵与富，勿忧贱与贫。自问道何如，贵贱安足云。闻毁勿戚戚，闻誉勿欣欣。自顾行何如，毁誉安足论。无以意傲物，以远辱于人。无以色求事，以自重其身。游与邪分歧，居与正为邻。于中有取舍，此外无疏亲。修外以及内，静养和与真。养内不遗外，动率义与仁。千里始足下，高山起微尘。吾道亦如此，行之贵日新。不敢规他人，聊自书诸绅。

---

① 周绍良主编 . 全唐文新编 卷 608[M]. 长春：吉林文史出版社 ,2000:6885.

② 周绍良主编 . 全唐文新编 卷 608[M]. 长春：吉林文史出版社 ,2000:6885.

终身且自勖，身殁贻后昆。后昆苟反是，非我之子孙。"①要求其子孙学习并传承后代。

隋唐家训大都鼓励子孙积极进取、科场取仕，但也有些家训教育子孙知足常乐，不要过分追逐名利。如白居易的《狂言示诸侄》就教育侄子，人的物质需求是有限的，因此应该知足常乐，不要过分追求物质欲望："一裘暖过冬，一饭饱终日。勿言舍宅小，不过寝一室。何用鞍马多，不能骑两匹。"②白居易的《闲坐看书贻诸少年》进一步指出物欲不能过度膨胀的道理："书中见往事，历历知福祸。多取终厚亡，疾驱必先堕。劝君少干名，名为锢身锁。劝君少求利，利是焚身火。"③劝诫后辈不要过于干名求利。

勤俭持家，戒绝奢侈，是中华民族的美德，为唐人所尚。史载，唐朝中书舍人郑瀚一直以"俭素自居"。一次召集外甥、子侄等一起吃饭，"有蒸饼，郑孙去其皮而后食之，瀚大嗟怒，谓曰：'皮之与中，何以异也？仆尝病浇态讹俗，骄侈自奉，思得以还淳反朴，敦厚风俗……'因引手请所弃者。郑孙错愕失据，器而奉之，瀚尽食之"。④唐朝名相姚崇训诫子弟不要争夺家产，不要无道聚富敛财，要勤俭办事，并以身作则，在《遗令诫子孙文》中嘱咐子孙，不要为他厚葬，认为"死者无知，自同粪土，何烦厚葬，使伤素业"。⑤

2. 教育子孙读书做官、建功立业

隋唐时期儒家成熟、系统的纲常伦理成为贯穿家庭教育的主要理论思想。这一时期的家庭教育更加重视教育子孙读书入仕和建功立业。这一点在科举取士制度的确立和连续推行后显得尤为突出。

① [唐]白居易著；丁如明，聂世美校点.白居易全集[M].上海：上海古籍出版社，1999:597.
② [唐]白居易著，丁如明，聂世美校点.白居易全集[M].上海：上海古籍出版社，1999:468.
③ [唐]白居易著，丁如明，聂世美校点.白居易全集[M].上海：上海古籍出版社，1999:560.
④ 徐颂陶主编.资政通鉴1修身卷、齐家卷[M].北京：中国社会出版社,2003:323.
⑤ [后晋]刘昫等撰.旧唐书·姚崇传[M].北京：中华书局,2000:2049.

南北朝末年，士族门阀势力急剧衰落；隋末农民大起义更是给予门阀士族致命的打击。李唐政权为了加强中央集权，废除九品官人法，推行包括均田制、"崇重今朝冠冕"及采取分科举人之制等一系列全面压制门阀士族的改革措施，继续推行科举取士制度，并将其进一步细化、完善和推广。

科举制是唐代选官的主要制度，唐代的科举分常科和制科两大类。制科不是常设科目，是为了待非常之才而由皇帝临时诏令设置的，其设科目有贤良方正直言极谏科、才识兼茂明于体用科等百余种。常科则每年举行，科目分为秀才、明经、进士、俊士、明法、明书、明算等 50 多种。在各科当中，常设的有明经、进士两科，应试的也以这两种为多。高宗以后，进士科尤为人所重视。常科考生，来源有二：一是生徒，二是乡贡。由京师及州县学馆出身，而送于尚书省受试者叫"生徒"；不由学馆而先经州县考试，及第后再送尚书省应试者叫"乡贡"。考试的内容，明经着重于儒家经典的记诵，进士着重于诗赋和时务策。生徒、乡贡皆可参加科举考试，且以考试成绩决定取舍和名次高低。即考生不仅可以在学校之外获得科考所需的知识，而且还可以在学校之外获得参试的资格。这极大地减少了士人对官学的依赖。加之，官学所造，"止于章句之儒，实为不切于务"。[①] 而开元、天宝以降，大力推崇进士科，重文学轻经学，家庭教育不失时机地适应了这种形势的需要，注重科举知识的传授。

唐代家庭教育中传授的科举知识以考试内容（主要是诗赋）、方法为主。杜牧《冬至日寄小侄阿宜》诗载："第中无一物，万卷书满堂。家集二百编，上下驰皇王。多是抚州写，今来五纪强。尚可与尔读，助尔为贤良。经书括根本，史书阅兴亡。高摘屈宋艳，浓薰班马香。李杜泛浩浩，韩柳摩苍苍。……愿尔一祝后，读书日日忙。一日读十纸，一月读一箱。朝廷用文治，大开官职场。愿尔出门去，取官如驱羊。"[②] 此诗教侄子读书，虽也提及经史的重要性，但更强调的是文学，希望侄子能以李杜韩柳的作品为范本，认真阅读，悉心揣摩，从中领会写作的奥秘，然后通过科举做

---

① 吕思勉.隋唐五代史 [M].上海：上海古籍出版社,1984:1267.

② 朱碧莲选注.杜牧选集 [M].上海：上海古籍出版社,2016:71.

官。《旧唐书·杨绾传》中的一则史料也能印证这一观点："幼能就学，皆诵当代之诗；长而博文，不越诸家之集"。①

唐人强烈的仕途欲望、积极入世的精神也推动了整个唐王朝形成了一股读书至上的社会风气，"万般皆下品，惟有读书高"，"草泽望之起家，簪绂望之继世"。②全社会父教子、兄教弟，读书科考蔚然成风，教育子弟读书做官、建功立业成为唐代家庭教育的主流。

在这种广泛流行的教育子弟读书入仕的社会风气之下，加上科举考试难度极高，竞争极为残酷，唐代家庭教育愈发强调了弟苦读诗书，以期将来能够金榜题名，获取高官厚禄，享受荣华富贵。最具典型意义的是韩愈为其子韩符指明读书目的而作的《符读书城南》，诗中分析了幼时境况相同而长大后地位悬殊的两个小儿："两家各生子，提孩巧相如。少长聚嬉戏，不殊同队鱼。"等到长大以后，"一为马前卒，鞭背生虫蛆。一为公与相，潭潭府中居。"出生境况基本相同、少小一起嬉戏的伙伴，长大后却一人为公相，一人为仆役。"问之何因尔，学与不学欤"，之所以长大后地位迥异，就是因为是否刻苦读书。"君子与小人，不系父母且。""学问藏之身，身在则有馀。"③在科举制下，门第出身不能决定人之穷达，唯有读书科举才能改变人的命运。韩愈的另一首劝学诗《示儿》更突出地强调了读书学习的目的就是获取高官厚禄："我始来京师，止携一束书。辛勤三十年，以有此屋庐。""恩封高平君，子孙从朝裾。开门问谁来，无非卿大夫。不知官高卑，玉带悬金鱼。""凡此座中人，十九持钧枢。"④韩愈在家庭教育中这样赤裸裸地以荣华富贵、功名利禄诱导子弟刻苦读书、积极科考入仕，其实这并非韩愈的个人观点，而是唐代科举制下的时代思潮。这一思想在其他人的诗文中也表现出来。王梵志的诗"黄金未是宝，学问胜珍珠。"⑤"养子莫徒

①　[后晋] 刘昫等撰.旧唐书·杨绾传 [M].北京：中华书局,2000:2330.

②　[五代] 王定保撰.唐摭言 [M].上海：上海古籍出版社,2012:64.

③　[唐] 韩愈著；严昌校点.韩愈集 [M].长沙：岳麓书社，2000:77.

④　[唐] 韩愈著；严昌校点.韩愈集 [M].长沙：岳麓书社，2000:93-94.

⑤　张锡厚.王梵志诗校辑 [M].北京：中华书局,1983:117.

使，先教勤读书。一朝乘驷马，还得似相如。"①同样强调读书与功名利禄的关系。

唐人读书科考的目的除了追求个人的飞黄腾达、高官厚禄，更多的是为了显亲扬名、致君尧汤。元稹的《诲侄等书》历数自己艰辛的科举之路及坎坷的仕途，"吾幼乏岐嶷，十岁知文，严毅之训不闻，师友之资尽废"。为官以后，"谪弃河南，泣血西归，生死无告"。然仍"常誓效死君前，扬名后代，殁有以谢先人于地下耳。"这种特殊的人际遭遇使得元稹近乎苛责地要求子侄："不于此时佩服诗书以求荣达，其为人耶？其曰人耶？"②在他看来，刻苦读书、积极走科举仕进之路来显亲扬名，是为人子弟者必须承担的人生责任。杜牧出身于官宦世家，他在《冬至日寄小侄阿宜》诗中对其侄阿宜寄予厚望，希望他勤奋读书，继承父志，载："愿尔一祝后，读书日日忙。一日读十纸，一月读一箱。"并鼓励侄子积极进取，青云直上："仕宦至公相，致君作尧汤。"③

因科举及第关系到官位食禄、家族荣耀，因而唐人督促子弟甚严，甚至到了无所不用其极的程度。韦陟严格监督子弟课习诗书，不仅白天严厉督课，而且还"夜分视之，见其勤，旦日问安，色必怡；稍怠则立堂下不与语。"④天平节度使柳仲郢母韩氏，"常粉苦参、黄连和以熊胆以授诸子。每夜读书使嚼之，以止睡"，⑤真乃"苦"学也。亦有以物质欲望诱导子弟读书者："（杨）收七岁丧父，居丧有如成人，而长孙夫人知书，亲自教授……收以母奉佛，幼不食肉，母亦勖之曰：'俟尔登进士第，可肉食也。'"⑥

家庭教育中的授业解惑责任一般都是由父兄或家族中其他男性长辈来承担，但在唐代，有一些既有高尚操守又有深厚文化基础的母亲，在家庭教育中也扮演了重要的角色。如薛播伯父薛元暧妻林氏，"有母仪令德，博

① 张锡厚.王梵志诗校辑 [M].北京：中华书局,1983:51.
② [清] 董诰.全唐文卷 653[M].北京：中华书局,1983:6635.
③ 朱碧莲选注.杜牧选集 [M].上海：上海古籍出版社,2016:71.
④ [宋] 欧阳修,宋祁撰.新唐书·韦安石传 [M].北京：中华书局,2000:3442-3443.
⑤ [宋] 司马光著.家范 [M].长春：北方妇女儿童出版社,2001:44.
⑥ [后晋] 刘昫等撰.旧唐书·杨收传 [M].北京：中华书局,2000:3129.

涉《五经》，善属文，所为篇章，时人多讽咏之。元曖卒后，其子彦辅、彦国、彦伟、彦云及播兄据、揔并早幼孤，悉为林氏所训导，以至成立，咸致文学之名。开元、天宝二十年间，彦辅、据等七人并举进士，连中科名，衣冠荣之。"① 杨凭少孤，"长善文辞，与弟凝、凌皆有名，大历中，踵擢进士第，时号'三杨'"，亦是"其母训道有方"的结果。②《旧唐书·元稹传》载，元稹八岁丧父，"其母郑夫人，贤明妇人也，家贫，为稹自授书，教之书学。稹九岁能属文，十五两经擢第。二十四岁调判入第四等，授秘书省校书郎。二十八岁应制举才识兼茂、明丁体用科，等弟者十八人，稹为第一"。③

3. 教育子弟从军卫国、立功边塞

由于唐代边境战争频繁，疆土日益扩大，民族经济、文化的交流繁盛，人们开始关注边塞生活。一部分文人，尤其是仕途失意的文人，更把立功边塞当作求取功名的新出路。因此激励子弟投笔从戎、从军卫国、立功边塞、接受封赏也成为这一时期家庭教育的内容之一。

诗仙李白在安史之乱时为永王李璘幕僚。李璘谋逆败亡后，李白被流放夜郎，被赦后来往于洞庭金陵间。李白自己虽然不被重用，但特别希望自己的子弟能够为国效力、杀敌立功。因此，他写诗鼓励族弟、外甥投身边塞、立功报国："汉家兵马乘北风，鼓行而西破犬戎。尔随汉将出门去，剪虏若草收奇功。"④"六博争雄好彩来，金盘一掷万人开。丈夫赌命报天子，当斩胡头衣锦回。"⑤在这些诗里，李白鼓励族弟、外甥舍身报国、杀敌立功。

晚唐诗人李商隐也曾写《骄儿诗》表达对西北边塞不宁的担忧和对儿子长大以后从军报国、立功封侯的期望："儿慎勿学爷，读书求甲乙。穰苴

---

① [后晋]刘昫等撰.旧唐书·薛播传[M].北京：中华书局,2000:2687.
② [宋]欧阳修，宋祁撰.新唐书·杨凭传[M].北京：中华书局,2000:3870.
③ [后晋]刘昫等撰.旧唐书·元稹传[M].北京：中华书局，2000:2947.
④ [唐]李白著.李太白集 卷15 送族弟绾从军安西[M].长沙：岳麓书社，1989:141.
⑤ [唐]李白著.李太白集 卷15 送外甥郑灌从军三首[M].长沙：岳麓书社，1989:141.

司马法，张良黄石术。便为帝王师，不假更纤悉。况今西与北，羌戎正狂悖。诛敕两未成，将养如痼疾。儿当速成大，探雏入虎穴。当为万户侯，勿守一经帙。"①晚唐诗人韦庄也有一首类似的《勉儿子》："养尔逢多难，常忧学已迟。辟强为上相，何必待从师。"②认为从军打仗、金戈铁马照样能够造就人才，何必一定要从师而学呢？

4. 技能传授

传授技能是历代家庭教育的主要内容之一，隋唐家庭教育虽受传授科举知识的冲击，但仍重视向后人传授技能，这是科技知识、技能传播的基本形式。唐人主张积极创造条件，让子弟掌握一技之长，促其自立。认为"积财千万，不如明解一经；良田千倾（顷），不如薄艺随躯。"唐代家庭教育中传授的技能主要有农学、手工业技能、天文历算等。

我国自古以农立国，对农业生产的重视自不待言。农业生产的技能传授主要在家中进行，父教其子，代代相传，不易其业。柳宗元在《龙城录》里记载了唐代一位老农教子如何种庄稼的故事："余南迁度高乡，道逢老叟，与年少于路次，讲明种艺。其言深耕溉种，时耘时籽，却牛马之践履，去螟螣之戕害，勤以朝夕，滋以粪土，而有秋之利，盖富有年矣。若夫尧汤之水旱，霜雹之不时，则在夫天也。"③老农短短的几句话就把耕耘、播种、灭虫、施肥等一系列过程给描述出来了，柳宗元谓之"至言"。其实，以农为生的亿万农民皆知此理，且多以此世代相传。

唐代官府作坊控制下的百工、技作都以户为单位计算，他们是有一定专业技术的，或是被强制学习且终生从事某种专业技术的工匠。这就使一些职业成为世袭职业，如纺织、制造、食品加工等，从而在社会上出现了纺织、制造、食品加工等世家。这类世家往往家传技能，子承父业，世代相传。甚至官员家也有世传工艺技术的。据《旧唐书·阎立德传》载，阎

① [唐]李商隐著.李商隐诗集[M].上海：上海古籍出版社,2015:327.
② 周振甫主编.唐诗宋词元曲全集 全唐诗 第13册[M].合肥：黄山书社，1999:5192.
③ [唐]刘肃等撰；恒鹤等校点.大唐新语 外五种[M].上海：上海古籍出版社，2012:125.

立德是隋朝殿内少监阎毗之子，"毗初以工艺知名，立德与弟立本早传家业"。①由于家传得法，阎立德早年就以技巧出名，后来在征战和都市建设中立下大功，官至工部尚书。其弟阎立本，"显庆中累迁将作大匠，后代立德为工部尚书"。②

民间手工业技术家传的现象更为普遍。据宋人叶梦得《石林避暑录话》记载，宣州的制笔技术为诸葛氏独掌，自唐以来世传其业，因他们掌握了绝技，一支可当别家的数支，所以长期处于垄断地位。家族的传统技术秘密不准推广，不传外姓。如荆州的贡绫户，因怕技术外传，掌握了这种技术的女儿，只好做老姑娘到白头。元稹的《织妇词》中"东家头白双女儿，为解挑纹嫁不得"，③说的就是这种情形。

唐代以天文历算知识传家者众多，此类家庭中杰出人物辈出。如李淳风的父亲李播，通晓天文舆地。李淳风在其父的训导下，继承家学，"尤明天文、历算、阴阳之学"④，咸亨初年任太史令。在李淳风的教育和熏陶下，儿子李谚、孙子李仙宗都继承了他的事业，在唐朝任太史令，皆长于天文历算。

另外，家传技能还有医学、占卜算命、堪舆、经商等。

5. 隋唐女子家庭教育

隋唐时期，女子虽不能像男子一样上学读书、科举入仕，但一般都可以受到一定程度的教育，她们接受教育的过程主要是在家庭中进行的。隋唐时期，社会上出现了一大批女训著作，据史书记载，隋代有冯少胄《女鉴》《妇人训诫集》等数部；唐代有辛德源、王邵《内训》，太宗长孙皇后《女则要录》，薛蒙妻韦氏《续曹大家女训》，王搏妻杨氏《女诫》，陈邈妻郑氏《女孝经》及宋若昭姊妹《女论语》等。唐代婚姻仍重门第，男子以娶士族之女为荣，除这种婚姻能够借重声望、有益仕进外，还有一个原因，

① [后晋] 刘昫等撰. 旧唐书·阎立德传 [M]. 北京：中华书局, 2000:1809.
② [后晋] 刘昫等撰. 旧唐书·阎立德传 [M]. 北京：中华书局, 2000:1810.
③ 谢永芳编著. 元稹诗全集汇校汇注汇评 [M]. 武汉：崇文书局, 2016:480.
④ [后晋] 刘昫等撰. 旧唐书·李淳风传 [M]. 北京：中华书局, 2000:1836.

那就是士族之女知晓礼法，饱读经史，可能有利于家族未来和子女教育。在这种风气的熏染之下，社会上不仅讲究门第婚配，也非常重视女子家教。唐朝中后期，统治者日渐提倡重视礼法，并有意识加强对妇女的礼法控制。

古代女性的成长历程，一般要经过女、妇、母三种身份的转变，隋唐社会和家庭对女性的每种角色，都有不同的品德要求和评价标准。因此，隋唐女性教育包括三个循序渐进的阶段：女则教育，培养淑女；妇道教育，教成顺妇；母仪教育，塑造慈母。

第一，女则教育。女则教育指女子出嫁之前，在父母家中所受的教育，即为人女的规范教育，以及将来准备为妇、为母的教育，包括道德礼仪、女工劳作、日常习惯素养等方面的内容。这个时期的教育对女性一生极为重要，是品德及文化修养的形成阶段，是女性教育的基础，几乎决定了女性终身教育状况，也影响着女子可能的归宿及将来的幸福。

一是道德礼仪教育。女子应该持身清贞，培养高洁人品："凡为女子，先学立身。立身之法，惟务清贞。清则身洁，贞则身荣……男非眷属，莫与通名。女非善淑，莫与相亲。立身端正，方可为人。"① 学习礼仪，知晓人情世故："凡为女子，当知礼数。女客相过，安排坐具。整顿衣裳，轻行缓步。敛手低声，请过庭户。问候通时，从头称叙。答问殷勤，轻言细语。备办茶汤，迎来递去……如到人家，当知女务。相见传茶，即通事故。说罢起身，再三辞去……当在家庭，少游道路。生面相逢，低头看顾。"② 孝养父母，聆听教诲："女子在堂，敬重爹娘。每日早起，先问安康。寒则烘火，热则扇凉。饥则进食，渴则进汤……父母言语，莫作寻常。遵依教训，不可强梁。若有不谙，细问无妨。……父母有疾，身莫离床。衣不解带，汤药亲尝。祷告神祇，保佑安康。设有不幸，大数身亡。痛入骨髓，哭断肝肠。"③

二是女工劳作教育。女子应该精于女工，殷勤劳作；养蚕纺纱，辑麻

① [清]陈宏谋辑 . 五种遗规·宋尚宫女论语 [M]. 北京：线装书局 ,2015:94.

② [清]陈宏谋辑 . 五种遗规·宋尚宫女论语 [M]. 北京：线装书局 ,2015:94.

③ [清]陈宏谋辑 . 五种遗规·宋尚宫女论语 [M]. 北京：线装书局 ,2015:95.

织布；缝制衣袜，丰足家用；烹调饮食，精通厨艺："凡为妇子，须学女工。纫麻辑苎，粗细不同。车机纺织，切勿匆匆。看蚕煮茧，晓夜相从……取丝经纬，丈匹成工。轻纱下轴，细布入筒……制鞋作袜，引线绣绒。缝联补缀，百事皆通。"① "摩锅洗镬，煮水煎汤。随家丰俭，蒸煮食尝。安排蔬菜，炮豉舂姜。随时下料，甜淡馨香。整齐碗碟，铺设分张"。②

三是日常习惯培养。女子自幼应该养成良好的生活习惯，早起梳妆，准备饮食："凡为女子，习以为常。五更鸡唱，起着衣裳。盥漱已了，随意梳妆。拣柴烧火，早下厨房。"③站立行走，喜笑言语，都要讲究一定的风范仪态："行莫回头，语莫掀唇。坐莫动膝，立莫摇裙。喜莫大笑，怒莫高声。内外各处，男女异群。莫窥外壁，莫出外庭。"莫学酗酒，莫议是非："莫学他人，呼汤呷醋。酒后颠狂，招人怨恶……走遍乡村，说三道四。引惹恶声，多招怒骂。"④

宋若昭姊妹，贝州清阳人，从小就得到父亲良好的家教，"父庭芬，世为儒学，至庭芬有词藻。生五女，皆聪惠，庭芬始教以经艺，既而课为诗赋，年未及笄，皆能属文。长曰若莘，次曰若昭、若伦、若宪、若荀。若莘、若昭文尤淡丽，性复贞素闲雅，不尚纷华之饰"，完全一副淑女形象，她们宁意以女则保持终身，"誓不从人，愿以艺学扬名显亲"。"若莘教诲四妹，有如严师。著《女论语》十篇……若昭注解，皆有理致"。贞元四年（788年），宋若莘姐妹由地方荐入朝廷，并在后宫中得到颇高礼遇，成为女性典范及宫廷女师，"德宗俱召入宫，试以诗赋，兼问经史中大义，深加赏叹。德宗能诗，与侍臣唱和相属，亦令若莘姊妹应制。每进御，无不称善。嘉其节概不群，不以宫妾遇之，呼为学士先生"。"若昭尤通晓人事，自宪、穆、敬三帝，皆呼为先生，六宫嫔媛、诸王、公主、驸马皆师之，

---

① [清]陈宏谋辑.五种遗规·宋尚宫女论语[M].北京：线装书局,2015:94.
② [清]陈宏谋辑.五种遗规·宋尚宫女论语[M].北京：线装书局,2015:95.
③ [清]陈宏谋辑.五种遗规·宋尚宫女论语[M].北京：线装书局,2015:95.
④ [清]陈宏谋辑.五种遗规·宋尚宫女论语[M].北京：线装书局,2015:94.

为之致敬"。①

中唐宰相权德舆的从姑母权氏，父祖皆官至县令，出嫁时丈夫为桐庐县丞，但不幸的是，出嫁仅数月身亡："以贞元二年三月，归河东柳君……不幸遭疾疹，以其年七月日，终于桐庐之官舍。"权德舆在墓志中用大量的笔墨赞誉了她纯美的女则："夫人生而敏异，姿性端明。懿行全识，发于天授。而和敬以事长，慈惠以拊下，窈窕德象，动成仪度，机鉴精辩，而深自晦默。伯仲甥侄等，每有疑理滞义，多所咨访，夫人不得已而后言，言必中伦。诚顺之道，自中形外，外内族姻之中，瞻其仪型，刚戾者顺，不仁者化。"②权氏知书达礼，仪态淑美，修养高深，聪慧内敛，对长辈恭和孝敬，对晚辈循循善诱，对亲属真诚柔顺，贤于内外。

第二，妇道教育。妇道教育是指教导女性遵守伦理规范及妇女职责，如何做好妻子。妇道教育分为两个时期，第一个时期是在女则教育期间，第二个时期是在嫁为人妇之后。女则教育在教导女子为人女的同时，也进行为人妇、为人母的准备教育，使女子形成了基本的妇道观；当女子嫁到夫家之后，便将之前所受妇道教育学有所用，同时接受婆家教育，是妇道教育完全成型期。妇道教育的内容主要包括孝敬公婆、敬重丈夫、上下和睦等。

一是孝敬公婆，侍奉饮食。"阿翁阿姑，夫家之主。既入他门，合称新妇。供承看养，如同父母……早起开门，莫令惊忤。洒扫庭堂，洗濯巾布……整办茶盘，安排匙箸。香洁茶汤，小心敬递。饭则软蒸，肉则热煮……日日一般，朝朝相似。传教庭帏，人称贤妇"。③

二是敬重丈夫，柔顺贤惠。"女子出嫁，夫主为亲。前生缘分，今世婚姻。将夫比天，其义匪轻。夫刚妻柔，恩爱相因。居家相待，敬重如宾。夫有言语，侧耳详听。夫有恶事，劝谏谆谆……夫若出外，须记途程。黄昏未返，瞻望思寻。停灯温饭，等候敲门……夫如有病，终日劳心。多方

---

① ［后晋］刘昫等撰.旧唐书·后妃传下［M］.北京：中华书局,2000:1483.

② 周绍良主编.全唐文新编 第3部 第1册［M］.长春：吉林文史出版社,2000:5926.

③ ［清］陈宏谋辑.五种遗规·宋尚宫女论语［M］.北京：线装书局,2015:95-96.

问药，遍处求神……夫若发怒，不可生嗔。退身相让，忍气低声……粗丝细葛，熨贴缝纫。莫教寒冷，冻损夫身。家常茶饭，供待殷勤……同甘同苦，同富同贫。死同棺椁，生共衣衾"。①

三是上下融洽，邻里和睦。对待父母长辈，和柔孝顺："处家之法，妇女须能。以和为贵，孝顺为尊。翁姑嗔责，曾如不曾。"对待晚辈，和蔼宽容："上房下户，子侄宜亲。是非休习，长短休争。从来家丑，不可外闻。"对待四邻，和睦互敬："东邻西舍，礼数周全。往来勤问，款曲盘旋。一茶一水，笑语忻然。当说则说，当行则行。闲是闲非，不入我门。"以礼待客，殷勤周到："滚涤壶瓶，抹光囊子。准备人来，点汤递水。"招待客人，热情得体，饮食可口，卧具整洁："退立堂后，听夫言语。细语商量，杀鸡为黍。五味调和，菜蔬齐楚。茶酒清香，有光门户。红日含山，晚留居住。点烛擎灯，安排坐具。钦敬相承，温凉得理。"②

如燕公于螴夫人李氏，受封河内县君、卫国夫人，出身于山东冠族，从小受门第训育，出嫁后在夫家表现出良好的妇道修养。权德舆《唐故卫国夫人李氏墓志铭》云："勤劳辅佐，淑慎和乐……广大专静，尚柔含德，不言而徽音自远，不耀而仪型可象。钟郝之礼法，为而不有；姬嬴之地望，有而不恃。于六姻之中，薰然以仁，煦然如春，推心以及物，各得其所欲。故燕公琴瑟友之，钟鼓乐之，克成妇顺，以赞家道。"③初嫁之时，勤劳贤淑，辅佐丈夫；显贵之后，遵循礼法，恪守妇道，惠及亲属。再如权德舆《润州丹阳县尉李公夫人范阳卢氏墓志铭》中所记卢氏，丈夫李公曾任乌程丹阳二县尉，是低级官员家庭中的贤妇形象："夫人居贫守约，动必有礼，谦敬以睦中外，吉蠲以奉蒸尝。甘粝粱，服澣濯，中馈式叙，和乐嘻嘻。"④卢氏与丈夫同甘共苦，以礼法自重，兢兢业业，操持家务，和睦亲属，维持着家庭的小康生活。

① ［清］陈宏谋辑.五种遗规·宋尚宫女论语［M］.北京：线装书局,2015:96.
② ［清］陈宏谋辑.五种遗规·宋尚宫女论语［M］.北京：线装书局,2015:97-98.
③ ［唐］权德舆.权德舆诗文集上［M］.上海：上海古籍出版社,2008:413.
④ 周绍良主编.全唐文新编 第3部 第1册 卷504［M］.长春：吉林文史出版社,2000:5925.

　　第三，母仪教育。母仪教育是如何为人母的教育，与妇道教育密切相连。女则教育为女子培养了初步的母仪常识，但真正的母仪教育应该在为人母之后对子女的教诲义务和责任，属于女性教育的最后阶段。

　　一是诲育子女，教养成才。教育子女是做母亲的专职之一："大抵人家，皆有男女。年已长成，教之有序。训诲之权，实专于母。"古代家庭的男子和女子家庭教育差别很大，男子年幼以读书为要务，熟习礼仪，精于诗赋文章；女子却以闺训为主导，培养女则，学会女工："男人书堂，请延师傅。习学礼仪，吟诗作赋。尊敬师儒，束修酒脯。女处闺门，少令出户。唤来使来，唤去便去。稍有不从，当家叱怒。朝暮训诲，各勤事务。……莫纵娇痴，恐他啼怒。莫纵跳梁，恐他轻侮。莫纵歌词，恐他淫污。莫纵游行，恐他恶事。"①

　　二是勤俭持家，操劳家务。作为母亲，主持家务，不仅劳心操持家庭各种事务，还要劳力亲自做家务，如要勤俭治家："营家之女，惟俭惟勤。勤则家起，懒则家倾。俭则家富，奢则家贫。"要洒扫庭除："奉箕拥帚，洒扫灰尘。撮除邋遢，洁净幽清。眼前爽利，家宅光明。"要耕田做饭、豢养牲畜："耕田下种，莫怨辛勤。炊羹造饭，馈送频频。莫教迟慢，有误工程。积糠聚屑，颐养孳牲。呼归放去，检点搜寻。莫教失落，扰乱四邻。"还要安排日常的家计："夫有钱米，收拾经营。夫有酒物，存积留停……禾麻黍麦，成栈成囷。油盐椒豉，瓮瓮装盛。猪鸡鹅鸭，成队成群。四时八节，免得营营。酒浆食馔，各有余盈。"②

　　三是坚贞守节，振兴家室。坚守贞节，从一而终，若中年丧夫，须独自扶养子女，传承家学，重整家业："夫妻结发，义重千金。若有不幸，中路先倾。三年重服，守志坚心。保持家业，整顿坟茔。殷勤训后，存没光荣。"③

　　据开元二十一年（733年）《唐河东上党郡大都督府屯留县故彭君（珍）

---

① ［清］陈宏谋辑．五种遗规·宋尚宫女论语［M］．北京：线装书局,2015:96.
② ［清］陈宏谋辑．五种遗规·宋尚宫女论语［M］．北京：线装书局,2015:97.
③ ［清］陈宏谋辑．五种遗规·宋尚宫女论语［M］．北京：线装书局,2015:98.

墓志之铭并序》记载，彭珍世袭父祖门荫，终身不仕而又早卒，其夫人郭氏操持家务，昼夜辛劳，奉养公婆，孝敬和顺，抚养群孤，仁慈贤能："训母仪之令则，抚幼孤之慈仁，四德不亏，六行兼备。"[①]再如权德舆《唐故洛阳县尉何君夫人范阳卢氏墓志铭》中所记卢氏，早年辅佐丈夫，敬重和顺，尊崇礼法，贤名闻于亲族；丈夫去世之后，教导子女，训育有方，子女各有所成："夫人有辅赞之美，柔明之行，诚顺孝慈，以《内则》为师。故得六姻之和，而礼无违者。乾元中，何君早世。夫人训字诸孤，动必以方。长子十程，为苏州嘉兴尉。幼子士义，儒行修明，或史或文，克荷先构。有女二人，长适河东裴氏，次适博陵崔氏，皆奉母氏之训，宜其家室。非导之教之之至，其及此欤？"[②]

隋唐时期女性的女则、妇道、母仪教育，以塑造淑女、顺妇、慈母为目的，体现了女性教育的阶段性和完整性。在整个教育过程中，不同的教育阶段对应着不同的家庭角色要求。

二、隋唐家庭教育的形式和方法

相较于前代，隋唐家庭教育在形式和方法上得到了进一步的丰富和发展，除撰写单独的家庭教育专著外，还形成了包含惩罚内容的相对系统的成文家法族规，从而开始了家庭教育由之前的劝导型教育形态向惩戒型教育形态的转变，并且开始普遍采用以诗训育子弟的"诗教"形式，这也是古代家庭教育在形式上的创新。

1. 撰写家庭教育专著

唐太宗李世民的《帝范》和柳玭的《书诫子弟》是隋唐家庭教育专著的代表。

《帝范》是一部由李世民亲自撰写，论述为君之道，用以教育太子的帝王家训。该书详细讲述了做皇帝应该注意的各方面问题，内容包括君体、

---

① 周绍良主编 . 唐代墓志汇编 [M]. 上海：上海古籍出版社 ,1982:1427-1428.

② [唐] 权德舆 . 权德舆诗文集上 [M]. 上海：上海古籍出版社 ,2008:421.

建亲、求贤、审官、纳谏、去谗、诫盈、崇俭、赏罚、务农、阅武、崇文十二篇。李世民在序言中说："汝以年幼，偏钟慈爱，义方多阙，庭训有乖，擢自维城之居，属以少阳之任，未辨君臣之礼节，不知稼穑之艰难。朕每思此为忧，未尝不废寝忘食。自轩昊以降，迄至周隋，以经天纬地之君，纂业承基之主，兴亡治乱，其道焕焉。所以披镜前踪，博览史籍，聚其要言，以为近诫云耳。"①在该书中，唐太宗对为政者的个人修养、选任和统御下属的学问，乃至国计民生、教育军事等家国事务都做出了非常有见地的论述，是李世民一生执政经验的总结。作为我国古代第一部系统完整的帝王家庭教育著作，《帝范》对后世帝王家庭教育有着十分重要的影响，成为"帝范""家范"等家庭教育的范式。

柳玭，生卒年不详，京兆华原（今陕西耀州区）人，唐末学者，唐代大书法家柳公权侄孙，累官起居郎、中书舍人、御史中丞，后拜御史大夫。柳玭出身于名门世家，其祖父柳公绰官至兵部尚书，其父柳仲郢当过剑南节度使、刑部尚书。柳氏家族不仅以数世高官出名，而且以重家教著称。史称"公绰理家甚严，子弟克禀诫训，言家法者，世称柳氏云"。柳氏家族以守礼法、重学问、尚俭朴为人称道，柳玭在这种良好的家庭氛围中生活，耳濡目染养成较好的素质。他认真总结了祖上的家教传统，写了《书诫子弟》以教育子孙。柳玭在文中首先提出一个著名的观点："夫门地高者，可畏不可恃。""可畏者，立身行己，一事有坠先训，则罪大于他人。""不可恃者，门高则自骄，族盛则人之所嫉。"自己即使有真才实学，人们还未必相信；而只要有一些小缺点，则"十手争指矣"。所以世家子弟"修己不得不恳，为学不得不坚"。门第靠不住，只能靠自己的真实才学，才能为世所用，这是柳玭对名门子弟的中肯告诫。其次，柳玭概述了他所听到、见到的柳氏家法。他说："予幼闻先训，讲论家法。立身以孝悌为基，以恭默为本，以畏怯为务，以勤俭为法，以交结为末事，以气义为凶人。"这些是柳氏家族的为人处世的基本原则，其中主要有三点：孝悌、谨慎和勤俭。第

---

① 李秀忠，曹文明主编 . 名人家训 [M]. 济南：山东友谊出版社，1998:45.

三，柳玼指出世家子弟"坏名灾已，辱先丧家"的最大毛病有五种，应该深戒之。其一是贪图享受："自求安逸，靡甘澹泊，苟利于己，不恤人言。"其二是不学无术："不知儒术，不悦古道，懵前经而不耻，论当世而解颐。"其三是妒贤嫉能："胜己者厌之，佞己者悦之，唯乐戏谭，莫思古道，闻人之善嫉之，闻人之恶扬之"。其四是游手好闲："崇好慢游，耽嗜麹蘗，以衔杯为高致，以勤事为俗流，习之易荒，觉已难悔。"其五是急于功名："急于名宦，暱近权要，一资半级，虽或得之，众怒群猜，鲜有存者。"柳玼告诫子弟，要以"前贤炯戒"和"近代覆车"为鉴，防止出现上述毛病。最后，柳玼要求子弟要提高自身的修养，避免两种不良的倾向。一是"躁进患失，思展其用"；一是知退但又废学业，"业荒文芜，一不足采"。他指出这两种倾向都不好，真正"上智"者应该是"研其虑，博其闻，坚其习，精其业，用之则行，舍之则藏"。① 也就是说，应该有积极进取的精神，平时加强学习，广博见闻，精通学业，既不急于求官，也不消极废业。提高自身的学识和素质，这才是立身处世的根基。柳玼的《书诫子弟》阐述了名门子弟为人处世和为官的道德规范，要求子弟珍惜先辈创业成果，发扬自立精神，这些内容揭示了名门家教规律性的东西，有较强的启示意义，故影响深远。清代著名的张英、曾国藩的家教中，都可以看到柳玼思想的影响。

2. 制定包含惩罚内容的成文家法族规

家法、族规是由宗族家庭成员共同制定的，主要目的为了约束、教化族人。作为整治家庭、家族的法规、训令，其行文比较严峻，明确了家族子女应遵循之规矩、法度，规定了家族子女违反家法、族规将要受到惩罚的形式、程度等。

随着隋唐时期累世同居的大家庭、家族的增多，家庭教育开始分化。这样的大家庭单纯依靠传统的血缘关系、亲情和谦让来维系和运转越来越困难，家庭成员关系日渐疏离，大家庭日常生活秩序的维持越来越需要借

---

① [后晋]刘昫等撰.旧唐书·柳公绰传[M].北京：中华书局,2000:2934-2935.

助于成文的家法、族规，以使对子弟、族人的奖惩有章可循。于是，家庭教育著作行文开始倾向于更加严谨、详尽，开始注重奖惩条目的制定，形成包含惩罚内容的成文家法、族规。

韩愈《寄崔二十六立之》诗中有"诸男皆秀朗，几能守家规"[①]，是唐代家庭教育中家法、族规的具体体现。唐代出现了我国古代第一部相对系统、完整的家规——《柳氏家规》。不同于以往只教不罚的劝导型家庭教育，《柳氏家规》明确规定了违者必须接受、承担的惩罚种类、惩罚办法和惩罚强度等。而从唐代李恕的《戒子拾遗》我们可以管窥当时家庭惩戒教育之一斑。李恕是李知本之子，李家是唐初有名的义门大户，"子孙百馀口，财物僮童仆，纤毫无间"，[②]足见其治家之严。李恕充分吸取先人的治家经验，撰写了《戒子拾遗》四卷。该书现在虽然已经亡佚，但有赖宋人刘清之《戒子通录》保存大概。在《戒子拾遗》中，李恕明确规定对违犯家规子弟的惩戒办法："脱子侄之中顽嚚不肖，公违父叔之令，辄从轻薄之徒，必当断其掷头之指，以为终身之戒。"[③]"断其掷头之指"，惩戒措施严厉。鉴于房玄龄、杜如晦、高季辅等一代重臣辛苦立家，却都因为不肖子孙而败家的教训，唐初著名将领李勣在临终前叮嘱自己的弟弟要严加管教子弟："我子孙今以付汝，汝可慎察，有不厉言行、交非类者，急榜杀以闻，毋令后人笑吾，犹吾笑房、杜也。"[④]这里，李勣告诉其弟，对犯戒之子孙可以"榜杀"之，可见家规之严。

以惩罚为特点的家法、族规到晚唐更加系统、成熟，尤以《陈氏义门家法》最为典型。江州陈氏祖先是南朝陈后主之弟陈旺，累世聚族而居，至晚唐陈崇已经是第七代。陈崇根据家族聚居的实际，于大顺元年（890年）制订了《陈氏义门家法》。在这部家法中，对违反家规家法的家庭成员规定了明确的惩罚措施："恃酒干人及无礼妄触犯人者，各决杖五十。""不

① ［唐］韩愈著. 韩昌黎全集上 [M]. 北京：北京燕山出版社，2009:177.
② ［后晋］刘昫等撰. 旧唐书·李知本传 [M]. 北京：中华书局，2000:3344.
③ 陈明编著. 中华家训经典全书 [M]. 北京：新星出版社，2015:158.
④ ［宋］欧阳修，宋祁撰. 新唐书·李勣传 [M]. 北京：中华书局，2000:3080.

尊家法，不从家长令，妄作是非，逐诸赌博、斗争伤损者，各决杖十五下，剥落衣装，归役一年。改则复之。""妄使庄司钱谷，入于市廛，淫于酒色，行止耽滥，勾当败缺者，各决杖二十，剥落衣装，归役三年。改则复之。"①从这些条款可见，《陈氏义门家法》对于违反家规的家庭成员的惩罚是轻则杖责，重则除杖责外还会罚其服役。通过这些家法、族规的实施有效地规范、约束了家庭成员的日常行为，对于维持大家庭的正常运转起到了一定作用。

唐代形成的相对系统、完整的成文家法、族规为后世家庭教育开了先河。

3. 采用"诗教"形式

隋唐家庭教育在形式上的突破还表现在开始普遍采取以诗训育子弟的"诗教"形式。唐代是我国古典诗歌发展的鼎盛时期，诗歌这种文学形式在唐代日渐趋于成熟，并逐渐融入传统家庭教育之中，进一步丰富了中国传统家庭教育的形式和载体，促进了家庭教育中"诗教"的盛行。在浩繁的唐诗宝库中，蕴藏着许多家教诗，形成唐代家庭教育的一大特色。

唐代家教诗内容丰富，主要包括四个方面：一是劝诫子弟苦读诗书，科举取士；二是激励子弟弃文从武，立功受封；三是告诫子弟谨慎处世，保身远祸；四是告诫子弟学习技艺，谋生立业。

"诗教"的运用，将生硬、刻板的家庭训诫用诗歌的形式表现出来，活泼生动、亲切婉转、朗朗上口，使受教育子弟在温馨的氛围中受到潜移默化的感染、熏陶。如初唐王梵志的诗，平实朴素，以说理为主，重视教戒子孙，惩恶劝善。如"欲得儿孙孝，无过教及身。一朝千度打，有罪更须嗔。"②"养儿从小打，莫道怜不答。长大欺父母，后悔定无疑。"③强调对子孙要严格教导，必要的时候要批评打骂。对孩子要勤于检查督促，尤其是要教育他们勤奋读书，将来可以飞黄腾达："养子莫徒使，先教勤读书。一

---

① 费成康主编.中国的家法族规 [M].上海：上海社会科学院出版社,2016:202.

② 张锡厚校辑.王梵志诗校辑 [M].北京：中华书局,1983:117.

③ 张锡厚校辑.王梵志诗校辑 [M].北京：中华书局,1983:118.

朝乘驷马，还得似相如。"① 王梵志还非常重视对子弟的家庭礼仪教育，为此他还写了好几首家庭礼仪教育类诗，如"亲家会宾客，在席有尊卑。诸人未下箸，不得在前椅。"②"尊人共客语，侧立在旁听。莫向前头闹，喧乱作鸦鸣。"③"坐见人来起，尊亲尽远迎。无论贫与富，一概总须平。"④

李白经过安史之乱的挫折坎坷，仍坚持经世济用、为国效力的信念，不仅自矜"天生我材必有用"，也用诗歌训诫晚辈为国效力，曾写下许多鼓励外甥、族弟立功报国的诗，如《送外甥郑灌从军三首》："丈夫赌命报天子，当斩胡头衣锦回。"⑤《赠从弟冽》："羌戎事未息，君子悲涂泥。报国有长策，成功羞执珪。"⑥《送族弟绾从军安西》："汉家兵马乘北风，鼓行而西破犬戎。尔随汉将出门去，剪虏若草收奇功。"⑦ 都是用诗歌的形式来表达对子弟的期望。

诗圣杜甫很重视治家教子，经常用诗歌的形式来训诫子弟，留下了许多教子诗。如《忆幼子》《遣兴》《得家书》《赠毕四曜》《催宗文树鸡栅》《宗武生日》《熟食日示宗文宗武》《又示两儿》《元日示宗武》《又示宗武》等诗篇，都是写给两个儿子宗文和宗武的。如《又示宗武》诗云："觅句新知律，摊书解满床。试吟青玉案，莫羡紫罗囊。暇日从时饮，明年共我长。应须饱经术，已似爱文字。十五男儿志，三千弟子行。曾参与游夏，达者得升堂。"⑧ 在这首诗中，杜甫教育儿子不要玩物丧志，不要贪杯好酒，要有一个健康的身体，应饱读经书，将来通过科考而使仕途通达。

白居易的教子诗表达了他独特的人生观与价值观，在唐代众多教子诗中独树一帜。《闲坐看书，贻诸少年》："多取终厚亡，疾驱必先堕。劝君少

① 张锡厚校辑 . 王梵志诗校辑 [M]. 北京：中华书局 ,1983:117.
② 张锡厚校辑 . 王梵志诗校辑 [M]. 北京：中华书局 ,1983:114.
③ 张锡厚校辑 . 王梵志诗校辑 [M]. 北京：中华书局 ,1983:109.
④ 张锡厚校辑 . 王梵志诗校辑 [M]. 北京：中华书局 ,1983:116.
⑤ [清] 曾国藩纂 . 十八家诗钞上 [M]. 长沙：岳麓书社 ,2015:1239.
⑥ [清] 曾国藩纂 . 十八家诗钞上 [M]. 长沙：岳麓书社 ,2015:0185.
⑦ [清] 曾国藩纂 . 十八家诗钞上 [M]. 长沙：岳麓书社 ,2015:0456.
⑧ [清] 彭定求等编 . 全唐诗 第 7 册 卷 231[M]. 北京：中华书局 ,1960:2535.

干名，名为锢身锁；劝君少求利，利是焚身火。我心知已久，吾道无不可；所以雀罗门，不能寂寞我。"① 劝诫诸侄要少干名求利，以求全身避祸。《遇物感兴，因示子弟》："吾观器用中，剑锐锋多伤。吾观形骸内，骨劲齿先亡。寄言处世者，不可苦刚强。……寄言立身者，不得全柔弱。……于何保终吉，强弱刚柔间。上尊周孔训，旁鉴老庄言；不唯鞭其后，亦要辄其先。"② 为人处世既不能过于刚强，亦不可过于柔弱；既不要逞强拔尖，亦不可甘于落后；既要学习周孔的积极进取，亦要学习老庄的全身保命。《狂言示诸侄》："世欺不识字，我亦攻文章。世欺不得官，我亦居班秩。人老多病苦，我今幸无疾。人老多忧累，我今婚嫁毕。心安不转移，身泰无牵挂；所以十年来，形神闲且逸。况当垂老岁，所要无多物；一裘暖过冬，一饭饱终日。勿言舍宅小，不过寝一室。何用鞍马多？不能骑两匹。如我优幸身，人中十有七；如我知足心，人中百无一。旁观愚亦见，当己贤多失。不敢论他人，狂言示诸侄。"③ 表达了既奋发进取又知足常乐的人生观。《见小侄龟儿咏灯诗并腊娘制衣因寄行简》："已知腊子能裁服，复报龟儿解咏灯。巧妇才人常薄命，莫教男女苦多能。"④ 白居易对子侄晚辈的每一点进步都加以赞赏，并劝告弟弟白行简莫要让子女过于能干，能力越强受苦越多。更为难得的是，在重男轻女的封建社会，白居易有着男女平等的观念。女儿出嫁后生了外孙女，满月回外婆家，白居易作诗《小岁日喜谈氏外孙女孩满月》抒发享受天伦之情："今旦夫妻喜，他人岂得知？自嗟生女晚，敢讶见孙迟？物以稀为贵，情因老更慈。新年逢吉日，满月乞名时……怀中有可抱，何必是男儿？"⑤

---

① [唐]白居易著.白居易集 卷36[M].北京：中华书局，1979:823.
② [唐]白居易著.白居易集 卷36[M].北京：中华书局，1979:819-820.
③ [唐]白居易著.白居易集 卷30[M].北京：中华书局，1979:689-690.
④ [唐]白居易著；丁如明，聂世美校点.白居易全集[M].上海：上海古籍出版社，1999:373.
⑤ [唐]白居易著；丁如明，聂世美校点.白居易全集[M].上海：上海古籍出版社，1999:521.

4.言传身教，环境熏染

隋唐时期的家庭教育形式多种多样，既有言传又有身教，既有正面引导又有反面教育。通过家长的言传身教及家庭环境的熏染，收到了良好的教育效果。

家长作为家庭教育的实施者，必须修己正身，以自己的言行影响子孙。隋代赵轨在当齐州别驾期间，邻居家的桑葚熟了，落在赵轨家的院子里。赵轨见了便叫人把桑葚捡起来送还邻居，并借此告诫自己的儿子："吾非以此求名，意者非机杼之物，不愿侵人。汝等宜以为诫。"赵轨借送还桑葚的小事教育子女不贪小便宜，对孩子的品德教育有极好的作用。赵轨的廉洁为官也给子弟树立了良好的榜样。他在齐州任别驾4年，清明廉洁，"考绩连最"，隋文帝赐物300段、米300石作为奖励，并招之入朝，与牛弘一起修订律令格式。临行前父老相送者皆挥涕曰："别驾在官，水火不与百姓交，是以不敢以壶酒相送。公清若水，请酌一杯水奉钱。"① 赵轨受而饮之。在赵轨的言传身教下，他的两个儿子也都以居官廉洁著称于世。

唐代崔玄暐的母亲卢氏，也以自己的言行培养出一位名臣。崔玄暐累补库部员外郎，专管物资，卢氏常常教诫他，不要将东西拿回家来："比见亲表中仕宦者，多将钱物上其父母，父母但知喜悦，竟不问此物何而来。必是禄俸馀资，诚亦善事。如其非理所得，此与盗贼何别？纵无大咎，独不内愧于心？孟母不受鱼鲊之馈，盖为此也。汝今坐食禄俸，荣幸已多，若其不能忠清，何以戴天履地？孔子云：'虽日杀三牲之养，犹为不孝。'又曰：'父母惟其疾之忧。'特宜修身洁己，勿累吾此意也。"卢氏以身边亲戚的行为为例，教育儿子为官清廉，上不怍于天地，下不愧于内心。从此"玄暐遵奉母氏教诫，以清谨见称"，② 终成一代名相。

唐宣武军节度使符存审身经百战，多次负伤，他把在战场上自身所中的箭头一一保存着，常用以示诸子："予本寒家，少小携一剑而违乡里，四十年间，位极将相。其间屯危患难，履锋冒刃，入万死而无一生，身方

---

① ［唐］魏徵撰.隋书·循吏传·赵轨传［M］.北京：中华书局,2000:1128.

② ［后晋］刘昫等撰.旧唐书·崔玄暐传［M］.北京：中华书局,2000:1986.

及此，前后中矢仅百馀。"① 符存审用这些箭头教育子弟，要珍惜来之不易的优裕生活，不要奢侈浪费。运用实物教子，比一般的家教方法更形象直观，更能给子孙以警示。

隋唐时期的家庭教育不仅重视正面引导，也重视反面教育。正面引导通过正面的事例阐明道理，告诉子孙应该如何做；反面教育则是用负面的事例告诫子孙什么不该做，做了不该做的事情会有什么样的后果。唐初名臣李勣临终前曾对其弟李弼说："我即死，欲有言，恐悲哭不得尽，故一诀耳！我见房玄龄、杜如晦、高季辅皆辛苦立门户，亦望诒后，悉为不肖子败之。我子孙今以付汝，汝可慎察，有不厉言行、交非类者，急榜杀以闻，毋令后人笑吾，犹吾笑房、杜也。"② 李勣 17 岁投翟让，后从李密，最后降唐，跟随李世民南征北战，为唐朝立下汗马功劳。他深知富贵来之不易，为了让子孙珍惜和保有幸福的生活，他以房玄龄、杜如晦子孙败家的反面事例来教育自己的子孙，希望他们引以为戒。

三、隋唐家庭教育的特点

隋唐时期的家庭教育作为我国传统社会家庭教育一个承前启后的重要阶段，各种家庭教育思想逐步丰富，在封建传统文化逐渐发展成熟的社会背景中形成了独有的时代特征。

1. 家庭教育扩大了辐射面，成为社会教化的重要方式之一

隋唐科举取士制度的推行和渐次完备，打破了阶层所限，整个社会都开始特别重视对子孙的文化教育。同时，唐代累世同居的大家庭的增多，大家庭日常生产生活秩序的维持越来越借助于家法族规，家庭教育开始形成包含有惩罚内容的成文家法族规。另外，蔚为大观的教子文、教子诗不仅丰富了这一时期的家庭教育的内容和形式，而且这种家庭教育形式也促进了家庭教育思想的普及和传播，从而进一步丰富、扩大了家庭教育的影响。

---

① ［宋］薛居正等撰. 旧五代史·符存审传 [M]. 北京：中华书局,2000:525.
② ［宋］欧阳修，宋祁撰. 新唐书·李勣传 [M]. 北京：中华书局,2000:3080.

2. 帝王家庭教育更加系统完善，并流传后世

唐太宗李世民编撰的《帝范》，旨在教育子弟，而流行甚广，在当时就出现了贾行注本、韦公肃注本，更是受到之后的宋、元、明、清各朝帝王的推崇。

3. 隋唐女子教育更加受到重视，出现了专门针对女子教育的家庭教育专著

如唐代韦温之女"续曹大家《女训》十二章,士族传写,行于时"①。由宋若莘、宋若昭姐妹编写的《女论语》首开教化下层民间妇女之先河，重点阐述广大劳动妇女处世原则、治家方法等，语言通俗易懂。清代陈宏谋认为："兹编条分缕析，便于诵习。言虽浅俚，事实切近，妪媪孩提，皆可通晓。苟如斯训，亦不愧于妇道矣。"②

4. 隋唐许多家庭教育著作常被用作儿童启蒙教育读本，家庭教育著作影响广泛

隋唐时期的好多家庭教育文章和著作，成为重要的儿童启蒙教育读本，以对儿童进行社会道德教育和社会规范教育。如无名氏的《太公家教》，多采用民间俗语，文辞浅易而又说理深刻，朗朗上口，易于诵读，就成为唐宋时期重要的儿童启蒙教育读本。正如王重民先生所言："《太公家教》是从中唐到北宋初年最盛行的一种童蒙读本。大概说来，自从第八世纪的中叶到第十世纪的末年（七五〇———一〇〇〇）通用在中国本部；第十一世纪到第十七世纪的中叶（一〇〇〇———六五〇），还继续不断的被中国北部和东北的辽、金、高丽、满洲各民族内说各种语言的儿童所采用。这个童蒙课本的流传之广、使用时间之长，恐怕再没有第二种比得上它的。"③

---

① ［后晋］刘昫等撰 . 旧唐书·韦温传 [M]. 北京：中华书局 ,2000:2983.
② 陈宏谋 . 五种遗规·教女遗规 卷上 [M]. 北京：中国华侨出版社 , 2012:106.
③ 王重民 . 敦煌古籍叙录 卷三 [M]. 北京：中华书局 ,1979:220.

第二节　宋元时期家教文化概述

宋元时期是我国家庭教育大放异彩的时期，一大批家庭教育思想家和实践家的成果，极大地丰富了古代家庭教育的内容，在我国家庭教育史上占有重要的地位。

宋代家教的兴盛，既有历史发展的原因，也有当时社会政治、经济、文化的因素。从先秦到隋唐五代，我国家庭教育已经积累了丰富的经验和思想，为此后家教发展奠定了基础。而宋代的政治、经济、文化的发展更是给家教发展以有力的推动。宋代建立以后，统治者吸取了中晚唐藩镇割据的教训，竭力强化皇权，削弱武臣的权力；与此同时，又大兴文教，兴文抑武成为宋代的基本国策。这种政策固然抑制了武臣的跋扈，但同时也削弱了国防力量，造成国家积弱不振，屡战屡败，直至偏安江南一隅；而重文政策促进了文化教育的恢复和发展。宋代学校、科举比前代更为兴盛，读书受到特别的尊重，文人充任各级官吏，文官待遇之高为历朝所无。在这种情况下，教子孙读书做官被更多人视为振兴门户的必经之路，家庭教育由此更加兴盛起来。此外，经济的发展也给家教以有力的推动，为文化科学发展提供了物质基础。宋代文学成就突出，学术思想也非常活跃，科学技术也很发达，科学文化的发展又有力地促进了各级各类家教的勃兴。高层官僚中，出现了范仲淹、贾昌朝、司马光等典型家教；中下层官吏中则有袁采、叶梦得等著名家教思想家和实践家；以欧阳修、三苏等为代表的文学家群体以多彩之笔留下了脍炙人口的教子诗文；以朱熹为代表的理学家群体则以理性的思考和实践，为家教发展做出了深层次的探索；以钱乙等人为代表的科技家教，也为科技进步做出了贡献。家教研究也取得了丰硕成果，司马光的"慈训曲全"、袁采的教子原则、叶梦得的治生思想、朱熹等人的早期教育思想、陈自明的胎教理论，都代表了宋代家教发展的新高度。此外，还出现了刘清之所编的《戒子通录》，该书汇集了先秦至宋代的教子言论和诗文，是我国现存第一部家训汇编，该书的问世也反映了宋代家教的兴盛。

辽、金、元尽管统治时间较短，家教成果较少，但也有独特的成就。以金世宗完颜雍、元好问、耶律楚材为代表的少数民族家教，为祖国大家庭民族文化的交融做出了贡献，也为我国家教宝库增添了新的内容。同时，辽、金、元时期的汉族家教也有新进展，许衡的人格教育、陈栎的家教理论、郑氏的家规教子，都是这一时期有代表性的成果。

一、宋元时期家教的主要内容

宋元家庭教育的内容非常丰富，涉及伦理道德、为人处世、为官之道以及科技家学等诸多方面。

1. 伦理道德教育

培养子孙正确的忠孝观是宋元家庭教育的重要内容之一，教育子孙做到在家能孝，于国则忠。

宋代统治者非常重视忠孝伦理道德教育，从维护封建统治秩序的需要出发，宋太祖赵匡胤诏令天下举"孝悌彰闻"，首开宋代劝孝之风。开宝三年（970 年），"诏诸道州府，察民有孝悌彰闻，为士庶推服者以闻。"[①]继宋太祖之后，旌表孝德孝行，宣传孝范楷模是宋王朝弘扬孝道、孝治安民的重要手段。

士大夫家教特别注重对子孙的礼法伦理教育。司马光认为，"治家莫如礼"，治家之礼亦即封建纲常礼教，他在《居家杂仪》中说："凡为家长，必谨守礼法，以御群子弟及家众。"[②]宋元时期最为完善的家规是元代郑太和等相继修纂的《郑氏世范》，出自浙江浦江有名的义门郑氏一族。郑氏家族从南宋建炎年间起聚族而居，同居共财，历经宋元明三朝数百年，历代得到朝廷旌表。郑氏家族每月朔望都要对子孙进行基本的伦理道德教育："令子弟一人唱云：'听，听，听！凡为子者必孝其亲，为妻者必敬其夫，为兄

---

① ［宋］王禹偁 . 东都事略 卷 2[M]. 台北：文海出版社 ,1979:83.

② 费成康主编 . 中国的家法族规 [M]. 上海：上海社会科学院出版社 ,2016:211.

者必爱其弟，为弟者必恭其兄。听，听，听！毋徇私以妨大义，毋怠惰以荒厥事，毋纵奢以干天刑……'"①

宋元家教注重对子孙忠君爱国的思想教育。在古代中国，整个国家都属于君主，爱国和忠君是一体的。南宋经学家胡安国《与子寅书》曰："出身事主，不以家事辞王事，为人臣，无以有己。"②司马光《家范》记载唐代御史王义方与其母的一段对话，王义方说："义方为御史，视奸臣不纠则不忠，纠之则身危，而忧及于亲，为不孝。二者不能自决，奈何？"其母曰："昔王陵之母，杀身以成了之名，汝能尽忠以事君，吾死不恨。"③以此来教育子孙，事君当尽忠，忠孝不能两全时，应舍孝而取忠。宋元家教的爱国教育还特别强调应为国家利益付出一切。南宋爱国名将岳飞，从小受到爱国的家庭教育，岳母刺字"精忠报国"的故事家喻户晓，岳父也曾激励少年岳飞："汝为时用，其徇国死义乎。"④叶梦得认为，臣子尽忠主要表现为忠谏，忠谏也是为了国家社稷之太平："甚哉！臣之事君也，莫先于谏。……夫谏始于顺辞，中于抗辞，终于死节。以成君体，以安社稷。"⑤

宋元家教还注重劝诫子弟及时完粮纳税，从经济上奉养君主以尽忠。陈崇《义门家法》就要求子孙："公赋乃朝廷军国之急，义当乐输者，凡我子侄差粮，限及时上纳。"⑥《袁氏世范·治家》更是明确规定："凡有家产，必有赋税，须是先截留输纳之资，却将赢余分给日用。岁入或薄，只得省用，不可侵支输纳之资。"⑦必须先完纳赋税，有余才能留给家用，遇到年景不好，也要省吃俭用，不可侵支赋税之资。

2. 为人处世教育

中国传统家教历来重视对子孙为人处世教育，这主要包括个人良好品

---

①　[元] 郑太和等.郑氏世范 丛书集成初编第 975 册 [M].北京：中华书局,1985:2.

②　包东坡选注.中国历代名人家训精萃 [M].合肥：安徽文艺出版社,2000:162.

③　杨杰主编；王德明，刘翠，墨文庄编译.家范·家训 [M].河南出版社,1992:103.

④　[元] 脱脱等撰.宋史·岳飞传 [M].北京：中华书局,2000:9027.

⑤　叶德辉.郎园先生全书 [M].宣统三年观古堂刊本.

⑥　费成康编.中国的家法族规 [M].上海：上海社会科学院出版社,2002:851.

⑦　夏家善主编；贺恒祯，杨柳注释.袁氏世范 [M].天津：天津古籍出版社,1995:166.

行修养的养成教育，处理人际关系的原则教育等。

立志乃人生成功之必要前提，志不立难成大事。宋元时期，人们普遍重视对子孙的立志教育。南宋何耕《示子辞》曰："识欲远而不欲近，志欲高而不欲卑。"①教育子孙要立大志，立高远之志。北宋张耒《北邻卖饼儿》诗云："业无高卑志当坚，男儿有求安得闲。"②教育两个儿子张秸和张秬要树立坚定志向，并为之发奋努力，以实现自己的理想与追求。理学家朱熹说："学者只是立志。今人所以悠悠者，只是把学问不曾作为一件事看，遇事则且胡乱恁地打过了。此只是志不立。"③认为不树立志向者，无论学习行事都不会认真对待，只会随波逐流、虚度年华而一事无成。

读书求知乃立身之本，只有掌握必要的知识和技能才能在社会上立足生存。宋元家教十分重视对子孙读书学习的教育。欧阳修的《诲学说》是写给其第三子欧阳奕的一篇教子文，他先是引用《礼记·学记》里面的一句话："玉不琢，不成器；人不学，不知道。"然后用玉与人性相比，进行说理教育："然玉之为物，有不变之常德，虽不琢以为器，而犹不害为玉也。人之性，因物而迁，不学，则舍君子而为小人，可不念哉？"④玉不经雕琢仍不失为玉，而人性容易受到环境影响，只有不断学习，才能提高修养，成为君子。苏轼常向子侄传授自己的为学经验，他在写给侄子的信中教侄子如何教子："侄孙近来为学如何？想不免趋时，然亦须多读书史，务令文字华实相副，期于适用，乃佳。"为学不免趋时，但亦需要多读书史，"不令得一第后，所学便为弃物也"。⑤饱读书史，得真才实学，才能立于不败之地。元代政治家耶律楚材《子铸生朝润之以诗为寿予因续其韵而遗之》诗曰："汝知学不学，何啻云泥隔。为山亏一篑，龙门空点额。……继夜诵诗书，废时勿博弈。勤惰分龙猪，三十成骨骼。孜孜寝食废，安可忘

---

① 从余选注.中国历代名门家训 [M].上海：东方出版中心，1997:209.

② 冯瑞龙，詹杭伦主编.华夏教子诗词 [M].成都：天地出版社，1998:129.

③ 黎靖德编.朱子语类 卷八 [M].北京：中华书局,1986:134.

④ 张鸣，丁明编.中华大家名门家训集成 上 [M].呼和浩特：内蒙古人民出版社，1999:271.

⑤ [宋]苏轼.苏轼文集 卷六十 [M].北京：中华书局,1986:1842.

朝夕……"①教育儿子努力读书，勤学不辍。

仁爱是中国传统儒家思想的精髓，仁爱教育也是宋元家庭教育的主要内容之一。陆游以自己一生自勉为善的为人处世原则教育子孙："吾惟文辞一事颇得名过其实，其余自勉为善而不见之于人，盖有之矣。初无愿人知之心，故亦无憾。天理不昧，后世将有善士。使世世为善士，过于富贵多矣。此吾所望于天者也。"②在陆游的谆谆教导下，其诸子皆贤良，为世人所称道。理学家邵雍的《戒子吟》中的一首云："善恶无它在所存，小人君子此中分。改图不害为君子，迷复终归作小人。良药有功方利病，白珪无玷始称珍。欲成令器须追琢，过失如何不就新。"③教育子孙有过能改方为君子，并需时时注意不断修正错误，迁善自新。

勤劳节俭自古以来就是中华民族的传统美德，宋元家教提倡勤俭持家，反对奢侈浪费。宋朝时期，中国的商品经济得到了空前发展，坊市制度被打破，城市的经济功能增强，贸易发达，经济繁荣，物质财富得到极大丰富。人们开始追求物质的享受，导致了整个社会奢靡风气的盛行。在经济繁荣的江南，富商们竞相攀比，过着优越的生活。正如司马光《训俭示康》一文中所说："近日士大夫家，酒非内法，果肴非远方珍异，食非多品，器皿非满案，不敢会宾友。常数月营聚，然后敢发书。苟或不然，人争非之，以为鄙吝，故不随俗靡者盖鲜矣。"④面对这种奢靡之风，为确保家运长久，崇俭抑奢教育便成为宋元家教的内容之一。司马光为此专门写了《训俭示康》一文，教育子孙节俭："夫俭则寡欲，君子寡欲则不役于物，可以直道而行；小人寡欲则能谨身节用，远罪丰家。故曰：'俭，德之共也。'侈则多欲，君子多欲则贪慕富贵，枉道速祸；小人多欲，则多求妄用，败家丧身，是以居官必贿，居乡必盗。故曰：'侈，恶之大也'。"⑤叶梦得在家训

① ［元］耶律楚材.湛然居士文集［M］.北京：中华书局,1986:270.

② ［宋］陆游.放翁家训 丛书集成初编第 974 册［M］.北京：中华书局,1985:1.

③ ［宋］邵雍.邵雍集［M］.北京：中华书局,2010:312.

④ 介江岭编注.唐宋文选［M］.杭州：浙江古籍出版社,2013:205-206.

⑤ 介江岭编注.唐宋文选［M］.杭州：浙江古籍出版社,2013:208-209.

中要求子孙要做到勤和俭，"每日起早，凡生理所当为者，须及时为之，如机之发，鹰之搏，顷刻不可迟也。""夫俭者，守家第一法也。故凡日用奉养，一以节省为本，不可过多，宁使家有赢馀，毋使仓有告匮。"①把节俭视为是守住家业的首要法则。

如何谨慎择友亦是宋元家教中为人处世教育的内容之一。人生在世，交友是必须的，但必须谨慎，应分清损友、益友，要见贤思齐，取人之长补己之短。何谓益友，何谓损友，朱熹在写给长子朱受之的家书《与长子受之》中说："大凡敦厚忠信，能言吾过者，益友也；其谄媚轻薄，傲慢亵狎，导人为恶者，损友也。"②司马光在《家范》中教育子孙，要与正人君子为伍，不要结交品行不端之人："夫习与正人居之，不能毋正，犹生长于齐，不能不齐言也。习与不正人居之，不能毋不正，犹生长于楚，不能不楚言也。"③司马光还特别重视交友中要待之以诚："君子所以感人者，其惟诚乎！欺人者，不旋踵人必知之；感人者，益久而人益信之。"④范仲淹之子范纯仁教导子孙，与人交往要怀有宽恕之心："人虽至愚，责人则明；虽有聪明，恕己则昏。苟能以责人之心责己，以恕己之心恕人，不患不至圣贤地位也"。⑤

3. 家风教育

家风教育是宋元时期的人们巩固家庭秩序的一种重要手段。宋元家庭中的父母长辈，对保持家庭门风负有直接的责任，他们通常所做的就是利用家长的权力与地位来规定和影响后代的言行。宋代的家训与家范，比此前任何一个朝代都要丰富。在宋代，稍微富裕一些的家庭几乎都有家训。司马光写有《居家杂仪》《家范》，宋祁有《庭训》，叶梦得有《石林家训》，

---

① 张鸣，丁明编.中华大家名门家训集成 上 [M].呼和浩特：内蒙古人民出版社，1999:330.
② 赵忠心编著.中国家庭教育五千年 第 2 版 [M].北京：中国法制出版社，2003:243.
③ 杨杰主编；王德明，刘翠，墨文庄编译.家范·家训 [M].郑州：河南出版社，1992:87.
④ [宋] 司马光著.司马温公集编年笺注 5[M].成都：巴蜀书社，2009:470.
⑤ [元] 脱脱等撰.宋史·范仲淹传 [M].北京：中华书局，2000:8294.

黄庭坚有《家戒》，张浚有《家训》，赵鼎有《家训笔录》，陆游有《放翁家训》，袁采有《袁氏世范》，陆九韶有《居家正本制用篇》，真德秀有《教子斋规》，孙奕有《履斋示儿编》，朱熹更是将家范提升到理论高度而著成《家礼》。此外，宋代还出现了家训总集，将多种家训汇编在一起，如北宋孙颀所编《古今家戒》，收家训数十篇；南宋刘清之所编《戒子通录》，收家训 171 篇。宋代的家训形成了一套家规系统，并具有理论高度。家训不仅是家庭礼仪的规范，还介绍家长之人生经验，教育子孙在读书、从师、交友、忠君、孝亲等方面的操守，因而也是树立家长绝对权威的重要条文。此外，宋代文人大多写有教子诗文，虽然没有家训那样具有系统性，但其功能与家训是相似的。

宋人特别重视童蒙教育，以此形成子女的家风意识。王安石为其子王雱发蒙之时，广求博学善士，唯恐其入门不正，他的理论是"先入者为之主"。[①]认为很多学者未尝因讲学而改易，就是因为幼年所受教育先入为主所致。宋代周辉也说："或谓童稚发蒙之师，不必妙选。然先入者为之主，亦岂宜阔略。世谓初学记为'终身记'，盖亦此意。"[②]宋代儒学家认为："方其幼也，不习之于小学，则无以收其放心，养其德性。"[③]因此，宋人以孝悌、人伦、立志、正心等儒家伦理作为幼童德育的主要内容。宋代的童蒙教材相当丰富，如《三字经》《童蒙须知》《小学诗礼》《训蒙雅言》等等，多为一时硕儒编写。有文化的家长往往亲自撰写童蒙教材，史浩即作有《童丱须知》，从道德修养、行为规范的角度来教训家中童稚。

宋人所进行的家风教育，主要还是通过家长的言传身教来实现。家风意识的启迪与家庭责任的提醒在童蒙教育中已经开始。例如，欧阳修 4 岁丧父，其母郑氏带着他依其叔父门下。郑氏曾向年幼的欧阳修描述其父清廉为吏的形象，并说："尔欲识尔父乎？视尔叔父，其状貌起居言笑皆尔父

---

① ［宋］周辉撰，刘永翔校注. 清波杂志 卷五 [M]. 北京：中华书局,1994:204.
② ［宋］周辉撰，刘永翔校注. 清波杂志 卷五 [M]. 北京：中华书局,1994:204.
③ ［宋］张伯行. 小学集解·小学辑说 [M]. 北京：中华书局,1985:5.

也。"① 她教育欧阳修要重振家风，而"修虽幼，已能知太夫人言为悲，而叔父之为亲也"。②

子女稍长，相应的家风教育也变得更加严厉。王旦官至宰相，终身清正廉洁，他临终前仍叮嘱后人："我家盛名清德，当务俭素，保守门风，不得事于泰侈，勿为厚葬以金宝置柩中。"③ 著名清官包拯，训子更严，他向子弟宣布："后世子孙仕宦，有犯赃者，不得放归本家，死不得葬大茔中。不从吾志，非吾子若孙也。"④

文人家庭常常以撰写教子诗文的形式进行家风教育，宋人文集中的教子诗文数量甚多，其中陆游一人所作的示儿诗便多达 200 余首，所涉内容广泛，如《送子龙赴吉州掾》《示子孙》《示元敏》《示儿》等皆千古名篇。其《示子孙》之一云："为贫出仕退为农，二百年来世世同。富贵苟求终近祸，汝曹切勿坠家风。"⑤ 眉山苏氏历来有重教的传统，其家风在当时享有盛名。苏辙时常提醒诸子不忘耕读家风，其《示诸子》诗云："老去惟堪一味闲，坐令诸子了生缘。般柴运水皆行道，挟策读书那废田。兄弟躬耕真尽力，乡邻不惯枉称贤。裕人约己吾家世，到此相承累百年。"⑥

4. 为官之道教育

宋元时期涌现出大量的仕宦家训，如名臣司马光、范仲淹、贾昌朝、包拯、苏轼、赵鼎、陆游、叶梦得等都有家训传世。这些名臣家训有一项共同的内容，那就是教子孙如何为官。而其中最重要的一点是：教育子孙为官要清正廉洁。南宋吕本中《官箴》开宗明义："当官之法，唯有三事，曰清、曰慎、曰勤。知此三者，可以保禄位，可以远耻辱，可以得上之知，

① ［宋］欧阳修. 欧阳修全集·居士集 卷二十七 [M]. 北京：中华书局,2001:422.
② ［宋］欧阳修. 欧阳修全集·居士集 卷二十七 [M]. 北京：中华书局,2001:422.
③ ［元］脱脱等撰. 宋史·王旦传 [M]. 北京：中华书局,2000:7788.
④ ［元］脱脱等撰. 宋史·包拯传 [M]. 北京：中华书局,2000:8311.
⑤ ［宋］陆游. 陆游集 [M]. 中华书局,1976:1213.
⑥ ［宋］苏辙著. 苏辙集 [M]. 北京：中国戏剧出版社,2002:121.

可以得下之援。"① 司马光告诫子侄："不得恃我声势，作不公不法，搅扰官司，侵陵小民，使为乡人此厌苦。"② 陆游在送其次子陆子龙赴吉州作吉州掾之前写下《送子龙赴吉州掾》一诗，教子清白为官："汝为吉州吏，但饮吉州水。一钱亦分明，谁能肆谗毁。……我食可自营，勿用念甘旨。"③ 告诫儿子一个钱也要公私分明，不要因为父亲贫穷而以权谋私。以清正廉洁著称于世的"包青天"包拯在其家训中说："后世子孙仕宦，有犯赃者，不得放归本家，死不得葬大茔中。不从吾志，非吾子若孙也。"④ 以逐出家门这样的家训告诫子孙要清正廉洁，不得贪赃枉法。

宋元教训教育子孙为官要公正。朱熹告诫子孙说："官无大小，凡事只是一个公，若公时，做得来也精彩，便若小官，人也望风畏服。若不公，便是宰相，做来做去也只得个没下梢。"⑤ 贾昌朝在其《戒子孙》中说："复有喜怒哀乐专任己意，爱之者，变黑为白，又欲置之于青云；恶之者，以是为非，又欲挤之于沟壑。"⑥ 教育子孙不可专任己意，以己之好恶用人。

5. 科技家学

宋元时期的科技有很大发展，天文历法、算学、医学、建筑都有突出的成就。元代算盘的产生和运用，王祯《农书》的出版，都反映了当时科技的进步。统治阶级对科学技术逐渐重视起来，唐代开始设立了自然科学专科学校，如医学、算学、天文历算学等，宋元承袭之，对当时及后世的专科教育发展产生了深远的影响。元代忽必烈令司农司编撰《农桑辑要》，推广农业科技。在这种时代背景下，传统的科学技术家教也得以发展。

宋元时期的科技家学主要有以下几类：

第一，天文历算家学。宋人王处讷，河南洛阳人，自幼喜好星历、占

---

① [宋]吕本中，[清]汪辉祖原著；杨志勇孙昆鹏编撰.官箴的智慧 为官的哲学[M].北京：中国长安出版社，2005:3.
② 刘辉编.名人家庭教育[M].北京：语文出版社，1995:64.
③ [宋]陆游.陆放翁全集[M].北京：中国书店，1986:727.
④ [元]脱脱等撰.宋史·包拯传[M].北京：中华书局，2000:8311.
⑤ [宋]朱熹.朱文公政训[M].丛书集成新编本.
⑥ 包东坡选注.中国历代名人家训精萃[M].合肥：安徽文艺出版社，2000:116.

候之学，后渐"深究其旨"。曾被召为尚书博士，判司天监事。建隆二年（961），朝廷以《钦天历》有误，召王处讷别造新历。历经三年新历成，宋太祖亲自制序，命为《应天历》。其子王熙元"幼习父业"，开宝年间，补司天历算。景德年间，"奉召于后苑缵阴阳事十卷上之，真宗为制序，赐名《灵台秘要》，及作诗纪之"。① 他们父子二人的天文历算知识主要是通过家学传承的。

元代齐履谦，其父齐义，善算术。年十一，其父即"教以推步星历，尽晓其法"。至元十六年（1279 年），设立太史局，改治新历，齐履谦补星历生。"同辈皆司天台官子，太史王恂问以算数，莫能对，履谦独随问随答，恂大奇之"。② 后授星历教授，官至太史院史。

第二，医学家学。宋人庞安时，出身于医学世家，其父于庞安时儿时即"授以脉诀"。"安时曰：'是不足为也。'独取黄帝、扁鹊之脉书治之，未久，已能通其说，时出新意，辩诘不可屈。父大惊，时年犹未冠。"后得病耳聋，愈加发愤攻读医学秘书，贯通各家医术。"为人治病，率十愈八九"。③ 庞安时的医学造诣，是在家学传承的基础上，通过刻苦自学、贯通各家而得来的。

宋人钱乙，其父钱颖善医，钱乙传其父之学，专攻儿科，授翰林医学，后为太医丞，赐金紫，"由是公卿宗戚家延致无虚日"。④ 钱乙高超医术的取得也是得益于家学。

第三，工技家学。元人孙威，浑源（今属山西省）人，"幼沉鸷，有巧思"，"善为甲"，曾制"蹄筋翎根铠以献，太祖亲射之，不能彻，大悦。赐名也可兀兰，佩以金符，授顺天安平怀州河南平阳诸路工匠都总管"。其子孙拱，"巧思如其父"，研制出能折叠的盾，"张则为盾，敛则合而易持。世

① [元]脱脱等撰.宋史·方技传上 [M].北京：中华书局,2000:10464-10465.
② [明]宋濂等撰.元史·齐履谦传 [M].北京：中华书局,2000:2692.
③ [元]脱脱等撰.宋史·方技传下 [M].北京：中华书局,2000:10481.
④ [元]脱脱等撰.宋史·方技传下 [M].北京：中华书局,2000:10482.

祖以为古所未有，赐以币帛"。[①] 孙拱后官至工部侍郎，两浙都转运使，益都路总管兼府尹等。

二、宋元时期家教的主要形式

宋元时期家庭教育的形式既有对传统的继承，又有创新，为后世积累了很多有益的经验。

1. 重视家庭环境建设，注重言传身教

家庭是孩子成长的基本空间，家庭环境的好坏对孩子身心的健康成长有着很大的影响。家庭环境对孩子的影响是潜移默化的，因此宋元时期的人们非常重视家长自身素质的提高，强调家长的身教作用。为了培育良好的家庭环境，许多家庭都有严格的家规，通过家规规范子孙的行为，培养良好的家风和家庭环境。司马光在《家范》中指出："夫习与正人居之，不能毋正，犹生长于齐，不能不齐言也。习与不正人居之，不能毋不正，犹生长于楚，不能不楚言也。"[②] 这段话也可以理解为家庭环境对人的品质形成的熏染作用。

在家庭教育中，宋元时期的人们十分重视长者垂范，言传身教，血缘亲情使得父母长辈的言行举止对子弟的影响显著而又深远。宋祁认为："人不率则不从，身不先则不信。"[③] 强调长者的垂范榜样对晚辈的影响。

古代社会父子长幼等级森严，因此，父兄长辈经常会用专制的手段强迫子弟服从自己。但是，宋人袁采却认为这种态度和方式有碍于孩子的成长，不利于建立一个和谐的家庭关系。袁采说："父必欲子之强合于己，子之性未必然；兄必欲弟之性合于己，弟之性未必然。其性不可得而合，则其言行亦不可得而合。此父子兄弟不和之根源也。"因此，家庭教育要尊重

---

① [明] 宋濂等撰. 元史·方技传 [M]. 北京：中华书局, 2000:3038.

② 杨杰主编；王德明，刘翠，墨文庄编译. 家范·家训 [M]. 郑州：河南出版社, 1992:87.

③ [元] 脱脱等撰. 宋史·宋祁传 [M]. 北京：中华书局, 2000:7818.

子孙的个性特点，"为父兄者通情于子弟，而不责子弟之同于己；为子弟者，仰承于父兄，而不望父兄惟己之听，则处事之际，必相和协，无乖争之患"。① 在传统社会里，这种教育思想非常难得，更符合人性。

2. 以家规、家训教子

家规通常又称作家法，主要是指用成文的条例、规则来确定教子的内容、规程、奖惩方法等，在家庭中起到法规作用，使家长和子弟的言行有法可依、有章可循，这种教子形式被宋元时期的多数大家庭所采纳。家法的订立者一般是家长本人，由于家庭成员之间关系比较亲密，因此家法中的惩罚性办法往往比较温和，一般以斥责、罚跪、笞杖等手段为主。

家训是我国传统家庭教育中的特殊形式，它是我国古代家庭、家族长辈为教育子孙而专门撰写的文献，这种教育形式在我国有着悠久的历史。总的来说，家训的基本内容主要侧重于家庭成员的伦理道德、人伦关系教育。家训作为中国传统家教的教子方式，到了宋代得到了长足的发展，留下了大量的优秀家训文献。如司马光的《温公家范》《戒子孙文》《居家杂议》《训俭示康》，赵鼎的《家训笔录》，刘清之的《戒子通录》，黄庭坚的《家戒》，江端友的《家训》，吕本中的《童蒙训》，袁采的《袁氏世范》，陆九韶的《陆氏家制》，邵雍的《戒子孙文》，吕祖谦的《辨志录》，朱熹的《与长子受之》，叶梦得的《石林家训》《石林治生家训》以及陆游的《放翁家训》等，这些都是珍贵的家训经典，对后世产生了深远的影响，并将家训教子推向了一个新的高度。

3. 以书信、诗文教子

书信教子也是宋代家庭教育的重要方式。由于古代印刷业尚不发达，加之文字流通和传播媒介的滞后，书信成为古代往来交流的重要载体，它在家庭教育中亦扮演着非常重要的角色，发挥了积极的作用。宋元书信教子比较有影响的主要有欧阳修的《与十二侄》《诲学说》，苏轼的《与侄孙元老四首》《嘲子由》《与千之侄二首》《和子由苦寒见寄》《送子由使契丹》，

---

① ［宋］袁采著，修远主编.世范 全译评点本［M］.呼和浩特：内蒙古人民出版社，1999:4-5.

苏洵的《名二子说》，司马光的《与侄书》以及胡安国的《与子寅书》等。这些书信往往是针对子弟的实际情况而写，饱含了长辈对晚辈的骨肉亲情和殷切期望，具有很强的针对性，往往能起到立竿见影的效果。

宋元时期的文学艺术较之前代有很大的发展，宋元的诗词散文在中国古代文学史上占有重要的地位。在此基础上，宋元的教子诗文也得到了长足的发展，其数量之多超过了前代。如郑侠的《教子孙读书》，张耒的《示秬秸》，柳永的《劝学文》，范质的《戒儿侄八百字》，杨万里的《大儿长孺赴零陵簿示以杂言》，辛弃疾的《菩萨蛮·稼轩日向儿童说》《最高楼》《永遇乐》，元好问的《阿千始生》，陆游的《示儿》《送子龙赴吉州掾》《病中示儿辈》《示儿敏》，邵雍的《教子吟》，王安石的《赠外孙》，朱熹的《训蒙诗》等。其中尤以欧阳修、苏轼、陆游的教子诗文堪称宋元时期教子诗文的杰出代表。总的来看，宋元教子诗文内容非常丰富，涉及教子修身、齐家、为学、为官、交友、处世等各个方面，发挥了家训等传统家教方式所难以发挥和实现的教育作用，在宋元家庭教育史中占有非常重要的地位。

三、宋元时期家庭教育的特点

宋元时期是我国古代教育高度发展的时期，闻名于世的三大发明出现，理学、宋词都发展到了高峰，宋代的书院教育的繁荣更加反映了教育的兴盛状况，发达的家庭教育提高了整个社会的文化水平。宋元家庭教育表现出一些独有的时代特征。

1.家庭教育内容丰富，方式多样

宋元家庭教育的内容，不仅继承了前代儒家伦理道德教育、为学修文教育、修身处世教育，而且增加了理学思想教育，更加强调家庭人伦道德。由于科举考试中对诗赋的重视，在家教中更加重视对诗词歌赋的教育。琴棋书画、女工女德也都是宋代家庭教育的重要内容，一些手工技艺更是主要通过家庭教育来传授。

宋元家庭教育方式多种多样，有父母兄长亲自教授的，也有建私塾请先生教授的。有家学渊源的士大夫之家，父母兄长往往亲自教授，精心培养子弟。理学家邵雍非常重视家庭教育，对其子邵伯温精心教导，《宋史·邵伯温传》说邵伯温博学多识，"尤熟当世之务"，这与他自幼便"入闻父教"①有着重要的关系。理学家朱熹也是自幼便受到其父朱松的精心培养，朱松是二程的三传弟子，他经常给朱熹讲二程的故事，这种家庭教育对朱熹日后的学术倾向有很大的影响。除了家中长辈亲自教导外，家境富裕的家庭也会建立私塾，延请先生到家里教授子弟和族人。据史料记载，吕祖谦、陆九渊等人的家中都设有私塾。

2. 重视对子弟的蒙养教育

从宋元蒙学教育发展来看，蒙学教材的数量之多，蒙学办学的规模之大、人数之多，就足以看出宋元家教对蒙养教育的重视。宋代著名的理学家如朱熹、张载等人都提倡对蒙童要及早施教，而当时《百家姓》《三字经》《神童诗》等适合蒙童教育读物的大量出版，更加推动了宋代家学中蒙学教育的发展。

3. 家训文化发达

家训是中华民族家庭传统文化的重要组成部分，宋代是传统家训的兴盛时期，宋代把家训作为一种重要的家庭教育的方式，它的教育效果具有直接现实性，比其他教育方式更亲近、贴切，也更具有影响力。宋代出版了非常多的家训作品，其内容丰富、表现形式多样、流传范围之广是前代所无法比拟的，如司马光的《家范》分别论述了祖父、父亲、子女以及夫妻、兄弟、姐妹之间应遵守的责任与义务；袁采在《袁氏世范》中结合具体的生活实践来告诫子孙在家庭人伦关系中应该遵守哪些伦理道德规范。这些家训不仅维护了家庭和社会的稳定，更为中华民族传统美德的传承和发展起到了很大的作用。宋代发达的家训在丰富家庭道德教育内容的同时，也改善了社会习俗和道德风尚。

---

① [元]脱脱等撰.宋史·邵伯温传[M].北京：中华书局,2000:10033.

第三节　隋唐宋元时期的沂蒙家教

隋唐宋元时期，沂蒙家教文化虽不如秦汉魏晋时期辉煌，但仍有所发展，有琅邪颜氏家族、兰陵萧氏家族等前朝名门望族的家教，亦有儒学传家的本地士大夫之家，如莒州傅氏家族、张氏家族的家教，还有在沂蒙为官的郑善果家庭教育等，可以反映出沂蒙家教文化的内涵和高度。

一、琅邪颜氏家族的家庭教育

颜氏家族自三国时颜盛率族人迁居琅邪临沂孝悌里之后，一直十分重视忠孝传家的家庭教育，至西晋末年，颜含随晋元帝南渡，因之部分颜氏子弟迁居南方，使颜氏家族文化有了进一步发展。到颜含九世孙颜之推时又入北朝，后迁居京兆万年，子孙繁衍，后来有部分子孙迁回曲阜与临沂故地。颜氏家族无论迁居何地，都非常重视对子孙的家庭教育，以儒家的重视社会责任的担当和刚正清廉等传家，形成了优良的家风家学，在中国家教史上留下了一段段佳话。

1. 以儒学传家，重视社会责任的担当

隋唐宋元时期，琅邪颜氏家族的主要代表人物有颜之推、颜之仪、颜师古、颜杲卿、颜真卿等人。

颜之推入隋为太子文学，不久病逝。他有三个儿子：颜思鲁、颜敏楚、颜游秦，他们皆通文史，颜思鲁尤精训诂。颜游秦曾撰《汉书决疑》，为学者所称，后其侄颜师古注《汉书》时，亦多取其义。颜游秦封爵为临沂县男，任廉州刺史时，重视学校教育与社会教育，以儒家的德治思想治理地方，时当地"人多强暴寡礼，风俗未安"，颜游秦以德治理，"抚恤境内，敬让大行"，[①] 社会秩序和风俗有了很大的改观。

---

① ［后晋］刘昫等撰.旧唐书·颜师古 [M].北京：中华书局,2000:1751.

颜思鲁之子颜师古，"少传家业，博览群书，尤精训诂，善属文"，① 是唐朝前期的名儒，也是颜氏家族中儒学造诣较深的人物。唐初，儒家典籍文字错谬很多，唐太宗命颜师古加以考订。颜师古对所有奇书难字都能曲尽源流，一一解释清楚。颜师古后又奉旨撰成《五礼》。颜师古之弟颜勤礼、颜相时皆传儒学，精训诂。兄弟三人同为弘文馆学士，还有小弟颜育德，四人一起参加校定经史的工作，一时传为佳话。

颜勤礼之子颜昭甫，字周卿，尤明训诂，以儒学教育子女。生二子：颜元孙和颜惟贞。颜勤礼还有一女名颜真定，因为"精究国史，博通礼经"，被选为武则天的女史。颜真定又代母抚育教诲两个弟弟颜元孙、颜惟贞，"教以诗书，悉擅大名"。② 颜真定还曾悉心教育自己的侄子颜真卿，培养颜真卿的艺术素质，教读《王孙赋》《飞龙赋》《造化赋》《五都赋》等名篇。颜真定为人刚烈、不避强御，其叔父颜敬仲"为酷吏所陷，率二妹割耳诉冤，敬仲得减死"，③ 这也对颜真卿品格的形成产生了很大的影响。

颜元孙字聿修，曾任华州、濠州及沂州等州刺史。他注重以儒学教诲子侄。生有五子，即颜春卿、颜杲卿、颜曜卿、颜旭卿、颜茂曾，五人皆通儒经：颜春卿以明经入仕，善词翰；颜杲卿文理清峻，为时人所称，后以身殉国；颜曜卿、颜旭卿皆善书法；颜茂曾精训诂。颜元孙亦对其侄颜真卿多所教诲，对颜真卿的成长倾注了心血。颜真卿在其神道碑中写道："真卿越自婴孩，特蒙奖异，且兼师父之训，岂独犹子之思。"④ 颜元孙所著《干禄字书》，流传于世，影响久远。

颜氏先辈的榜样影响，颜元孙、颜真定等人对于子侄辈的苦心教诲，使颜杲卿、颜真卿等人自幼即接受儒家忠君爱民的思想观念教育，为他们后来干出一番轰轰烈烈的大事业打下了良好的基础。

① ［后晋］刘昫等撰.旧唐书·颜师古传［M］.北京：中华书局,2000:1751.
② ［唐］颜真卿.杭州钱塘县丞殿府君夫人颜君神道碣铭.周绍良主编.全唐文新编第 2 部第 2 册卷 344［M］.长春：吉林文史出版社,2000:3941.
③ ［宋］欧阳修,宋祁撰.新唐书·殷践猷传［M］.北京：中华书局,2000:4359.
④ ［唐］颜真卿.朝议大夫守华州刺史上柱国赠秘书监颜君神道碑铭.周绍良主编.全唐文新编第 2 部第 2 册卷 341［M］.长春：吉林文史出版社,2000:3910.

2. 以耿介清廉传家，重视道德修养

至隋唐时期，琅邪颜氏家族在家教中继承了南北朝以来的以清廉耿介传家、重视道德修养的传统。颜之仪由梁入北周，为太子侍读，敢于犯颜直谏。当杨坚夺取北周政权时，他拒而弗从，厉言制止，几乎被杀。后来杨坚也不得不称赞他："见危授命，临大节而不可夺，古人所难，何以加卿。"① 颜师古性简峭，不善逢迎；颜相时"有诤臣之风"。② 颜真定虽为女子，但刚烈之气不让须眉，颜杲卿、颜真卿更是颜氏一门耿介刚烈之典范。

史称颜杲卿"性刚正，莅事明济。尝为刺史诘让，正色别白，不为屈"。③ 在安史之乱的危难时刻，颜杲卿"愤群凶而慷慨，临大节而奋发"，④ 与其弟颜真卿一起兴兵平叛。在寡不敌众而被叛军俘获时，叛军执颜杲卿少子颜季明加刀其颈上，曰："降我，当活而子。"⑤ 颜杲卿拒绝回答，颜季明及颜杲卿外甥卢逖皆遇害。颜杲卿丧子而志弥坚，被押至洛阳后，颜杲卿怒斥安禄山的叛逆行为，因而被割舌肢解，至死大骂叛贼不止。

颜真卿自幼受到优良家风的熏陶，他入仕后，力平冤狱，主持正义。唐玄宗时，颜真卿任监察御史、殿中侍御史等职，因"立朝正色，刚而有礼，非公言直道，不萌于心"，⑥ 因而得罪了权奸杨国忠，被排挤出朝廷，后任平原郡太守。安史之乱发生后，颜真卿与其兄颜杲卿联合平叛，被推为盟主。叛乱平定后，历职吏部尚书、太子太师，封鲁国公，但刚正性格不改，因而得罪了权臣卢杞。卢杞借李希烈叛乱之事，为唐德宗出主意，派颜真卿前往劝喻，实乃置颜真卿于死地。但颜真卿置生死于度外，毅然

① [唐] 李延寿撰. 北史·文苑传·颜之推传 [M]. 北京：中华书局,2000:1854.
② [后晋] 刘昫等撰. 旧唐书·颜师古传 [M]. 北京：中华书局,2000:1753.
③ [宋] 欧阳修，宋祁撰. 新唐书·忠义传中·颜杲卿传 [M]. 北京：中华书局，2000:4255.
④ [唐] 肃宗皇帝. 追赠颜杲卿太子太保诏，周绍良主编. 全唐文新编第1部第1册卷42[M]. 长春：吉林文史出版社,2000:537.
⑤ [宋] 欧阳修，宋祁撰. 新唐书·忠义传中·颜杲卿传 [M]. 北京：中华书局，2000:4256.
⑥ [宋] 欧阳修，宋祁撰. 新唐书·颜真卿传 [M]. 北京：中华书局,2000:3798.

赴命。去后被叛贼李希烈扣留，并受到百般威逼利诱，但颜真卿始终不为所动，抱定以死报国的决心，最后自撰墓表从容就义。颜杲卿、颜真卿兄弟由刚正的性格发展为临危不惧、宁死不屈的爱国行动，表现出了中华民族最宝贵的品德和气节，这不仅为颜氏家族子弟树立了楷模，而且也为千百万有志于国家安定统一的仁人志士树立了光辉典范。

颜氏家族的家庭教育还一直承继着清廉的家风教育。颜真卿初为地方官后，因清白被举荐入朝，后官至吏部尚书、太子太师，一直保持着清廉的作风。从现存的若干碑帖中可以清楚地看出这一点。如其《与李太保乞米帖》称："拙于生事，举家食粥，来已数月。今又罄竭，只益忧煎，辄恃深情，故令投告。惠及少米，实济艰难，仍恕干烦也。真卿状。"①此帖据欧阳修《集古录跋尾》称是永泰元年（765年）颜真卿任刑部尚书时写给御史大夫李光进的。颜真卿还有《鹿脯帖》《马病帖》等亦为告贷之事。颜真卿身居高官，却常靠告贷度日，其清廉可见一斑。

颜杲卿之子颜泉明"有孝节，喜振人之急"。安史之乱后，被任为郫令，"政化清明"，后迁彭州司马，而"家贫，居官廉，而孤孀相从百口，飦鬻不给，无愠叹"。②颜氏家族这种清廉家风一直流传于后世。

3. 以书艺传家，富有创新精神

自南北朝时期开始，颜氏家族形成了以书艺传家并努力创新的传统，至隋唐时期颜氏家族在家教中继承并发展了这一传统，并使之发展到新的高峰。颜师古对书法源流颇有研究，藏有多种古图书器物书帖，他本人亦善书法。颜师古之弟颜勤礼，工于籀篆。颜勤礼之子颜昭甫，《书小史》称其工篆籀草隶书，与其内弟殷仲容齐名，而劲利过之。颜昭甫对书法源流亦有研究，当时有一古鼎上有篆字20余个，举朝莫能识之，只有颜昭甫尽识读之，故很受其伯父颜师古欣赏。颜昭甫二子颜元孙、颜惟贞皆善草隶，因其父早逝，他们由舅父段仲容抚育，并教以书法。因家贫无纸，以黄土

---

① 郭豫斌主编.颜真卿传世书法赏析[M].北京：北京出版社，2006:19.
② [宋]欧阳修，宋祁撰.新唐书·忠义传中·颜杲卿传[M].北京：中华书局,2000: 4257.

扫壁木石画而习之。当时殷仲容书名很高，求书者甚多，殷仲容有时令颜元孙代书，结果得者欣然，莫之能辨，可见颜元孙书法水平亦是甚高。颜元孙又曾为唐玄宗分辨诸家书帖真伪，并著《干禄字书》行世。颜真卿因幼年丧父，由其母殷夫人教以书法。其兄颜允南少以词藻擅名，亦工草隶书，故亦教颜真卿书法。颜真卿自幼受到颜氏家族文化的熏陶和影响，本人又能勤学苦练，因而在书法方面进步很快。他先学欧阳询、褚遂良，后又就教于草书大家张旭，得其十二意笔法，从理论上掌握了书法成功的基本要领。颜真卿受到盛唐时期多种文化艺术发展的激励与启发，经过反复研练，既继承传统，又进行创新，使唐代书法达到了新的高度，成为超越前辈的书法大家。

二、兰陵萧氏家族的家庭教育

兰陵萧氏家族自萧整随晋元帝渡江南下，居南兰陵武进县之后，子孙繁衍，英才辈出，为中华民族历史的发展做出了积极的贡献，这与其优良的家教家风是分不开的。

萧整生有三子，即萧俊、萧镕、萧烈。萧俊三传至萧道成，建立了南朝的齐朝。萧镕四传至萧衍，建立了梁朝。由此，萧整的后世子孙在南朝从政、讲学者众多。至隋唐时期，仅梁武帝萧衍之孙萧祭的后裔从政者即有近 50 人，其中宰相 8 人。另有兰陵萧氏的其他支派从政者近 20 人，宰相 2 人。在此，我们仅选取部分具有代表性的人物事迹，从中可见萧氏家族家教家风之一斑。

1. 耿介敢言，正直无私

兰陵萧氏家族耿介敢言、正直无私之家风，历代传承，这可以从萧瑀及其后世子孙萧钧、萧复、萧仿等一代代人的言行中得到见证。

萧瑀（574—647 年），字时文，南朝梁明帝萧岿之子。西梁灭亡后，因他的姐姐嫁给隋晋王杨广为妃，所以他到了长安，在隋朝任职。杨广即位后，拜内史侍郎，因"数言事忤旨"，出为河池郡守。唐朝建立后，他被任为内史令，"帝委以枢管，内外百务悉关决"，①成为参与最高决策的重要人物。萧瑀向李渊提出了许多针对时政的建议，每次都被接受采纳，李渊对之非常信任，"或引升御榻，呼曰萧郎……上便宜，每见纳用"。②

萧瑀自幼受到良好的家庭教育，"爱经术，善属文。性鲠急，鄙远浮华"。③得唐高祖重用之后，更是"抑过绳违无所惮"。李渊手诏之曰："得公言，社稷所赖，朕既宝之，故赐黄金一函，公其勿辞。"④

有一次，诏书发到中书省后没有立即下发，李渊追问此事，萧瑀说："隋季内史诏敕多违舛，百司不知所承。今朝廷初基，所以安危者系号令。比承一诏，必覆审，使先后不谬，始得下，此所以稽留也。"李渊听后，说："若尔，朕何忧乎?"⑤其后，萧瑀先后任尚书右仆射、尚书左仆射等职。

萧瑀为人是非分明，但度量狭小，"不能容人短"。在唐太宗即位后，对房玄龄、杜如晦、魏徵、温彦博等人的小过失也要痛加弹劾，有时甚至会说过头，因而一直与这些人的关系不协。

唐太宗曾经说："武德末年，太上皇曾提出关于废立太子的事。我因为立有大功，在兄弟中受排挤，无法立足。萧瑀在当时，既不受利诱，又不怕杀身之祸，真是国家的忠臣啊。"因而赐诗给萧瑀曰："疾风知劲草，版荡识诚臣。"又说："公守道耿介，古无以过，然善恶太明，或有时而失。"萧瑀"顿首谢曰：'既蒙教，又许以忠亮，虽死日，犹生年也。'"魏徵对此评论说："臣有逆众持法，主恕之以公；孤特守节，主恕之以介。昔闻其言，乃今见之。使瑀不遇陛下，庸能自保也?"⑥对萧瑀的偏狭，唐太宗也几次给予处罚，但总是很快就恢复他的官爵，主要原因就是因为对其耿介正道的赞赏。

萧瑀耿直敢谏的品行深刻影响了他的后世子孙。他的侄子萧钧，"有才

① [宋]欧阳修，宋祁撰.新唐书·萧瑀传[M].北京：中华书局,2000:3169-3170.
② [宋]欧阳修，宋祁撰.新唐书·萧瑀传[M].北京：中华书局,2000:3170.
③ [宋]欧阳修，宋祁撰.新唐书·萧瑀传[M].北京：中华书局,2000:3169.
④ [宋]欧阳修，宋祁撰.新唐书·萧瑀传[M].北京：中华书局,2000:3170.
⑤ [宋]欧阳修，宋祁撰.新唐书·萧瑀传[M].北京：中华书局,2000:3170.
⑥ [宋]欧阳修，宋祁撰.新唐书·萧瑀传[M].北京：中华书局,2000:3170.

誉"，高宗永徽年间任谏议大夫、弘文馆学士。当时，左武侯属卢文操爬墙偷了仓库中的财物。唐高宗认为他的罪行属于监守自盗，应处以死刑。萧钧认为这样处置不够合理，于是就向唐高宗进谏，唐高宗听后立即意识到自己处理不当，称赞萧钧说："你是真正的谏议大夫啊！"于是下诏免除卢文操的死罪。太常寺有一个工人，与宫女互相问候传信，此事被发现后，唐高宗下诏将其处死，这样做也是符合有关律条的。但萧钧劝谏说："禁当有渐，虽附律，工不应死。"唐高宗听后表示"喜得忠言"，[①] 于是下诏赦免了这个工人的死罪，把他流放到边远地区。

萧复，萧嵩之孙，其父萧衡任太仆卿、驸马都尉，母新昌公主，因而出身高贵，其姻亲兄弟生活都豪华奢侈，以车马服食的名贵鲜丽相尚。而萧复却能清俭自励，"常衣垢弊，居一室，学自力，非名士夙儒不与游，以清操显"。其伯父萧华经常赞叹说："此子当兴吾宗！"[②] 根据门荫的惯例，萧复起初任宫门郎之职。代宗广德年间，发生了大的饥荒，萧家百余口人，吃饭成了问题，于是商量卖掉一处别墅。当时的宰相王缙想把这套别墅弄到手，于是叫他的弟弟王紘去劝说萧复："以君才宜在左右，胡不以墅奉丞相取右职？"萧复回答说："鬻先人墅以济媚单，吾何用美官，使门内馁且寒乎？"[③] 后萧复出任过歙州、池州、同州等州刺史。在任期间，处理各种事务都能信守有关条令。在任同州刺史时，遇到荒年，萧复开放国家粮仓赈济饥民，被有关部门告发，被皇上罢免了刺史职务。有人来安慰，他却说："苟利于人，胡责之辞！"因为做的是有利于民众之事，他不怕被追究罪责。

唐后期，宦官擅权，萧复多次向德宗进言，要求限制宦官的权力。权臣卢杞经常对唐德宗阿谀奉承，萧复厉言斥责之："杞词不正！"唐德宗很不高兴，对左右说："萧慢我。"于是叫萧复离开朝廷到各地去当宣抚、安慰使。萧复这样敢于直谏或违反皇帝意愿的事还有很多。因此，做宰相总

① ［宋］欧阳修，宋祁撰 . 新唐书·萧瑀传 [M]. 北京：中华书局 ,2000:3171.
② ［宋］欧阳修，宋祁撰 . 新唐书·萧瑀传 [M]. 北京：中华书局 ,2000:3173.
③ ［宋］欧阳修，宋祁撰 . 新唐书·萧瑀传 [M]. 北京：中华书局 ,2000:3173.

是做不长，《新唐书·萧瑀传》附《萧复传》中说："复望阀高华，厉名节，不通狎流俗。及为相，临事严方，数咈帝意，故居位亟解。"①

萧仿，萧华之孙，大和年间，擢进士第，除给事中，后出任岭南节度使。当时南方各种珍贵物品很多，萧仿对之毫无兴趣，不准家人购入。有一次，家中有人生病，到官府的厨房中取了几颗相子作为药引。萧仿知道后，立即要家人到市场上买来，还给厨房，他不愿意占公家的一点便宜。

咸通初年，萧仿为左散骑常侍，当时唐懿宗荒于朝政，沉溺于佛事，招引许多僧人到宫中祈祷，他本人又多次到佛教寺院中拜佛，并施予许多钱财。萧仿直言进谏曰："天竺法割爱取灭，非帝王所尚慕。今笔梵言，口佛音，不若惩谬赏滥罚，振殃祈福。况佛者可以悟取，不可以相求。"懿宗虽然昏庸，但对萧仿的这些话还是赞同的。后来萧仿任义成军节度使，治所滑州西北靠近黄河，西北的城防因多年被河水冲刷已经毁坏，民众忧虑不安。萧仿组织人力，把水引出去，又加固了堤坝，并种植了许多树木，防止水土流失，民心渐安。萧仿后来升为中书侍郎、同中书门下平章事，又升为司空，封兰陵县侯，但萧仿"以鲠正为权近所忌"②。

2. 勇于承担维护国家统一的社会责任

以儒学传家的兰陵萧氏家族，注重对子孙忠君爱国的教育，隋唐时期的萧嵩、萧华父子勇于承担维护国家统一的社会责任，表现出非常可贵的担当精神。

萧嵩（679—749 年），开元初年任中书舍人，后迁尚书左丞。唐玄宗开元十四年（726 年），以兵部尚书领朔方节度使，正遇上吐蕃大将悉诺逻恭禄和烛龙莽布攻陷瓜州并俘获刺史田元献，回纥又杀了凉州守将，河西、陇右一带惊恐不安。唐玄宗于是又改派萧嵩任河西节度使，负责凉州一带事务，并封爵为兰陵县子。萧嵩临危授命，深感责任重大，他决心为维护国家统一尽自己的力量。于是上表朝廷，以裴宽、郭虚己、牛仙客为幕府，又以建康军使张守珪为瓜州刺史。重新修补城堡工事，并采取了一些安民

① [宋]欧阳修，宋祁撰．新唐书·萧瑀传 [M].北京：中华书局,2000:3174.

② [宋]欧阳修，宋祁撰．新唐书·萧瑀传 [M].北京：中华书局,2000:3176.

措施。萧嵩又采取反间计策，造成悉诺逻恭禄欲与唐朝联合的假象，引起吐蕃赞普的怀疑，最后赞普借故杀掉了悉诺逻恭禄，吐蕃势力减弱。这时萧嵩在边疆其他将领的支持下，又派副将杜宾客率 4000 名强弩手在祁连城下与吐蕃的另一支队伍激战，杀敌甚多，敌军大溃，哭声震动山谷。捷报传到都城长安，玄宗十分高兴，授萧嵩同中书门下三品。

萧嵩之子萧华，"谨重方雅，有家法，嗣爵"。①唐玄宗天宝末年，萧华任兵部侍郎。安禄山发动叛乱后，萧华被叛军控制，被逼驻守魏州。后来，郭子仪进军河南时，萧华"间道奉表，欲举魏以应"。不料消息走漏，萧华被叛军抓获。唐将崔光远攻下魏州，将萧华解救出来。当时，魏州城民众感谢萧华在驻守魏州时对他们的庇护，因此争着到崔光远处要求把萧华留下，不久朝廷正式任命萧华为魏州刺史。后来，萧华回朝廷任职，上元初年以中书侍郎同中书门下平章事。后来因得罪专权的宦官李辅国，被贬为峡州司马。

三、郑善果之母崔氏戒子清廉

郑善果虽非沂蒙本地人，但他曾在沂蒙为官，其家教事迹对沂蒙家教文化的发展做出了有益的贡献。郑善果，本郑州荥泽人，其父郑诚，为北周大将军，封开封县公，后来战死。郑善果 9 岁袭爵。隋朝建立后，郑善果晋爵武德郡公，14 岁时任沂州刺史。

郑善果之母崔氏，为人贤达明惠，博涉书史，通晓政事。郑善果处理政事时，崔氏常坐在屏风后面听之。如果听到处置恰当，郑善果回到后堂后他母亲就会十分高兴；如果发现处理有欠公允，郑善果回到后堂后他母亲就不跟他说话。这种时候，郑善果就跪在床前，一整天不敢吃饭。崔氏教导他说："吾非怒汝，反愧汝家耳。汝先君在官清恪，未尝问私，以身徇国，继之以死。吾亦望汝继父之心。自童子承袭茅土，今位至方伯，岂汝身能致之耶？安可不思此事而妄加嗔怒，内则坠尔家风，或亡官爵；外则

---

① [宋] 欧阳修，宋祁撰 . 新唐书·萧瑀传 [M]. 北京：中华书局 ,2000:3173.

亏天子之法，以取罪戾。吾寡妇也，有慈无威，使汝不知教训，以负清忠之业，吾死之日，亦何面目以事汝先君乎！"①崔氏教育其子，继承父亲清廉忠孝之家风。由此，郑善果更加严格要求自己，"所在有政绩，百姓怀之"。隋炀帝时，因为郑善果"居官俭约，莅政严明"，与武威太守樊子盖一起，政绩考评为天下第一，"各赏物千段，黄金百两，再迁大理卿"。郑善果这些政绩的取得跟他母亲对他的教育是分不开的。

尽管儿子已身居高官，但崔氏仍然亲自纺绩，经常到深更半夜才睡。郑善果劝阻母亲说："儿子封侯开国，官居三品，俸禄足够家用，母亲何必还要这样辛勤劳累？"崔氏回答说："汝年已长，吾谓汝知天下之理，今闻此言，故犹未也。至于公事，何由济乎？今此秩俸，乃是天子报尔先人之徇命也。当须散赡六姻，为先君之惠，妻子奈何独擅其利，以为富贵哉！又丝枲纺织，妇人之务，上自王后，下至大夫士妻，各有所制。若堕业者，是为骄逸。吾虽不知礼，其可自败名乎？"②崔氏不仅辛勤劳作，还非常节俭清正，"非祭祀宾客之事，酒肉不妄陈于前"，"非自手作及庄园禄赐所得，虽亲族礼遗，悉不许入门"。③正是由于母亲的言传身教，郑善果克勤克俭，"历任州郡，唯内自出馔，于衙中食之，公廨所供，皆不许受，悉用修治廨宇及分给僚佐。"④由此，郑善果被誉为"清吏"。

四、"太平良相"王旦戒子弟俭素自立

王旦（957—1017 年），祖籍琅邪（今山东临沂）。景德三年（1006 年）拜相，颇受宋真宗信赖，曾说："为朕致太平者，必斯人也。"⑤故王旦被称为"太平良相"。

王旦为相多年，正直宽厚，举荐贤才无数却不让被举荐者知之。《宋

---

① ［后晋］刘昫等撰 . 旧唐书·郑善果传 [M]. 北京：中华书局 ,2000:1606.
② ［唐］魏徵撰 . 隋书·列女传 [M]. 北京：中华书局，2000:1212.
③ ［唐］魏徵撰 . 隋书·列女传 [M]. 北京：中华书局，2000:1212.
④ ［唐］魏徵撰 . 隋书·列女传 [M]. 北京：中华书局，2000:1212.
⑤ ［元］脱脱等撰 . 宋史·王旦传 [M]. 北京：中华书局，2000:7783.

史·王旦传》载："旦为相，宾客满堂，无敢以私请。察可与言及素知名者，数月后，召与语，询访四方利病，或使疏其言而献之。观才之所长，密籍其名，其人复来，不见也。"① 人言其非而不恶之，以之自省。《宋史·王旦传》载："寇準数短旦，旦专称準。帝谓旦曰：'卿虽称其美，彼专谈卿恶。'旦曰：'理固当然。臣在相位久，政事阙失必多。準对陛下无所隐，益见其忠直，此臣所以重準也。'帝以是愈贤旦。"②

王旦一生为官清廉，尚俭戒奢。虽然身居相位，薪俸不薄，却从不置田宅。他认为："子孙当各念自立，何必田宅，徒使争财为不义尔。"③ 有一次，宋真宗觉得王旦住的房子过于简陋，想要朝廷出钱替他修治，王旦就以自己房子是先人旧庐不忍改变为由，婉拒了皇帝的好意。

王旦病重时，把老友杨亿请到卧室，请他代写遗表，并说："忝为宰辅，不可以将尽之言，为宗亲求官；止叙生平遭遇，愿日亲庶政，进用贤士，少减焦劳之意。"此表上呈后，真宗感叹不已，亲自到他的府第探望，并赐白金 5000 两。王旦上表辞之，并在表末亲笔加了四句话："益惧多藏，况无所用，见欲散施，以息咎殃。"④

王旦曾有《戒子弟》流传后世子孙："我家盛名清德，当务俭素，保守门风，不得事于泰侈，勿为厚葬以金宝置柩中。"⑤ 告诫他的儿子王雍、王冲、王素要保持俭素家风，不得骄纵奢侈，在办理他的丧事上务必要节俭薄葬。作为位极人臣的宰相，在视死如生、盛行厚葬、竞尚骄奢的封建社会，王旦能做到以身作则，崇尚节俭，并谆谆教导儿子，实乃难能可贵。

五、莒州傅氏家族家教

据 1964 年出土于莒县城南傅家庙子的"宋赠尚书驾部员外郎傅府君墓

① ［元］脱脱等撰 . 宋史·王旦传 [M]. 北京：中华书局，2000:7787.
② ［元］脱脱等撰 . 宋史·王旦传 [M]. 北京：中华书局，2000:7785-7786.
③ ［元］脱脱等撰 . 宋史·王旦传 [M]. 北京：中华书局，2000:7789.
④ ［元］脱脱等撰 . 宋史·王旦传 [M]. 北京：中华书局，2000:7788.
⑤ ［元］脱脱等撰 . 宋史·王旦传 [M]. 北京：中华书局，2000:7788.

志铭并序"记载，莒州傅氏家族，始居北地，别徙清河，后有从清河迁徙沂水者，五代末又迁于莒。傅氏家族自傅现起以儒学传家，教子孙刻苦读书，积极参加科考，并以仁爱忠义、清谨俭素家风传世。

傅现（983—1047 年），北宋莒县人。为人质朴谨厚，好善乐施，"赴人之急难，虽厚与而无所爱惜"。北宋天禧、明道年间，莒州发生大的灾荒，傅现将所积之粮送给亲戚邻居，赖之全活者五百余人。傅现因为自己幼孤，无父兄训育，努力自学儒家经典，并以之教授诸子。傅现八子中有六子参加科举考试，均考中。以次子傅卞最为知名。

傅卞（1011—1069 年），字守正，幼明聪悟，16 岁时因《尚书》《易经》两经成绩优异而登第，但因年少不宜出仕，于是到国子监中学习。后来任海州怀仁县主簿、泗州参军、大理寺丞、兰溪县令、国子博士及直龙图阁、宝文阁待制等。曾为皇帝讲说经史，深得赞赏。傅卞在任地方官时，经常与幕僚讨论历代兴亡的原因与经验，注意调整关系，缓和矛盾，安定秩序，招抚流亡，因而深得民心。许多人以歌谣颂其功德，有一次他到河内（今河南一带）去，当地群众用彩带拦着他的马，有些群众则上前牵着他的手，嘘寒问暖，一直过了很长时间，他才能离开。傅卞为人十分节俭朴素，在京中做官时仍是如此。

傅卞的五个弟弟在傅卞的帮助指导下，相继登科。傅禀任陈州南顿县令，傅褒任镇戎军判官，傅亶任国子博士通判利州，傅充任太子中舍并为蔡州上蔡县令，傅立为颖州万寿县尉。

傅卞大哥傅高虽然早卒，但他的两个儿子傅宪、傅察在几位叔父的教诲与影响下，亦刻苦读书后来皆明经及第，并出仕。特别是傅察后来成为威武不屈的忠义之士。

傅察，字公晦，年十八，登进士第。时蔡京为相，派其子去拜会傅察，并表示"将妻以女"。傅察自幼受到家庭的良好教育，以清谨为处事原则，故拒绝了这位权奸的要求。后出任地方官，入朝为太常博士，迁兵部、吏部员外郎。宣和七年（1125 年）十月，受命出使金国。到达燕京后，才知道金国已撕毁盟约，发动了战争，有人劝他不要再去金国，他说："受使以出，闻难而止，若君命何。"① 于是毅然北上。到达约定地点韩城镇后，金国使者未到，等了几天，被几十骑金兵强行劫持而去。途中遇到金国的二太子斡离不，斡离不命傅察下拜。傅察说："吾若奉使大国，见国主当致敬，今来迎客二胁我至此！又止令见太子，太子虽贵人，臣也，当以宾礼见，何拜为？"斡离不恼羞成怒，说："吾兴师南向，何使之称？凡汝国得失，为我道之，否则死。"傅察义正辞严地说："主上仁圣，与大国讲好，信使往来，项背相望，未有失德。太子干盟而动，意欲何为？还朝当具奏。"斡离不冷笑着说："尔尚欲还朝邪！"几个金兵强按傅察使之下拜，其他士兵也都拔出刀来进行威胁，白刃如林。有的金兵把傅察摔倒地上，衣服都弄乱了，但傅察毫不畏惧，倒而复起，愈加笔直地站立着，反复地与他们论辩。斡离不说："尔今不拜，后日虽欲拜，可得邪！"傅察知道自己已难免一死，跟随行者说："我死必矣，我父母素爱我，闻之必大戚。若万一脱，幸记吾言，告吾亲，使知我死国，少纾其亡穷之悲也。"② 部下听后都流下了眼泪。这一晚，金兵把傅察独押一处，不准别人与之接触。后来金兵到达燕京，傅察的部下打听他的下落，得知傅察已被斡离不杀害。傅察的随行将官武汉英找到他的遗体并将之火化，让一个叫沙立的士兵将傅察的骨灰背回去。沙立到涿州后，遇到金兵，被关在土牢里两个多月，后来寻机逃出，终于把傅察的遗骨交给了他的家人。傅察的副使及其他部下回朝后，向朝廷奏说其坚贞不屈的英雄行为，朝廷赠之徽猷阁待制。傅察威武不屈的崇高气节一直激励着后人。

六、城阳张氏家族家教家风

据《日照县志·金张莘卿墓碑》载，张氏始祖张如玉原居城阳（今山东莒县），从二世祖张宗愈开始迁居日照太平桥，故又称海曲太平张氏。

四世祖张莘卿，字商老，海陵王天德三年（1151 年）进士。张莘卿幼

---

① ［元］脱脱等撰．宋史·忠义传·傅察传 [M]．北京：中华书局，2000:10241.
② ［元］脱脱等撰．宋史·忠义传·傅察传 [M]．北京：中华书局，2000:10241-10242.

时家贫，请不起师傅，但他坚持自学。当时战争频仍，盗贼蜂起，民不聊生，但他经常携书至田间，从不懈怠。伪齐政权建立的第六年（1135年），在沂州州治举行科举考试，参加考试的有附近几郡的考生近千人，结果张莘卿考为第一。一时名声大震，所作诗赋文章被广为传抄。金天德三年（1151年）举行会试，张莘卿中甲科第二。初任河州（今甘肃临夏北）防御判官、河南防御判官、莱州胶水令，后为国史馆编修，又入翰林，后升镇西军节度副使，兼岚州管内观察副使。

张莘卿为人俭朴，为官只带幼子随侍，别无仆人。"出无舆马之饰，居无器玩之好"。① 但于公务，却是勤勤恳恳，一丝不苟。各州县之间，即使米盐等具体事务，也尽力办好。史称"断狱主于宽恕，济活甚多"。处理公务时，如果为首的官员出现偏差，他从不当面指出，而是等到适当时机与之反复剖析，以理服人。所以，颇受同僚的尊敬。

但对枉法者，张莘卿却敢于坚持原则进行处理。初在河州任上时，驻军守将"强悍任气"，"黩货无所惮"。在任用酋长时，被行贿者得之，而应任之人反被诬拘禁。张莘卿说："吾岂畏强御而使口冤不得信耶？"他对案情曲直，依法进行分析，使守将心服口服，冤案得以平反。又有一镇将，依其门阀地位，恣意妄为，对张莘卿一介文弱书生看不起，常有轻慢之举，而张莘卿从不计较。一天，镇将的一个下属整理了镇将的数十条罪状，去请教张莘卿，想利用他与镇将的矛盾，取得张莘卿的好感，并得到支持。张莘卿看出此人目的不纯，对他进行耐心教育，说："夫人有善则扬之，恶则掩之，乃君子长者之用心。况同僚耶？"由此可以看出张莘卿"刚而不挠，宽而容物"② 的高尚人格。

金大定初年，留户部受输军储南京广济仓。时有一官吏送张莘卿银百两，被拒绝。第二天此人又送茶一袋，张莘卿不得不收，但打开一看，全

---

① 政协日照市文史联谊委员会. 日照文史 第6辑 [M]. 政协日照市文史联谊委员会，1995:76.

② 政协日照市文史联谊委员会. 日照文史 第6辑 [M]. 政协日照市文史联谊委员会，1995:76.

是钱钞。张莘卿对此人进行了严厉地批评，将钱退还。

张莘卿十分注重对子孙的教育，既有身教又有言教。他生平不置产业，全靠俸禄生活。曾教育儿子说："富人营求财利，朝夕皇皇，恒苦不足，虽有什伯之得，不旋踵而失者矣，而士能力学以致仕禄，衣食自奉取给公家，仰事俯育终身优裕，且无农商耕获稗贩之劳，所得孰为多哉！"[①] 他的子孙在他的教导与影响下，都能勤学上进，并保持清廉的作风。

张莘卿长子张暐，自幼刻苦好学，为正隆五年（1160 年）进士，历职山东转运使、御史大夫、马武安节度使等，为官清正。张暐有二子：张行简、张行信。张行简精通经史，为大定十九年（1179 年）进士第一，历职太常博士、礼部尚书、太子太保、翰林学士承旨等职，为官奉公守法，"铃制公吏，禁抑豪猾，以镇静为务"。[②] 其弟张行信受父兄教诲与影响，自幼熟读儒家经典，亦大定年间进士。历职铜山县令、山东西路转运使、尚书左丞、太子少傅、参知政事等。为官清廉刚正，不畏权奸暴吏，敢于向皇帝直言，他亲民爱士，深得部下拥戴。

七、张雄飞以"刚直廉慎"传家

张雄飞（约 1220—1288 年），字鹏举，琅邪临沂人，元代著名政治家。他为官一生，"刚直廉慎，始终不易其节"，[③] 公正为国，对元朝初年政治贡献很大，为忽必烈所赞赏。

张雄飞出身官僚家庭，其父张琮为金国名将，驻守盱眙。张雄飞生母早死，随庶母住在许州。1230 年元兵破许州，庶母李氏带张雄飞诈为工匠家属逃往朔方，定居在潞州。金亡后，张雄飞思父心切，徒步乞讨往还于山西、河北、河南、陕西一带 10 余年寻找父亲，终未寻到。后来，他流落

---

① 政协日照市文史联谊委员会 . 日照文史 第 6 辑 [M]. 政协日照市文史联谊委员会，1995:77.

② [元] 脱脱等撰 . 金史·张行俭传 [M]. 北京：中华书局，2000:1556.

③ [明] 宋濂等撰 . 元史·张雄飞传 [M]. 北京：中华书局，2000:2551.

在燕京。

由于他聪明好学，很短时间内便通晓了蒙古语言和部落土语。至元二年（1265 年），廉希宪推荐他谒见忽必烈，面陈当世之务，深得忽必烈信任，授为平阳路转运司事。张雄飞在平阳任上"搜抉蠹弊悉除之"，①声名雀起。有一次，忽必烈问处士罗英谁可大用，罗英推荐了张雄飞。忽必烈召见了张雄飞，问以当今急务。张雄飞说："太子天下本，愿早定以系人心。"②忽必烈认为他说得很对，采纳了他的意见。仿照汉制建立东宫太子制度，彻底根绝了父子兄弟之间争夺王位的自相残杀。忽必烈时期，国家初立，法制不完备，官场很腐败，行政效率极低。张雄飞又向忽必烈建议设立御史台，作为天子耳目，"凡政事得失，民间疾苦，皆得言；百官奸邪贪秽不职者，即纠劾之"。③忽必烈认为他说得很对，便任前丞相塔察儿为御史大夫，张雄飞为侍御使。当时，汉人是不允许做如此高官的，忽必烈对张雄飞说："人虽嫉妒汝，朕能为汝地也。"④张雄飞深感世祖知遇之恩，知无不言，兴利除弊，不避嫌怨，对元朝初期政治贡献很大。

参议枢密院事费正寅徇私舞弊，被人告发，忽必烈命丞相缐真等和张雄飞调查处理。上门说情的人不断，张雄飞一概不见，排除干扰，查清了费正寅的问题。权臣丞相阿合马与亦麻都丁有旧怨，阿合马罗织亦麻都丁的罪名，欲置之死地。众臣畏惧阿合马权势，皆附和之。张雄飞坚持正义，提出反对意见。他责问阿合马："亦麻都丁的罪行是与你同官时犯的，你作为丞相没有罪吗？"一句话问得阿合马无言以对。当时，还有朝臣秦长卿、刘仲泽也因为得罪了阿合马，阿合马也将他们下狱，想要杀了他们，张雄飞也坚决反对。阿合马派人告诉张雄飞，若不阻止此事，就让他做中书参政。张雄飞说："杀无罪以求高官，吾不为也。"⑤阿合马很生气，奏请皇帝

---

① [明]宋濂等撰.元史·张雄飞传[M].北京：中华书局，2000:2550.
② [明]宋濂等撰.元史·张雄飞传[M].北京：中华书局，2000:2550.
③ [明]宋濂等撰.元史·张雄飞传[M].北京：中华书局，2000:2550.
④ [明]宋濂等撰.元史·张雄飞传[M].北京：中华书局，2000:2550.
⑤ [明]宋濂等撰.元史·张雄飞传[M].北京：中华书局，2000:2551.

将张雄飞贬为澧州安抚使。

澧州是元军刚打下的地区，在南宋的腐朽统治下，社会秩序一片混乱。张雄飞从整顿法制、恢复社会秩序做起，镇压盗匪、平反冤狱、发展生产，使澧州迅速安定了下来。至元十四年（1277 年），张雄飞调任荆湖北道宣慰使，这个地区也是新归附地区。张雄飞到任后，一切镇之以静，招缉流民，编制户籍，恢复生产。荆湖行省丞相阿里海牙依仗权势将 3800 户农民变成自己的奴隶。张雄飞发现后，立即飞章上达，朝廷严厉处分了阿里海牙，将这些农民解除了奴籍，编入郡县。至元十八年（1279 年），张雄飞升任御史中丞。此时，正逢阿合马死去。张雄飞全力整顿被阿合马败坏的法律纲纪，处理了依附阿合马为虎作伥的贪官污吏，使朝政一清。

张雄飞生活俭朴，日常布衣蔬食，淡泊自如，妻子老小常常不得温饱。有一次，忽必烈把他叫去，对他说："若卿，可谓真廉者矣。闻卿甚贫，今特赐卿银二千五百两、钞二千五百贯。"张雄飞非常感激，但这笔钱，他封存在家中，至死也没有动用。

张雄飞对孩子要求非常严格。他有五个儿子，长子张师野担任东宫警卫的时候，荆湖行省平章政事阿里海牙入京朝觐，并说要禀告皇太子，请求让张师野做荆南总管，张雄飞坚决回绝，并告诉儿子说："今日欲有官汝者，汝宿卫日久，固应得官，然我方为执政，天下必以我私汝，我一日不去此位，汝辈勿望有官也。"① 张雄飞为官之谨慎、操行之高洁，令人敬佩。

---

① ［明］宋濂等撰 . 元史・张雄飞传 [M]. 北京：中华书局，2000:2552.

第五章　明清时期沂蒙家教文化的再度兴盛

明清时期，从全国来看，传统家教文化发展到鼎盛时期。沂蒙家教文化与全国家教文化相向而行，也再度兴盛，出现了大店庄氏家族、蒙阴公氏家族、琅邪宋氏家族等极具代表性的家教文化典范。

第一节　明清时期家教文化概述

明清时期是中国传统家庭教育繁荣并趋向衰落的时期。

明朝建立以后，明太祖朱元璋逐步加强君主专制的中央集权制度，废中书省，罢丞相，把中书省的权力分于六部，而六部又直接对皇帝负责。后又设内阁大学士，但仅供朝廷顾问。地方上废除元代的集一省军、政、司法为一体的行中书省，改行中书省为承宣布政使司，布政使管民政、财政，提刑按察使掌司法，都指挥使掌军政，合称"三司"。三司分立，互不统属，直接由皇帝控制。这样，从中央到地方，皇帝都拥有至高无上的绝对权力，君主专制的中央集权统治空前加强。清代国家政治制度基本上承袭明制，雍正以前权力集中于满洲贵族组成的议政王大臣会议，雍正以后集中于军机处，而重大问题都是最后由皇帝裁决，形成极为专制的统治制度。

从加强君主专制统治的目的出发，明清统治者加强思想文化控制，大力提倡程朱理学。明朝刚建立，朱元璋就把尊经崇儒作为基本国策，科举考试确定为八股文程式，专从《四书》《五经》命题，并且只能依照朱熹的注释作答。永乐十二年（1414 年），明成祖朱棣诏修《四书大全》《五经大全》《性理大全》，这三部"大全"集诸家传注之大全，而其中主要是程朱的传注。由此，"家孔孟而户程朱"，把人们的思想统一于程朱理学。清朝建立后，继续把程朱理学定为官方哲学。程朱理学最讲封建伦理道德，视伦理为"天理"，要求人们"存天理，灭人欲"。明清时期整个文化教育领域都强化了伦理道德教育，家庭教育内容中也充斥着伦理道德的说教。

明代中期以后，随着商品经济的发展，开始出现资本主义萌芽。与此同时，商业更加繁荣，都市增扩，市民势力增长，反映市民生活的通俗文化产生。在家庭教育方面，商人家教兴起，尽管相关资料留存不多，但商人家教为传统家教增添了新气象。贴近群众生活、语言浅显易懂的通俗化家训的出现，也是市民文化兴起在家教领域中的反映。

明中叶之后西方耶稣会士来华传教布道，并传播一些西方科学技术，这股西学东渐之风有力推动了中国传统科技的发展，在家教中也出现了以徐光启、梅文鼎等为代表的融汇中西的新科技家教。

由于资本主义生产关系萌芽的出现和西学东渐，明清之际还产生了实学思潮。明末顾宪成、高攀龙为代表的东林学派针对当时学术的空疏，强烈主张学者要有"立志救世"的决心，主张讲与行结合。清初学者痛感家国之变，总结明亡的教训，更强调经世致用。黄宗羲改王守仁"致良知"的"致"字为"行"字，把心学的本体论改为工夫论。顾炎武力倡经世致用，他教导外甥徐公肃，治史决非徒发思古之幽情，"夫史书之作，鉴往所以训今"。① 在家庭教育中，也出现了如张履祥等人的重实学的思想。

明末清初，是阶级矛盾和民族矛盾空前尖锐的时期。先是明末农民起义推翻明王朝，再是清军入关，镇压各地农民起义，歼灭南明势力，终于完成全国统一。在这段时期，涌现出沈鍊、温以介、杨继盛、任环、瞿式耜、史可法、夏完淳、朱之瑜等人的爱国家教事迹。

清统一全国前后，为巩固其统治，通过倡导家教来推行教化，消除不

---

① 唐敬杲选注 . 顾炎武文·答徐甥公肃书 [M]. 武汉：崇文书局 ,2014:94.

安定因素。雍正颁布的《圣谕广训》中的《训子弟以禁非为》是古代最高统治者唯一的指导家教的文献。一些官僚士大夫也纷纷编书著书倡导家教。这些活动促进了平民家教的发展，也普及了伦理道德规范。

康、雍、乾、嘉时期，社会经济文化有了较快的发展，耕地面积和人口迅速增长。经济的繁荣为文化的发展奠定了基础，涌现出一大批经史、文学家，其中不少人教子有方，既授以专业知识，又教以思想品德，为后人家教提供了经验。

从总体来看，明清尤其是清代，家教文化发展到鼎盛阶段。清代家训的总量虽然无法统计，但仅从《中国丛书综录》的记载来看，在该书收录的 112 种家训中，从南北朝到明代的有 51 种，清代有 61 种，足见清代家训之多。明清时期家教的繁荣，既是统治阶级重视和提倡的结果，又是经济文化的发展和历代家教思想长期积累的产物。清代家教在繁荣的同时，也呈现出衰落的迹象，主要表现为大部分家训内容大同小异，新意不多，这说明中国古代家教到此已接近尾声，它必将随着时代的步伐，走向一个新的阶段。

一、明清家教的主要内容

明清家教文化的内容非常丰富，涉及修身养性、为人处世、读书科考、治生理财等各个方面。

1. 修身养性

修身乃人生之要务。修身必须以德为本，明清时期的家教注重通过正确而合理的道德教育，培养子女具有良好的道德品质、行为习惯和健康的心理素质，让他们学会做人。道德教育范围很广，包含孝悌仁爱、奋发向上、勤俭廉洁等品德修养和行为习惯。

修身须先立志。明人杨继盛《谕应尾应箕两儿》一文教育两个儿子说："人须要立志。初时立志为君子，后来多有变为小人的。若初时不先立下一个定志，则中无定向，便无所不为，便为天下之小人，众人皆贱恶你。你发愤立志，要做个君子，则不拘做官不做官，人人都敬重你。故我要你第一先立起志气来。"① 人只有先立下君子之志，并能坚定不移地为之努力，方能受人尊敬。明人姚舜牧《药言》亦教育子孙说："凡人须先立志，志不先立，一生通是虚浮，如何任得事？老当益壮，贫且益坚，是立志之说也。"② 如果不能立下志向，一生就有可能虚度光阴。王夫之《示侄孙生蕃》一诗教育侄孙说："传家一卷书，惟在汝立志。"③

修身的目的是做个好人，好人的标准很多，比如孝悌、忠信、仁义、诚实、勤俭等等。郑板桥因为长期在外地做官，不能朝夕亲自教育子女，给弟弟郑墨写信，嘱托弟弟代为教子。在《潍县署中与舍弟墨第二书》中，他告诉弟弟："夫读书中举中进士做官，此是小事，第一要明理做个好人。"④ 明代东林党领袖高攀龙在《高子遗书·家训》中教育子孙说："吾人立身天地间，只思量做得一个人，是第一义，余事都没要紧。""做好人，眼前觉得不便宜，总算来是大便宜；做不好人，眼前觉得便宜，总算来是大不便宜。千古以来，成败昭然，如何迷人尚不觉悟，真是可哀！吾为子孙发此真切诚恳之语，不可草草看过。"认为人生于天地间，学做人是人生第一要紧的事。那么如何做个好人呢？他的标准是："以孝悌为本，以忠信为主，以廉洁为先，以诚实为要。"⑤ 明人庞尚鹏《庞氏家训·务本业》中说："孝、友、勤、俭，最为立身第一义，必真知力行，奉此心为严师。"⑥ 认为，孝、友、勤、俭四者乃修身第一要义。明人吴麟征在《教诲语》中说："立身修行之道，第一要诚实。人之学术有深浅，器量有大小，大可以强国，小可以治家。要须立得诚实两字，则各成片断，皆可以自立于世。"⑦

如何进行修身养性呢？途径主要就是行为守礼、勤奋习业、节俭惜物、

① ［清］陈宏谋辑 . 五种遗规［M］. 北京：线装书局 ,2015:201.
② 从余选注 . 中国历代名门家训［M］. 上海：东方出版中心 , 1997:11.
③ ［清］王夫之著 . 姜斋文集校注［M］. 湘潭：湘潭大学出版社 ,2013:137.
④ 闻世震著 . 郑板桥年谱编释［M］. 沈阳：辽宁人民出版社 ,2014:285.
⑤ 李楠编著 . 传世家训家书宝典［M］. 北京：西苑出版社 , 2006:125.
⑥ 魏舒婷编写 . 传统家训［M］. 合肥：黄山书社 , 2012:111.
⑦ 王长金著 . 传统家训思想通论［M］. 长春：吉林人民出版社 ,2006:239.

择善而处等等。明代大儒方孝孺在家教中特别注重礼制教育，认为："国不患乎无积，而患无政；家不患乎不富，而患无礼。……礼以正伦，伦序得则志一，家合为一而不富者未之有也。"① 他的理想家庭模式是："为家以正伦理、别内外为本，以尊祖睦族为先，以勉学修身为教，以树艺畜牧为常。守以节俭，行以慈让，足己而济人，习礼而畏法，亦可以寡过矣。"② 为此，他亲自撰写家教著作《幼仪杂箴》，为自己和家人制定了详细具体的行为规范，由此实现儒家修齐治平的人生理想。

修身最基本的要求就是孝悌仁爱。清代雍正皇帝辑撰康熙帝的《圣谕广训》"以孝悌开其端"，把孝推到极高地位，认为孝是"天之经、地之义、民之行"，要求"人子欲报亲恩于万一，自当内尽其心，外竭其力，谨身节用，以勤服劳，以隆孝养。"③ 清代进士张习孔，官至山东提学佥事。他年幼丧父，母亲含辛茹苦将他和弟弟养大。他勤奋读书，科考做官，深知治家之艰难、守成之不易，因此著《家训》以诫子孙。他的《张氏家训》开宗明义，强调孝悌为人立身之本："人之立身，本于孝弟。孝弟克全，则礼义自生，而忠信廉耻，悉举之矣。"④

读书学习既是增长个人见识修养、实现人生理想的重要途径，在明清社会也是应举做官、显亲耀宗、光耀门楣的主要手段，因而勉学劝学成为明清家教的重要内容。清人朱柏庐在《朱子家训》中说："子孙虽愚，经书不可不读。"⑤ "所谓人者，不但中举人进士要读书，做好人尤要读书。"⑥ 明代于谦从塞北寄《示冕》家诗一首，其中有"好亲灯火研经史""莫负青春取自惭"⑦ 两句，劝长子于冕惜时好学。曾国藩在《咸丰四年七月廿一日与诸弟书》中说道："家中兄弟子侄，总宜以勤敬二字为法。一家能勤能敬，

① [清] 黄宗羲.明儒学案·诸儒学案上一 [M].北京：中华书局，1985:1048.
② [清] 黄宗羲.明儒学案·诸儒学案上一 [M].北京：中华书局，1985:1048.
③ 王新龙编著.中华家训 2·圣谕广训 [M].北京：中国戏剧出版社，2009:73.
④ 赵振著.中国历代家训文献叙录 [M].济南：齐鲁书社,2014:326.
⑤ [清] 陈弘谋撰.五种遗规 [M].南京：凤凰出版社,2016:34.
⑥ [清] 陈宏谋辑.五种遗规 [M].北京：线装书局,2015:232.
⑦ [明] 于谦著，林寒选注.于谦诗选 [M].杭州：浙江人民出版社，1982:71.

虽乱世亦有兴旺气象；一身能勤能敬，虽愚人亦有贤智风味。吾生平于此二字少工夫，今谆谆以训吾昆弟子侄，务宜刻刻遵守，至要至要。"①

勤俭节约是中华民族的传统美德，历代家教都不乏这方面的内容，明清时期也不例外。明清时期的家长经常教育子孙节俭惜物，告诉子弟："一粥一饭，当思来处不易；半丝半粒，恒念物力维艰。"②明人姚舜牧在《药言》中说："居家切要，在'勤俭'二字。"③曾国藩不仅自己非常崇尚节俭，还经常对家人进行这方面的教育，他在《书赠仲弟六则》中谆谆教诲弟弟说："凡多欲者不能俭，好动者不能俭，多欲如好衣、好食、好声色、好书画古玩之类，皆可浪费破家。弟向无癖嗜之好，而颇有好动之弊。今日思作某事，明日思访某客，所费日增而不觉。此后讲求俭约，首戒好动。不轻出门，不轻举事。不特不作无益之事，即修理桥梁、道路、寺观、善堂亦不可轻作。举动多则私费大矣。其次，则仆从宜少，所谓食之者寡也。其次，则送情宜减，所谓用之者舒也。否则今日不俭，异日必多欠债，既负累于亲友，亦贻累于子孙。"④

择友交游亦是为人处世之大事，其原则应当是以德交友，广交良友。清初理学家张履祥《训子语》曰："朋友之交，皆以义合。故曰：'友也者，友其德也。'"⑤清代大学者纪昀在家书《谕儿》中叮嘱儿子说："尔初入世途，择友宜慎，友直友谅友多闻益也。误交真小人，其害犹浅；误交伪君子，其祸犹烈矣。"⑥交友时既要学会区别好坏，更要善于发现真伪，尤其要警惕那些外表高贵、内心险恶的伪君子。明人吴麟徵在其《家诫要言》中教育子孙说："师友当以老成庄重、实心用功为良。若浮薄好动之徒，无益有损，断断不宜交也。"⑦认为交友当交老成持重、勤奋上进之人，而不可

① ［清］曾国藩著 . 曾国藩家书 上 [M]. 北京：东方出版社 ,2014:278-279.
② ［清］陈弘谋撰 . 五种遗规·朱子治家格言 [M]. 南京：凤凰出版社 ,2016:34.
③ 陈明编著 . 中华家训经典全书 [M]. 北京：新星出版社 , 2015:416.
④ ［清］曾国藩著 . 曾国藩全集 文集 上 [M]. 石家庄：河北人民出版社 ,2016:164.
⑤ 张天杰等选注 . 张履祥诗文选注 [M]. 杭州：浙江古籍出版社 ,2014:268.
⑥ 乙力编 . 中国古代名人家书 [M]. 兰州：兰州大学出版社 ,2004:126.
⑦ 周秀才等编 . 中国历代家训大观 上 [M]. 大连：大连出版社 ,1997:475.

交浮夸浅薄、不能脚踏实地之人，交这种朋友只有坏处没有好处。清人蒋伊的《蒋氏家训》中说："宜慎交游，不可与便佞之人相与，少年心性把握不定，或落赌局，或游狎邪，渐入下流矣。"① 少年时期交朋友更应该慎重选择，因为少年人心性不定，有时候自己把持不住，万一跟着坏朋友赌博游狎，那就误入歧途了。

2. 为人处世

明清时期的家教注重对子孙修身养性教育的同时，也加强对子孙自立自强、读书科考、忠正清廉等为人处世方面的教育。

明清时期的许多有识之士注重对子孙自立自强教育，不让子孙依仗父祖权威、万贯家产，教育他们靠自己的努力学习真才实学，以立足于社会，只有这样家道才能传承久远。明末进士温以介总结其母平时训诫他的言语，撰成《温氏母训》以留传后世。温母曾说："岂有子孙专靠祖宗过活？天生一人，自料一人衣禄。若有高低，各执一业，大小自成结果。今见各房子弟，长袖大衫，酒食安饱，父母爱之，不敢言劳。虽使先人贻百万赀，坐困必矣。"② 清人孙奇逢《孝友堂家训》中说："子弟不成人，富贵适以其恶；子弟能自立，贫贱益以固其节。"③ 认为如果子弟不能成人，财富反倒成了他恶行的资本；如果子弟能够自立，贫贱会成为他砥砺节操的条件。

科举制度从隋至清，存在了 1000 多年的时间，对我国传统社会的政治、经济、文化等都产生了极其深远的影响。明清时期，读书应举做官仍然是大多数读书人的人生目标和价值追求。士子们为求科名，不得不忍受各种痛苦和折磨，寒窗苦读，经历一次次的考试。许多家庭往往是举全家之力，供给与培养一个人科考。一旦成功登第入仕，便可光宗耀祖、显耀门楣。因此，教育子孙读书科考是明清家庭教育的主要内容之一。明初理学家薛瑄《示儿》诗曰："我祖自奚仲，奕代河东居。家本尚儒素，业岂羞

---

① 包东坡选注. 中国历代名人家训精萃 [M]. 合肥：安徽文艺出版社,2000:338.

② 张鸣，丁明编. 中华大家名门家训集成 上 [M]. 呼和浩特：内蒙古人民出版社，1999:877.

③ 周秀才等编选. 中国历代家训大观 下 [M]. 大连：大连出版社,1997:525.

寒虚。先君绍前烈，奋迹由诗书。勤勤教诸子，为善乐有余。藐孤钦诲言，而敢忘斯须。忆从向学日，爰自丱角初。吟哦竟朝昏，诵习忘饥劬。收敛心自得，放佚已不趋。周旋恐失坠，日奉庭闱娱。立年忝科名，严训尤渠渠。进学固无怠，即仕其慎诸。承欢曾几何，风木俄悲吁。追慕复何及，首疾心更愈。中间趋明诏，皇渥弥寰区。禄有不家食，官有台阁居。循才觉屡弱，素报知蔑如。以兹宠若惊，自治如蓄畲。更念汝四子，赋质各有殊。当思祖泽长，勿贻汝父虞。……"①追溯家史"先君绍前烈，奋迹由诗书"，自己勤奋苦读，终能"立年忝科名"，由此"皇渥弥寰区"，"官有台阁居"，教育四个儿子"勿贻汝父虞"，读书科考做官乃士大夫正途。明代思想家王守仁极为重视家中子弟为科考勤奋读书，在听到子侄学业进步时竟高兴得睡不着觉，于是写信勉励他们说："近闻尔曹学业有进，有司考校，获居前列，吾闻之喜而不寐。此是家门好消息，继吾书香者，在尔辈矣。勉之勉之！"②

在儒学修齐治平人生理想教导下，历代圣贤及统治阶级中有识之士都注重教育子孙勤政为民、廉洁奉公，明清时期的家教亦是如此。清代学者聂继模，其子聂焘在乾隆年间以进士身份出任县官，聂继模特作《诫子书》谆谆教导儿子："山僻知县，事简责轻，最足钝人志气，须时时将此心提醒激发……若因地方偏小，上司或存宽恕，偷安藏拙，日成痿痹，是为世界木偶人，无论将来不克大有所为，即何以对此山谷愚民？且何以无负师门指授？此乃尔下半生事，与父母毫无干涉，儿孙更勿论也。"为养成勤政的习惯，"居官者宜晚眠早起，头梆礧漱，二梆视事，虽无事亦然，庶几习惯成性，后来猝任繁剧，不觉其劳，翻为受用"。③明代彭泽任徽州知府时，因为将要嫁女，置办了几十件漆器，派人送到家中。其父看到，非

① 赵忠心编著.中国家庭教育五千年 第2版[M].北京：中国法制出版社,2003:283-284.
② [明]王守仁著；徐枫点校.王阳明全集 3·赣州书示四侄正思等[M].天津：天津社会科学院出版社,2015:51.
③ 包东坡选注.中国历代名人家训精萃[M].合肥：安徽文艺出版社,2000:325.

常生气地说："吾以泽居官，为天子爱民节财，及今数月未闻善政，而以官物来家，即贫不可荆布遣官耶！"①然后放火给烧了，并徒步到徽州，"杖泽堂下"，②彭泽从此更加严格要求自己，以至于他死后两个妾"衣食不给"。③彭泽的清正廉洁正是他父亲家庭教育的成果。明代名臣王翱清廉耿介，景泰年间任吏部尚书，负责掌管天下官吏选拔晋升，却不为女婿贾杰调任京师，夫人为女婿向王翱求情，"翱怒，推案，击夫人伤面"。"孙以荫入太学，不使应举，曰：'勿妨寒士路'"。④王翱以实际行动教育子孙为官要清正廉洁。

3.治生理财

治生即治家人之生业，就是经营家业，谋取生计，以期获得和积累私人财富。治生是个人和家庭生活必不可少的物质基础，也是学者治学论道的生计保障。明清时期，各类家训著述中有很多关家庭治生问题的论述。如明代宋诩在《宋氏家要部》中列"理家之要"34条，详细论述治生问题；清代高拱京在《高氏塾铎》中明列"治生勤"为六则之一。在自然经济占主导地位的传统社会，居家治生主要是以耕读为本，男耕女织，劳动致富，勤俭持家，成为大多数家庭的训条。吕坤《孝睦房训辞》曰："传家两字，曰读与耕。兴家两字，曰俭与勤。"⑤

治生之道以勤、俭为原则，勤劳才能广开财源，节俭才能积累财富。孙奇逢在《孝友堂家训》中说："勤俭一源，总在无欲。无欲自不敢废当行之事，自无礼外之费，不期勤俭而勤俭矣。"他还曾与诸子就"勤"与"俭"孰重孰轻进行讨论："谓诸子曰：'居家勤俭，孰为居要？'博雅曰：'勤非俭，终年劳瘁，不当一日之侈靡。'《书》曰：'慎乃俭德，惟怀永图。'子曰：'礼，与奢也，宁俭。'似俭尤要。望雅曰：'一生之计在勤，一年之计

① 胡发贵著.儒家文化与爱国传统[M].上海：上海社会科学院出版社,1998:167.
② [清]张廷玉等撰.明史·彭泽传[M].北京：中华书局，2000:34902.
③ [清]张廷玉等撰.明史·彭泽传[M].北京：中华书局，2000:3492.
④ [清]张廷玉等撰.明史·王翱传[M].北京：中华书局，2000:3129.
⑤ 从余选注.中国历代名门家训[M].上海：东方出版中心，1997:54.

在春，一日之计在寅。治家、治国、治身、治心，道岂有先于此者乎？似勤尤要。'二者皆要，尤要在克勤克俭之人耳。"① 因此，倡勤俭、厉节约，是明清家教中很重要的内容。明代庞尚鹏《庞氏家训》对家人日常生活、迎来送往、人情世故、冠婚祭祀等方面都提出了具体标准，力戒子弟奢靡。明代何伦在家规中专列"节义勤俭之规"，要求家人勤俭治生理家。彭定求的"成家十富，败家十穷"更是他治生理家经验之集中概括。

治生需要有道，更需有业，家人子弟有无治生之业以及如何择业，直接关系到家门的兴衰荣辱，因而明清家教对治生之业也很重视。受传统崇本抑末、重农抑商思想的影响，明清之人认为农业是治生之正道。如清代张履祥主张"治生以稼穑为先，舍稼穑无可为治生者"。② 清代张英也主张治生当以务农力田为本，"守田者不饥。此语足以长世，不在多言"。③ 认为只有保护、扩大地产才是治生正途。中国自古以来都是农业立国，同时又深受儒家"学而优则仕"的传统思想影响，因而耕读结合历来是一种最稳妥的理想治生处世之道。清代高拱京《高氏塾铎》曰："治生之道，读书之暇，即当用力农圃，不惮胼胝之劳。"④

受明清时期工商业发展的影响，尽管耕读结合仍是明清时期的人们优先的从业选择，但是也有人提出士、农、工、商诸业均可为治生之业的观点。温璜《温氏母训》曰："治生是要紧事"，"士、农、工、商各执一业，各人各治所生，读书便是生活。"⑤ 姚舜牧《药言》亦曰："人须各务一职业。第一品格是读书，第一本等是务农。此外为工为商，皆可以治生。"⑥ 谢启昆《训子侄文》强调："士之攻书，农之力田，工之作巧，商之营运，正其

① 周秀才等编选 . 中国历代家训大观 下 [M]. 大连：大连出版社，1997:540.
② 倪文杰，韩永主编 . 古今图书集成精华 2· 初学备忘 [M]. 北京：人民中国出版社 ,1998:1352.
③ 从余选注 . 中国历代名门家训· 聪训斋语 [M]. 上海：东方出版中心，1997:60.
④ 徐梓编注 . 家训 父祖的叮咛 [M]. 北京：中央民族大学出版社，1996:281.
⑤ 从余选注 . 中国历代名门家训 [M]. 上海：东方出版中心，1997:252-253.
⑥ 从余选注 . 中国历代名门家训 [M]. 上海：东方出版中心，1997:252.

受用时也。"①

4. 商贾家教

中国古代商贾家教产生于先秦，不少商人在传统社会普遍轻商的大环境下，仍然自尊自重、敬业乐业，并传业于子弟。明清时期，随着商品经济的发展，传统社会的轻商观念受到冲击。不仅有些文人弃儒从商，而且官员当中也有经商者。这种变化反映在家教上就是从过去单一教子耕读结合，变为耕读结合与读书从商并行。

明清有些商人从商阅历丰富，且具有一定的文化修养，他们为了教育子孙，进行营商启蒙教育，往往会把自己经商的经验教训写成富含商业伦理内容的书文，教育子弟。如儋漪子编《士商要览》、王秉元辑《生意世事初阶》、吴中孚辑《商贾便览》等。这些商贾家教著作最重要的内容就是经商所必要的商业道德和对各种不测的防备。清代署名"涉世老人"的《营生集》就是较为典型的一种，他要求儿孙们对它"勿等闲视之，须当珍藏在身，时取便览，更以流传后代，世世保守，免少年不通世故致浮荡自误，流为匪类。"②

山西太谷县曹氏家族发迹于明末清初，是山西著名的富商之一。曹氏的家族教育就始终将商业知识作为教育的重点，从教师的选择和科目的设置都能明显体现出这个特点。曹氏家族十分重视教师的选择聘用。凡充任教师者必定要符合七种条件：忠于曹家，商德高尚，能言传身教，从商经验丰富，说写算能手，充任过曹家商号掌柜、账房、"钦差"的，身体健康。因此曹家书院的教师多是其总商号的掌柜、二掌柜、账房先生等人。这些人培养出的学生多是商海行家里手，成为曹家商业的重要人物。曹家子弟的学习科目也是围绕商业经营设置的。年少时授启蒙识字读物，如《三字经》《千字文》等启蒙书，还有《方言应用杂字》一类本地编辑的幼学读本。随着年龄增长，渐渐开始学习《小学》《颜氏家训》《孝经》《幼学琼

---

① 　从余选注.中国历代名门家训 [M].上海：东方出版中心，1997:253.

② 　依然，晋才编.中国古代童蒙读物大全 [M].北京：中国广播电视出版社，1990:244.

林》《朱子治家格言》等，这些都属于基础文化教育。十四五岁以后就要进行商业理论与技能的学习。带有山西商人特色的《贸易须知》一书是由晋商无名氏在《生意世事初阶》基础上增删编成，目的是便于子弟学习商贸经营应注意的各类事项。这本书就是在太谷曹家发现的，它被用作曹家家族教育的教材是无疑的。①

　　商贾家族通过祖上的艰苦努力，逐渐积累了巨额财富，确立了家族的经济地位之后，为提高家族的社会地位，往往非常注重对子孙的文化素质教育。明清时期，科举制度的发展为商人阶层提供了入仕的阶梯。明清商人在积累了巨额财富后，往往尽可能地让适龄子弟入学读书，以期通过科举入仕提高家族的社会名望和社会地位。徽州商人汪名镗从事海上贸易大获成功，临终之前告诫诸子："吾家世着田父冠，吾为儒不卒，然簏书未尽蠹，欲大吾门，是在尔等。"明代凌珊，"早失父，弃儒就贾"，"恒自恨不卒为儒，以振家声，殷勤备脯，不远数百里迎师以训子侄。起必侵晨，眠必丙夜，每日外来，闻咿唔声则喜，否则瞋。其训子侄之严如此。""一日语室人曰：'儿虽幼，已为有司赏识，吾与尔教子之心当不虚。异日者尔随任就养，必教儿为好官，以不负吾志乃可。'"②

　　当然，明清商贾家族的文化教育也并非都只是为了科举应试，让本族子弟"读书明大义，识道理，即经营生理，明白者自不至于受人之愚"，③也是商贾家族文化教育的一大目的。只有掌握一定的文化知识，才能在商业活动中分析自然和社会各种因素对供求关系的影响，把握市场形势，从而在取予进退之间不失时机地做出正确的判断，以获得厚利。同时，只有具有一定文化知识，才能提高商人的自身素质，具备一定的管理与组织能力，这是加强行业间交往联系，扩大商业经营规模的必备条件。明清时期许多

①　党明德，何成主编.中国家族教育 [M].济南：山东教育出版社,2005:279-280.

②　唐力行著.延续与断裂 徽州乡村的超稳定结构与社会变迁 [M].北京：商务印书馆,2015:42.

③　李文治，江太新著.中国宗法宗族制和族田义庄 [M].北京：社会科学文献出版社,2000:313.

著名的成功商人都具有较高的文化知识。如明代晋商王文素自幼涉猎书史，诸子百家，无所不通。祁门盐商马曰琯"好学博古，考校文艺，评骘史传，旁逮金石文字"，其弟马曰璐与兄齐名，号称"扬州二马"，藏书十余万卷，位列江浙四大藏书家之首。

明清商贾家教除了注重经商技能传授和文化素质教育之外，还特别注重对子孙商业道德伦理的教育。如以义为利、以诚待人、克勤克俭等。清代道光年间的徽州商人舒遵刚曾从商人的角度对义、利关系进行了详尽的阐述。他说："生财有大道，以义为利，不以利为利。"清代的凌晋，便是徽商中"以义为利"的一个典型。他家居歙邑，"虽经营阛阓中，而仁义之气蔼如。与市人贸易，黠贩或蒙混其数，以多取之，不屑屑较也；或讹于少与，觉则必如其数以偿焉。然生计于是乎益殖"。① 明代徽州商人吴南坡十分重视经商信誉，他曾说："人宁贸诈，吾宁贸信，终不以五尺童子而饰价为欺"。他以这种思想指导经商，以致"四方争趣坡公。每人市视封，识为坡公氏字，辄持去，不视精恶短长"。明代徽州休宁商人程家第"一以信义服人"，并将其诚信精神教育家族子弟。他的儿子程之珍"承公遗谋，信洽遐迩，大焕前猷，丰亨愈大，迥异寻常"。② 辛勤经营与厉行节约是商人成功的主要因素，明清时期的商贾家教力倡勤俭持家。清代徽商鲍志道出身贫寒，以经营盐业发家，是当时著名的大商贾，"拥资百万"，被推为两淮总商，但他勤俭持家，厉行节约，矫革侈奢，家中不演戏，出门不坐车马，并且严律家人，"其妻妇子女，尚勤中馈簠簋之事"。③

5. 科技家学

明清科技的发展出现了新的时代特征，一方面，传统科技继续发展，出现了像李时珍的《本草纲目》、宋应星的《天工开物》、徐霞客的《徐霞客游记》、张履祥的《补农书》以及官修的《医宗金鉴》等科技名著；另一方面，西方近代科技开始传入我国，形成西学东渐之风，出现了中西结合

---

① 党明德，何成主编. 中国家族教育 [M]. 济南：山东教育出版社,2005:277.

② 党明德，何成主编. 中国家族教育 [M]. 济南：山东教育出版社,2005:276-277.

③ 党明德，何成主编. 中国家族教育 [M]. 济南：山东教育出版社,2005:287.

的新型科技家学。

传统科技家学方面，明清官方的医学和天文历算学有更加注重家学的倾向。如《明史·方伎传序》说："医与天文皆世业专官，亦本《周官》遗意。"①洪武六年（1373年）还规定：钦天监子弟"永远不许迁动，子孙只习学天文历算，不许习他业。其不习学者，发海南充军。"②明代中央医学校设在太医院，医学生皆以医家子弟及父祖世业的医士充任。清代医学教育基本因袭明制，但太医院主要为王公治病，不以教育为主。医学人才主要靠民间私学和家传培养，天文、历算也主要收世业子弟。

明清医学家学成就显著，培养了一大批医学人才。例如，明代名医倪维德，父祖皆以医显。倪维德继承祖业，在家学的基础上，又研读金人医书，"出而治疾，无不立效"。③明代名医盛寅，受业于同郡人王宾，"医大有名"，④永乐初为医学正科。"寅弟宏亦精药论，子孙传其业"。⑤

16世纪末至18世纪初，即明万历至清康熙的100多年中，西方近代科学技术开始传入中国。1582年，意大利传教士利玛窦乘船到达中国，揭开西学东渐的序幕。利玛窦在北京居住了10年，翻译大量科技著作。其后，西方传教士如熊三拔、艾儒略、汤若望、南怀仁、庞迪我等纷纷来华，他们在传教的同时，或翻译西书，或引进天文观测仪器，或帮助培养通西方历算的人才。当时封建统治者对西方科技的传入采取了较开明的政策，一些掌握科技知识的士人积极与传教士合作，吸收、传播先进知识，形成自欧洲近代科技诞生以后的第一次中西科技交流，对我国科技事业的进步产生了深远的影响。徐光启、梅文鼎等人是较早吸收并传播西学的先进士人，他们的家教是这一时期新型科技家学的典型。

徐光启（1562—1633年）字子先，上海县徐家汇（今属上海市）人，

① ［清］张廷玉等撰.明史·方伎传［M］.北京：中华书局，2000:5111.
② 陈晓中，张淑莉著.中国古代天文机构与天文教育［M］.北京：中国科学技术出版社，2013:164.
③ ［清］张廷玉等撰.明史·方伎传［M］.北京：中华书局，2000:5113.
④ ［清］张廷玉等撰.明史·方伎传［M］.北京：中华书局，2000:5119.
⑤ ［清］张廷玉等撰.明史·方伎传［M］.北京：中华书局，2000:5120.

明万历三十二年（1604年）进士，崇祯五年（1632年）年升任礼部尚书兼东阁大学士，并参机要。次年兼任文渊阁大学士。他跟随利玛窦学习天文、历算、火器、测量等科技，与利玛窦合译《几何原本》等科学著作。他对天文、历法、地理、水利、屯田、盐策、火器等都有研究，著述达60多种，其中对农学的贡献最大。徐光启生活的时代，明王朝已到了晚期，先后遭倭寇和清军的侵扰。他认为："富国必以本业，强国必以正兵。"① 故把农学和兵器作为其重点研究对象。他翻译了《泰西水法》；编写了农学巨著《农政全书》60卷，系统总结了17世纪以前我国农业生产技术。

对徐光启来说，家庭是其农学实验的场所。他在家中开辟了一个小规模试验园，种植某些高产作物和药草，进行施肥、接种、制药等科学实验，并把实验的结果收入《农政全书》。徐光启的家庭教育与这种实验是密切结合的，我们可以从现存的少量家书中窥见其科学实验和家教的概况。如他在家书中教家人用新法种植葡萄："城外新插葡萄，秋冬间可剪去细枝，只留一根在直上，仍用竹木帮定，令其势直上，成一树，待高与人齐，便如剪桑法年年剪去细条，大约如乔海宇家城中园内梅花堂四紫薇花样就是。数十年后，其根如柱，亦只高得四五尺，顶上撺出大干如椽，亦只七八条，长二三尺，如此则七八尺地便是一株，一株上便可生子数斗，每一亩可收百斗，此西洋法也。……今用西洋法种得白葡萄，若结果，便可造酒、醋，此大妙也。"② 他又传授西人庞迪我所教的西药制造法："庞先生教我西国用药法，俱不用渣滓，采取诸药鲜者，如作蔷薇露法收取露，服之神效。此法甚有理，所服者皆药之精英，能透入脏腑肌骨间也……又，各种要用之药，凡成熟时，便可取了露，各种收藏，又经久不坏，待用时合来便是，所以为妙。"③

徐光启不仅学习外国的新技术，还善于吸收外地的先进方法。如他在家书中嘱咐家人，引进浙中的乌臼，雇请湖州人养蚕做丝，同时向他学习

① [明] 徐光启. 徐光启集·与焦老师书 [M]. 上海：上海古籍出版社，1984:501.
② [明] 徐光启. 徐光启集·家书 [M]. 上海：上海古籍出版社，1984:487.
③ [明] 徐光启. 徐光启集·家书 [M]. 上海：上海古籍出版社，1984:488.

做丝技术："顾（雇）了一两年，人都学会了。若沿俗习非，终无长进也。凡事皆如此，切记！"①徐光启一生都在努力学习新科技，反对因循守旧，这种积极进取精神在他的家教中有所显示。

徐光启经常与传教士接触，较早受到西方观念的影响，故能突破士大夫耻于言商的传统观念，运用租赁等经营方式，增加家庭财富。如他在家书中要家人保留"西舍油车屋并店房"，"待我回来造桥借人开店方是"。②他又教家人尽量开荒，"即几亩也不妨也。闲时种成，他日租与人，亦不失地租"。③

梅文鼎（1633—1721年）字定九，安徽宣城（今安徽宣州）人，清初天文科学家、数学家。他有良好的家学渊源，其父爱好天文之学，他"儿时侍父士昌及塾师罗王宾仰观星象，辄了然于次舍运转大意"。④成年后师从竹冠道士倪观湖，受麻孟旋所藏台官《交食法》，废寝忘食，广搜残编散帖，手自抄集，反复研究，成为天文数学大家，共著书80多种，收入《梅氏丛书辑要》的有30多种。

在梅文鼎的影响下，其弟弟、子孙均专于天文历算。如其子梅以燕"于算学颇有悟人，有法与加减同理，而取径特殊，能于《恒星历指》中摘出致问，文鼎所谓'能助余之思'也"。⑤梅以燕之子梅珏成成就更大。梅珏成自小习闻历算，聪明过人，肄业于内廷专习科技的蒙养斋，参与编写《御制数理精蕴》《历象考成》等书，著有《增删算法统宗》《赤水遗珍》等书。明文馆开，梅珏成参与修订《天文》《历志》，对其体例多所发明。还有梅文鼎重孙梅钫、季弟梅文鼎、从弟梅文鼐皆有名，梅文鼎一家数代出了10多个天文历算学家。

① ［明］徐光启.徐光启集·家书 [M].上海：上海古籍出版社，1984:488.
② ［明］徐光启.徐光启集·家书 [M].上海：上海古籍出版社，1984:486.
③ ［明］徐光启.徐光启集·家书 [M].上海：上海古籍出版社，1984:483.
④ ［民国］赵尔巽等撰.二十五史全书·清史稿·畴人传一 [M].呼和浩特：内蒙古人民出版社,1998:1353.
⑤ ［民国］赵尔巽等撰.二十五史全书·清史稿·畴人传一 [M].呼和浩特：内蒙古人民出版社,1998:1354.

梅文鼎能正确地引进、消化西方科技知识，他吸收西方科技，但不盲目崇拜，对祖国传统科技并没有加以否定，而是力图做到中西结合、取长补短。史称"万历中利玛窦入中国，始倡几何之学，以点线面体为测量之资，制器作图，颇为精密。学者张皇过甚，未暇深考，辄薄古法为不足观；而株守旧法者，又斥西人为异学：两家之说，逐成隔碍。文鼎集其书而为之说，用筹、用尺、用笔，稍稍变从我法。若三角、比例等，原非中法可赅，特为表出。古法方程，亦非西法所有，则专著论，以明古人之精意不可湮没。"① 这段话是对梅文鼎融贯中西的业绩的中肯评述。

梅文鼎的子弟也善于糅合中西之长，如梅珏成吸收西法之借根方证其天元一之术；梅文鼏著《中西经星同异考》，力求在综合中西知识的基础上对传统天文历算学有所改进。梅文鼎的家学对于明清之际中西科技的融合与我国科技的发展做出了巨大的贡献。

二、明清家教的主要方法

明清家教在继承中国传统家教方法的同时，又受到新的社会思潮的影响，对家教方法进行了较深入的探讨，提出了一些新的见解。

1. 严而有方，重在身教

传统家教一般都主张教子宜严，明清时期的人亦持此观点。如清人王心敬《丰川家训·课子随笔钞》曰："人家欲家道之绵长，教子乃其首务。须以严正为贵。正则子不至于越礼犯分，严则子不至于纵欲败度，积习久之，自然习惯性成。但得中材，当能守分循矩，不失为世上善人。但得善人，则家世所益亦非浅鲜。"② 认为教子当严正。但严并非是动辄打骂，而是事事教导，严格要求。石成金说："严之一字，不是只在朝打暮骂，须要

---

① [民国] 赵尔巽等撰. 二十五史全书·清史稿·畴人传一 [M]. 呼和浩特：内蒙古人民出版社,1998:1353.

② 顾明远总主编. 中国教育大系 历代教育制度考 2 [M]. 武汉：湖北教育出版社,2015:1616.

事事指引他，但不许他放肆非为。"① 同时，对于性情乖僻的子弟，不要一味的严厉，要耐心细致，以情感化，防止他产生逆反心理，事与愿违。正如李惺在《冰言补》中所说："教子弟宜严，至不肖子弟乖戾傲僻，习与性成，苟督之过急，势必激而愈甚。是宜从容譬喻，委曲敷陈，以悱恻缠绵之意行之，至于日惭月化，彼或悔心一萌，竟回心向道，亦未可知。教不必一于严，要之，不可不教也。"②

在对"严"的理解上，明清时期的人还提出了自己的见解。所谓严，强调的是家长的严于律己、以身作则。刘沅《寻常语》曰："世人错解严父、严师，谓教子弟以严，其误天下不少。严非宽严之严也，父母师长正身作，则曰严正、端严、威严，在子弟则严惮之。若不修身，不善其教，所谓身不行道，不行于妻子，使人不以道，不能行于妻子，徒严何益？"。③ 清人陆桴亭《思辨录辑要》曰："教子须是以身率先，每见人家子弟，父兄未尝着意督率而规模动定，性情好尚，辄酷肖其父，皆身教为之也。念及此，岂可不知身省。"④

2.顺应天资天性，渐渍化导

随着社会文明程度的提高，人的个性逐渐受到尊重，明清时期出现了顺应孩子的天资而施教，不压抑儿童个性、天性的教育观点。王夫之在总结其父教育子孙的经验时说："又尝谓子孙不能通六艺者，当令弱者习医，愚者习耕，不可令弄笔墨，以售其不肖。……不敢不敬述之，以诏后人者也。"⑤ 这里强调的是家教中应正视子孙天资差异问题，教育的要求不能整齐划一。李贽倡导"童心说"，主张学习"不必矫情，不必逆性，不必昧心，不必抑志"，要"直心而动"。⑥ 王士俊在《闲家编》中抨击了那种"惟事扑责，不顾子弟之所安，不谅子弟之所禀"的武断、粗暴方式，认为宜

① [清]石成金编著.传家宝全集 1[M].北京：线装书局,2008:14.
② 马镛著.中国家庭教育史[M].长沙：湖南教育出版社，1997:435.
③ 周秀才等编选.中国历代家训大观 下[M].大连：大连出版社，1997:810.
④ 周祥坦编.教子语录[M].上海：上海大学出版社，2008:302.
⑤ 王夫之.船山遗书 第 7 卷·姜斋文集补遗[M].北京：北京出版社，1999:4270.
⑥ [明]李贽.焚书续焚书·失言三首[M].北京：中华书局，1975:82.

"顺其天真，养其灵觉，自然慧性日开，生机日活"。① 李惺也主张："教子忌姑息，亦不宜备责苛求。倘拘束过急，仅令聪明锢蔽，胸次不开。惟严而不过于严，使之从容于法度中，而不夭阏其天机，方是善教。"②

与反对过份拘束孩子个性、天性的思想相联系，明清时期的家庭教育还出现了提倡化导的主张。清人汤斌说："齐家之道最难。周子云：家亲而国与天下疏。惟其亲故不可以义伤恩，又不可以恩掩义。然则教家者，亦惟渐渍化导而已，久当自变也。"这里他所说的"渐渍化导"，是指家长以自己的言行为家人树立良好的榜样，形成良好的家风，使子弟耳濡目染，久之自化："家道惟创始为难。久则相承，即间有不率，礼义之风已成，可观摩而化也。"③ 魏象枢也说："古之为教也。非以绳束之也，导其自适而已。"④

3. 循序渐进，注意与学校教育的配合

人的思维发展具有一定的阶段性和顺序性，家庭教育应根据儿童不同阶段的特点选择不同的教育内容，采取不同的教育方式，以适应儿童的接受能力，并能进一步促进儿童智力的发育。明代思想家王守仁即主张家庭教育应顺应儿童特点，加以启发诱导，他说："大抵童子之情，乐喜游而惮拘检，如草木之始萌芽，舒畅之，则条达，摧挠之，则衰萎。"⑤ 清康熙皇帝的《庭训格言》中也说："朱子云：读书之法，当循序而有常，致一而不懈……凡读书人，皆宜奉此以为训也。"⑥

随着社会的发展，教育制度的完备，学校教育是文化知识传授的主要渠道，家庭教育则起着必要的配合作用，明清时期的人已充分认识到这一点。清人唐彪的《父师善诱法》对家庭教育中子弟学前教育的任务和入学后父兄的配合辅导进行了较为详细的阐述，他认为"生子至三四岁，口角

① 马镛著.中国家庭教育史 [M].长沙：湖南教育出版社，1997:436.
② 喻本伐著.中国幼儿教育发展史 [M].武汉：华中师范大学出版社，2012:85.
③ [清] 陈宏谋辑.五种遗规·汤潜庵语录 [M].北京：线装书局，2015：250.
④ 马镛著.中国家庭教育史 [M].长沙：湖南教育出版社，1997:437.
⑤ 张世欣著.师道观的解读与重构 [M].杭州：浙江大学出版社，2007:30.
⑥ [清] 康熙撰.庭训格言 [M].郑州：中州古籍出版社，2010:151.

清楚，知识稍开"，即应开始识字教育。其方法是："用小木板方寸许四方者千块，漆好，朱书《千字文》，每块一字，盛以木匣，令其子每日识十字，或三五字，复令凑集成句读之。"唐彪还提出，对幼儿应据其好动爱玩的特点，让他们把识字板当玩具，"或聚或散，或乱或齐，听其玩耍，则识认是真"，在愉快的游戏中学习。儿童在识了一些字以后，入塾读书就感到容易了，而且还初步养成读书习惯，"目之所视，亦知属意在书，而不仰天口诵矣"。[①] 这里说明对幼儿学前教育的目的在于培养其学习习惯，减轻入学以后学习的难度。对幼儿的教育方法应当是寓教于乐、循序渐进。

儿童入学以后，家长则主要配合学校教育，传授读书方法，指导学习。明清时期儿童一般 6 至 8 岁上学读书，或延师在家就读，或入私塾读书。儿童上学，家长则要督促其背书习字。传统儿童教育强调背诵，而清代有人则主张，通过讲解开其智慧。唐彪提出："子弟年虽幼，读过书宜及时与之讲解，以开其智慧。"但儿童见识不广必须"专讲其浅近者"，使儿童理解，在理解的基础上记忆："惟将所解之书义，尽证之以日用常行之事，庶几能领会，能记忆。"他提倡书要熟读，熟读之法："先将一节书反复细看，看得十分明白，毫无疑了，方始及于次节。如此循序渐进，积久自然能处贯通，此是根本工夫。"但儿童读书不能过多，过于紧张，要有"从容自得之乐"。只要不间断，"则一日所读虽不多，日积月累，自然充足"。[②]

三、明清家教的特点

与前代相比，明清时期的家教，无论在内容还是方式方法上都有了许多大的变化，表现出一些新的时代特征。

1. 家训和蒙学教材的日益丰富

明清时期是我国家训发展的繁荣时期，不仅家训著作数量增多，而且家训内容更加丰富，形式更加多样。内容上既有普通家庭的家训，也有商

① 顾明远编.中国教育大系 历代教育制度考 [M].武汉：湖北教育出版社,2004:1642.
② 顾明远编.中国教育大系 历代教育制度考 [M].武汉：湖北教育出版社,2004:1643.

贾家庭的家训；形式上既有长篇鸿作，也有教子诗文、箴言、歌谣等；方式上既有循循善诱的教导，也有家规族法的惩罚等。家训数量增多说明当时人们对家庭教育的重视。

与前代家训不同，明清家训开始出现白话文，更加通俗易懂，而且杂以俚语、民谚等，使得形式活泼而又说理透彻。明人庞尚鹏在其《庞氏家训》序言中说，他作家训"正欲其易而易知，简而易能，故语多朴直。使愚夫赤子，皆晓然无疑。"① 姚舜牧的《药言》糅以大量的格言、俚语、民谚等，生动活泼而又表意准确。明代吕得胜有感于当时的一些蒙学读物见识浅陋，达不到"蒙以养正"之目的，于是编写了《小儿书》作为蒙学教材。其自序云："儿之有知能言也，皆有歌谣以遂其乐，群相习，代相传，不知作者所自。……是俚语者固无害，胡为乎习哉？余不愧浅末，乃以立身要务谐之音声，如其鄙俚，使童子乐闻而易晓焉，名曰《小儿语》。是欢呼戏笑之间，莫非理义身心之学。一儿习之，可为诸儿流布；童时习之，可为终身体认，庶几有小补云。"②

明清时期，活字印刷术的发展为蒙学教材的大量问世提供了物质条件。在继承和改编前代蒙学教材的基础上，明清时期的人们还根据时代发展的需求和不同教育目的的要求，编写了很多针对性较强的蒙学教材。其中影响较大、流传较广的有：汇编先贤名文的《昔时贤文》《名贤集》等，蒙童口语歌谣形式的《小儿语》《续小儿语》等，行为守则类教材《童子礼》《幼仪杂箴》等，历史知识、成语典故类教材《五言鉴》《龙文鞭影》等，属对训练类教材《训蒙骈句》《声律发蒙》等，识字工具书《字汇》等。

2. 商贾家训的繁荣

商贾家训的繁荣，是明清社会商品经济的发展和社会从业观念转变的时代产物。明清时期，人们的择业观有了明显的变化，即不再单纯地要求子弟习举业、走仕途，而是主张因人而异、因才而异、灵活择业，并提倡

---

① 张鸣，丁明编. 中华大家名门家训集成 上 [M]. 呼和浩特：内蒙古人民出版社，1999:627.

② 赵振著. 中国历代家训文献叙录 [M]. 济南：齐鲁书社,2014:212.

学习一些经世济用之学，这在清代尤为突出。明清时期，商品经济迅速发展，工商业城镇逐渐兴起，商人数量大大增加。明中叶时，各行各业各地区都不同程度地出现了资本主义的萌芽。相应的，在意识形态方面，很大程度上改变了以前那种贱商贾、薄工技的观念，"民家常业，不出农商"，成了当时人们包括仕宦的共识。这就为商贾家训的兴起和繁荣奠定了一定的社会基础。

3. 女子家训的增加

明清时期，宋明理学盛行，理学家强调纲常名教至上，认为"女子无才便是德"，"饿死事小，失节事大"，贞操观念呈现出日益强化的趋势，明政府也大力表彰贞妇烈女，明清家训中有很多宣扬贞节观的内容。

明清时期，出现了很多女性撰写的家训，比较有名的有明代仁孝皇后撰写的《内训》，温璜记录整理的母训《温氏母训》，诗人徐媛的《训子》，李氏与丈夫袁参坡的《庭帏杂录》等。

4. 家法族规惩戒的加强

明代的《蒋氏家训》，清代石成金的《天基遗言》、刘德新的《馀庆堂十二戒》、麻城的《鲍氏户规》、绍兴山阴的《吴氏家法》等都是较为有代表性的家法族规。这些家法族规比之前代更具严厉性、威慑性，这与明清专制统治的强化和对程朱理学的推崇及道德法律化的特点有关。

第二节　明清时期的沂蒙家教文化

明清时期，中国传统社会的家庭教育发展到鼎盛时期，沂蒙地区的家庭教育在时代大环境中也得到了很大的发展，呈现出再度辉煌的繁荣气象。

一、大店庄氏家族的家教文化

大店庄氏家族是明清时期沂蒙地区著名的科举望族、官僚世家。大店庄氏于明朝初年自江苏东海迁至山东莒州朱陈村（今山东莒南县大店镇），移民之初，生活贫苦，以务农为生。明万历四十七年（1619年），庄谦中进士，成为庄氏家族第一个获取功名的人，大店庄氏家声初振。清顺治十八年（1661年），庄永龄中进士，大店庄氏开始崛起。清入关后，社会动荡，庄氏家族由此进入一个短暂的沉寂期。嘉庆二十二年（1817年）庄瑶中进士，咸丰六年（1856年）庄锡级中进士，庄氏家族进入辉煌期。这一时期，庄氏家族家业鼎盛，人才辈出，家族实力大增，成为沂蒙著名的科宦望族。明清两代，庄氏家族共有进士8人，举人22人，"五贡"34人，其余各类生员300余人。这些科举士子的涌现，使庄氏家族在近400年间保持了地方望族的地位。

大店庄氏家族从一个贫弱的移民家庭变为地方科宦望族，其根本原因就是独具特色而又富有成效的家族教育。庄氏家族在发展过程中，逐渐形成了以科举为目标，尊师重教，刻苦读书，办学兴社，以科举诗文教育为主、书艺教育为辅的家族教育特色。

1. 传承家训，重视道德教育

中国古代家教历来都重视对子孙的道德品质教育，历代以家诫、家训、家谱、家书为代表的家学，都突出道德教育在家庭教育中的特殊地位，以科举起家的庄氏家族亦是如此。在历次修订家谱、撰写家训的过程中，庄氏族人都将道德教育放在重要位置。从为人处世到读书兴家，从勤俭持家到安身立命都有所涉及，其中有庄位中的《仁圃斋治家十二忌九戒》，庄瑶的《留有余斋忠言十二则》《家教箴言六则》，庄许的《训弟子箴言》等。"勿忘诗书，治家勤俭，处事和平。""人当砥行砺名，期其远大，区区翰墨词章未足以概学问也"，[①] 是庄氏先人对后世子孙的谆谆教导。独立成书的家训作品有庄位中的《十二忌九戒》，庄瑶的《式古篇》《课子随笔》《慎守堂家训》，其中以庄瑶的《式古篇》为代表。此书共五卷，分别为立身、居家、应世、贻后、居官五卷，集古人名言，撮人生大要，用以教育庄氏子孙。"懿行嘉言，足铭左右。秘之为性命身心之学，扩之见民胞物与之天，

---

① 庄维林，庄宿庭.鲁莒大店庄氏族谱.2000年续修.

资于教子训家，尤为剀切。"①

庄氏家族非常重视对子孙的教育，"勤俭持家，读书兴业"作为科举世族的治家信条在庄氏家教中亦有所体现。庄氏族谱记载了庄庆豫和庄恩绶的家教箴言："读书即生命，保身保家，承先带后，胥在于是。""譬诸一身，财者肉也，地者骨也，而读书则气脉也。有骨肉而无气脉，人胡以生。"②他们以朴素的比喻诠释着读书兴业的家训。庄氏族人在外做官者多为教谕、训导等职。庄咏精于理学，奖励后学，任邱县知县期间，重修桂岩书院，邀请山长，并亲自讲学，为其提供资金。庄瑶、庄亇桢、庄恩植、庄锡级等都有外地做官并在书院讲学的经历。这些经历也为他们教育族中子弟提供了经验。庄瑶卸官回籍后曾办"东墅"，作为族中子弟读书的场所，并作《东墅杂咏》诗篇嵌入墙壁内，让子侄后辈研读经书，继承先祖遗志。

母亲在孩子成长中所起的作用不可或缺，在庄氏家族的发展历程中，母教起到了极为重要的作用。庄位中出生三个月父亲即殁，其母吴太孺人素性严明，延师课读，稍有怠惰即加督责。吴太孺人病危时握着庄位中的手说："汝父赍志以殁，余复不得见汝成立，大惧汝之不克乘父志也。"③庄位中刻苦攻读，怎奈考举人连续七次落榜。于是他寄希望于儿子庄咏："吾家累世诗书，汝能苦读，幸掇科第，异日可见吾父母于九京矣。"④庄咏后来终于考中了进士，实现了祖、父两代人的心愿。庄锡纶英年早逝，其二子在其妻袁氏抚育下，均有所成，使得"书香有继，克绍家声"。在道德传家方面，许多庄氏女性孝慈睦邻，给了后世子孙以良好的影响。庄锡级之妻张氏俭以自奉，宽厚待人，灾荒之年屡次赈济灾民，受一方盛赞。庄阿聚之妻丁氏，是日照乡绅丁铠轩之女，其夫早逝，丁氏忍着巨大的悲痛，抚养幼子，照料公婆。莒地大旱，她捐粮助赈，复兴新民小学，赢得"诗礼

---

① 庄瑶．式古篇·弁言留有余斋．道光十八年刻本．
② 庄应宸．城阳朱陈村庄氏族谱·家传．光绪三十二年续修．
③ 庄应宸．城阳朱陈村庄氏族谱·家传．光绪三十二年续修．
④ 庄应宸．城阳朱陈村庄氏族谱·家传．光绪三十二年续修．

名门，知书名义"的赞誉。庄宝儒之妻赵氏，丈夫早逝，"守节抚孤，恩勤抚育，勖以无坠家声"。① 正是因为这些有远见卓识的母亲，使庄氏家族得以人才辈出，世代兴旺。

2. 刻苦读书，尊师重教

在科举制日益完善的明清时期，功利性极强的学习目的在士子中表现得非常明显。明成化八年（1472 年），离庄氏家族居住地 15 公里的大白常村的王璟考中进士，后累官至都察院左都御史、太子太保，受朝廷追封二代。远溯西汉时期，临沂地区还有一位以"凿壁偷光"闻名于世的经学家匡衡。这些远近著名的故事都被记入了庄氏家训，以激励后人刻苦读书。

从贫弱之家到名闻一方，庄氏族人刻苦读书、以科举为本，成为家族教育的突出特点。在庄氏族谱中，记载了数十位庄氏族人刻苦学习的事迹。庄谦少时家贫，靠卖烧饼为生，却经常到私塾门口偷听塾师讲学，后受塾师王凯接济，终于成名。庄予桢"幼年好学，课余犹于诸兄弟默诵经史，陈说典故，以为常。值捻匪作乱，携家避居山中，得间，犹手置一编，日夜无少懈焉"。② 庄日跻读书欲睡，用瓷片刺腿，血流至足。庄谐家贫，每逢考试，步行前往青州府，吞雪充饥，却一日不忘诗书。这些勤学故事深深地影响了庄氏后人，使之秉承先祖遗志，追求科举功名。

齐鲁之地自古就有尊师重教的优良传统。著名儒学大师，曾任临沂兰陵令的荀子将教师提高到与天地君亲同等重要的地位，这对同处临沂的庄氏家族有着深远的影响。庄谦年少时家贫，无力读书，塾师王凯见其聪慧好学，免费讲读。庄谦成名后，庄氏家族供养其受业恩师王凯后半生，并立下规矩，庄氏世世代代与王氏友好，永远不准购买王氏土地。庄咏年少时，只要听说哪里有名师，就会不远数百里前去请教。

3. 创立书院，结社讲学

书院夜诵是著名的"莒州八景"之一，书院文化对莒地之人影响深远。庄氏家族前期多就学于家塾，家族势力扩大后，就逐渐开始创办书院，提

---

① 庄陔兰.重修莒志·列女节孝.莒县新成印务局民国二十五年.
② 庄应宸.城阳朱陈村庄氏族谱·家传.光绪三十二年续修.

升族人学识。清乾隆六年（1741 年），庄氏族人在大店浔河南岸建立了占地 6 亩多的"林后大学"，有师生宿舍、食堂、藏书室 20 余间，延聘名师，教授四书五经等儒家经典。后根据环境特点，取因树成屋之义，改称"因园"。因园创立发展过程中，吸收我国传统书院的特点，族人在其中研学诗词、理学。因园办学时间近百年，对推进庄氏科业起到了很大的作用。庄锡绅的《花朝后四日宴集林后因树书屋》，朱凤翱的《因树成屋咏梅花》《大店学中杂咏》等，都记载了因园的优美景色和研读诗文的乐趣。

明末书院讲会制度风行一时，东林书院讲会名动天下，结社讲学成为一时之风尚。庄氏家族亦是如此。庄氏族谱记载：道光年间，庄在芳于村东文昌阁立"文昌社"，因世乱废弛，后庄氏子弟又重建之，名曰"文昌继社"。庄恩艺、庄恩植与同族兄弟叔侄结"思诚社"，后庄予检继之。二社定期讲学解疑，切磋学问，坚持到晚清时期，宗族乡党多有受益。清光绪年间，莒州知州蒋楷对"文昌继社"给予高度评价："文昌继社，备试卷，集生童，按期分题较艺，评定甲乙，传观而奖励之，数十年而成名者多社中人，迄今士林犹称述不忘"。① 庄恩植《九日登七峰顶文昌阁怀李际武并思诚社同人》一诗，记述了与同社诸人登山作赋、凭吊古迹的雅致和对同社亲友的殷切期望。通过这种结社交游的形式，庄氏族人形成了一个"学术共同体"，有效地促进了全体成员的共同进步。

4. 重视诗文，兼习杂艺

大店庄氏家族从早期的专于科举的功利性，到后期家业扩大，逐渐重视素质教育，学习内容逐渐转向文学、书法、绘画等多个领域。明朝末年，庄氏家族家业初兴，后因庄鼐受朝廷通缉，家族所藏作品焚烧殆尽，家族文化遭到重创。清代中期以后，庄氏家族进入快速发展期。自庄位中至庄陔兰，共有 11 人近 50 余部作品传世。其中庄咏的《学庸困知录》被时任山东学使的李少峰评为初学"四书"。民国二十三年（1934 年），庄陔兰应莒县县长卢少泉之聘，担任《重修莒志》总纂，于 1935 年底定稿，详述

---

① 庄应宸.城阳朱陈村庄氏族谱·家传.光绪三十二年续修.

了从西周到民国年间莒地的历史文化，成为研究莒文化的重典。诗词方面，有庄咏的《菊香亭诗草》，庄瑶的《小琅玕馆古近体诗》《杜津浅说》，庄逵的《浔西诗草》《红豆青松唫舍诗文集》，庄湘泽的《籁声阁诗词集》等。书法方面，涌现出以庄瑶、庄锡纶、庄陔兰为代表的数十位书法名家。其中颜体大家庄陔兰的《重修定林寺碑》为代表作品。绘画方面，有庄逵、庄呈骏、庄迈、庄景楼和剪纸艺术家庄平等，其中庄景楼的《卢雁图》《花鸟四幅屏》最为著名。在医药方面，庄瑶、庄允埔、庄云章、庄少庚成就突出。数学家庄圻泰、生物学家庄孝德、音乐家庄虔昕等，则从另一个侧面反映了庄氏族学与时俱进的嬗变过程和厚重博大的内容体系。①

5. 勤俭持家，乐善好施

明朝初年，大店庄氏先祖自东海郡迁至莒州之时，只是普通的贫苦农民，家业微薄，在举目无亲的异地他乡安家度日，艰辛备尝。至明中期正德年间，庄氏家族已具有捐献千斤铁钟的能力，说明家境已较为宽裕。这与他们的勤劳经营是分不开的。

庄氏族人始终不渝地恪守勤俭持家的优良传统。庄均一、庄恩黻分别任湖北汉黄德道与按察司知事，仍然生活俭朴，布衣蔬食。庄聿严31岁得病，卧床三年，病势稍微好转，就辟田园、广树畜，克勤克俭，备极劳瘁。与勤俭相对的是安逸挥霍，这是败家之始。庄氏族人具有强烈的忧患意识，对种种家族腐败的迹象始终保持着高度的警觉。庄懋甲在一封写给堂侄庄惠田的家书中，对当时族人的科考成绩不满意，严肃地提出了"庄氏性耽安逸"②的问题，警示族人深以为戒。

大店庄氏家族显贵以后，时时不忘过去的贫苦，不忘帮助乡里。乾隆十二年至十三年（1747—1748年），莒州大店一带连年饥馑，庄御锡将家中余粮尽数无偿分给乡亲。庄在芳念及乡里生活贫苦，将其年久宿债皆一笔勾销。他还筑林墙以捍急流，创建先祠以妥霜露，重修关帝庙以光先德，

① 广少奎. 明清鲁东南庄氏家族教育的特色及启示. 周洪宇著. 教育活动史研究与教育史学科建设[C]. 济南：山东教育出版社,2011：371-375.
② 庄仲儒，庄维林，庄宿庭. 姓氏文集.2006:136.

募建钟鼓楼以藏诸钟，立"文昌社"以培养儒风，施糜粥药饵以赡恤病馁，至于赡养穷苦老人、周济贫民婚丧嫁娶等，都看做自己的分内之事。乾隆五十一年（1786年），莒州大饥，庄之枢见两个幼小的孩子匍匐在路边，无人看管，于是把他们带回家，供给三餐。道光年间，大店西南官庄村一带，数十里均为洼田，庄试禀明地方官，带领数十名村夫，疏浚洼田。大店南的道路，坑洼不平，盛夏积水，无法行走，庄枚首倡修筑，并为役夫提供食粮。咸丰同治年间，莒州经常遭受捻军的侵扰，庄懋濂在避难望海楼山的时候，分给乏食的贫民粮食，事后民众偿还，他皆不接受。庄资厚精通医术，患者无论远近，他都亲自上门调治，对家境贫寒者，皆不收取报酬。庄捷对于邻里的缓急，无不倾囊资助，贾姓知州褒扬其"令德寿恺"。村东有水患，庄汝艺亲自督工，开渠通河，乾隆五十一年（1786年），当地饥荒，他除了周恤族邻、舍施糜粥外，还将粮食运至衙门以助赈，知州旌表其为"硕德遐年""桂秀兰芳"。

二、蒙阴公氏家族的家教文化

蒙阴公氏家族在明清时期是山东地区的名门望族之一。宋宣和元年（1119年），公蕡自临沂迁至蒙阴，被称为蒙阴公氏的一世祖。到八世公海时，蒙阴公氏家族已经是有一定势力的家族了。进入明代以后，蒙阴公氏经过数代人的努力而进入了繁荣发展时期。主要表现是蒙阴公氏家族出现了叔侄五进士，父子两翰林，并显声仕途和文坛，成为江北声势显赫的"馆阁世家"。明代以后，蒙阴公氏家族无论在仕途还是在文坛，都不如以前显赫了，但是仍有许多见于史籍的名人。

蒙阴公氏家族在明代鼎盛期，满门风雅，在家风家学等方面留下了许多宝贵的精神财富。蒙阴公氏家族的家风以孝友纯厚，睦族好善，正直不阿，平恕尚端等为主要内容。明代蒙阴公氏的家学以宋明理学为主，兼修文学、历史、医学、农学、道教、书法、易学等。

1. 重视家庭教育，成为"馆阁世家"

明代以后，蒙阴公氏家族经过数代人的努力而进入了繁荣发展时期。主要表现是蒙阴公氏家族出现了叔侄五进士，父子两翰林，在仕途和文坛都产生了较大的影响，成为江北声势显赫的"馆阁世家"。

蒙阴公氏家族在明代的兴盛与家族注重教育是分不开的。蒙阴公氏的一世祖公蕃就"笃行力学，劝掖后进"。①十二世公忠则"孝友承先，诗书启后，公氏之兴始于此"。②到十三世公勉仁时，蒙阴公氏家族开始繁荣，一门连续五世考中五个进士，而且第四世进士公家臣和他的儿子、第五世进士公鼐父子同为翰林，声势显赫，世称"五世进士，父子翰林"。

明代蒙阴公氏家族既重视对族人的教育，也重视对他人的教育。如第一世进士公勉仁的父亲公恕"酷嗜诗书，受学于诸生阚姓者。入庠后，力劝一乡之子弟从学，不索束金"。③第二世进士公跻奎致仕回到蒙阴老家后，在中山寺设中山书院教子、授徒。公一跃博学行，曾设立义塾，教生徒。公一楠升祥福县丞后，告老还乡，"自备谷金，延塾师邓姓者，授教众家子弟"。④

2. 孝友纯厚，睦族好善

明代蒙阴公氏家族以孝友传家，门风纯厚，敦亲睦族，乐善好施。例如，蒙阴公氏的八世祖公海在辽东戍边，年龄到了40岁以后，可以让他的儿子顶替他戍边。于是，他的儿子公守敬毅然地抱着自己仅10个月大的儿子公炝前往。到金州时，受阻于海险，同行的人都中止了。但是，公守敬没有半途而废，他将公炝托付给姓葛的人担回蒙阴，寄养在大伯家，以永诀之心到达辽东代替父亲戍边。公炝15岁时，听说父亲在辽东后，终日啼哭不食，决心到辽东寻找父亲。到达辽东后，父子相见，拥抱大哭。史载：

① 蒙阴县地方史志编纂委员会.蒙阴县清志汇编 [M].北京：中华书局，1999:4.
② 蒙阴县地方史志编纂委员会.蒙阴县清志汇编 [M].北京：中华书局，1999:62.
③ 蒙阴县地方史志编纂委员会.蒙阴县清志汇编 [M].北京：中华书局，1999:11.
④ 蒙阴县地方史志编纂委员会.蒙阴县清志汇编 [M].北京：中华书局，1999:18.

公守敬、公炃"父子以孝著闻，征炃广宗丞"。① 从此，蒙阴公氏以孝传家，步入仕途。公炃的儿子公评、孙子公忠，"俱以孝友敦睦世其家，实启公氏发祥之基首"。②

《蒙阴县志》所记公氏家族子孙"孝友纯厚，睦族好善"的事例不胜枚举：广灵知县公志真"传家孝友，敦明教化"。③ 公逢盛"孝亲敬兄"。④ 淑浦县丞公志斜"以上东门分产，让弟志维，创迁坦埠集，时称友爱。此一后，子孙繁衍，诗礼绵长，皆自此人始"。⑤ 广昌县丞公一跃"父故，踊哭四日不食，乡党称孝。任广昌县丞，遇岁饥施粥，所活者甚众"。⑥ 南京户部郎中公甸"崇祯庚辰，蝗灾三载，蒙民大饥。甸施粥贱粜以救饥，民赖以生全者甚众"。⑦ 公家枋"天性至孝。母张氏疾笃，朝夕号泣，愿以身代。母故，伤哀丧毁容，五日不食。邻里喻以送终大事，始勉食。三年远房帏，断荤酒，且终身不语人闺阃事。乡党称焉"。⑧ 乡贤公家柱"在亲前恂恂唯诺。遇横逆之来，将欲争，亲但目之，辄止。母亡，哀毁病死"。⑨ 公汝义和他的儿子公如已"父子俱礼让相尚，与乡人处，终身皆无一言之争、片纸之讼"。⑩ 公綖"父母故，孝事祖母。贼执祖母将杀，綖救之不得免。大骂曰：'当速杀我，以殉祖母。'遂杀之"。⑪

3. 正直不阿，平恕尚端

明代蒙阴公氏家族一门正气，为人正直、宽厚、仁慈，崇尚公平正义，

① 蒙阴县地方史志编纂委员会. 蒙阴县清志汇编 [M]. 北京：中华书局，1999:43.
② 蒙阴县地方史志编纂委员会. 蒙阴县清志汇编 [M]. 北京：中华书局，1999:273.
③ 蒙阴县地方史志编纂委员会. 蒙阴县清志汇编 [M]. 北京：中华书局，1999:16.
④ 蒙阴县地方史志编纂委员会. 蒙阴县清志汇编 [M]. 北京：中华书局，1999:49.
⑤ 蒙阴县地方史志编纂委员会. 蒙阴县清志汇编 [M]. 北京：中华书局，1999:17.
⑥ 蒙阴县地方史志编纂委员会. 蒙阴县清志汇编 [M]. 北京：中华书局，1999:18.
⑦ 蒙阴县地方史志编纂委员会. 蒙阴县清志汇编 [M]. 北京：中华书局，1999:28.
⑧ 蒙阴县地方史志编纂委员会. 蒙阴县清志汇编 [M]. 北京：中华书局，1999:43.
⑨ 蒙阴县地方史志编纂委员会. 蒙阴县清志汇编 [M]. 北京：中华书局，1999:44.
⑩ 蒙阴县地方史志编纂委员会. 蒙阴县清志汇编 [M]. 北京：中华书局，1999:176.
⑪ 蒙阴县地方史志编纂委员会. 蒙阴县清志汇编 [M]. 北京：中华书局，1999:41.

但又不畏强暴。例如，公家珍"赋性正直"。① 公家炳"慷慨任事，直节不阿"。② 公家梅"平恕慈祥，犯而不校"。③ 公秉文"清雅高品。先，太仆寺丞，中官欲结之，固却"。④ 公典"醇正不阿，大有兄辈遗风。教子汝翼、汝为，孙升，咸成端士"。公家臣"天资诚朴，……立朝正色，居乡谨厚。以直道见摈，甫赐环而遽终，士论惜之"。⑤ 公度"端方整肃，取与不苟"。⑥ 公一鸣"家门贵盛，而歉抑特甚，士人皆以为楷式"。⑦

　　明代蒙阴公氏家族正直不阿、平恕尚端的家风在其代表人物公鼐身上表现得尤为突出。万历二十九年（1601年），公鼐中进士后，初选为翰林院庶吉士，授编修，后迁国子监司业、左春坊左谕德，负责给皇子讲学。当时宫廷形势复杂，争权夺利的斗争激烈，公鼐身处其中，动辄得咎，处境十分困难，于是，天性正直的他在考中进士7年后，选择"称引疾归"，以回避宫廷内斗。1619年，明光宗朱常洛即位，公鼐以帝师的身份被召回京。光宗对自己的老师极为器重，拜公鼐为国子监祭酒，成为辅国重臣和"理学名臣"。然而光宗继位不到一个月，就因食"红丸"而丧命。随后，因怀疑有人对皇帝下毒，朝廷开始追查凶手。期间，党争与私仇夹杂，连坐罪死者众多。熹宗即位后，公鼐仍以帝师的身份被加封为礼部右侍郎、协理詹事府詹事。这时，魏忠贤逐渐专权乱政，耿介正直的公鼐不愿陷入其中，但也不允许宦官魏忠贤诬陷忠良，于是，他上书熹宗，要求主持编纂《光宗实录》，以秉笔直书光宗政绩，但熹宗没有批准他的建议。之后，朝内乌烟瘴气，公鼐又连续两次上疏，规劝皇帝及辅臣。但此时的熹宗已被魏忠贤等人操纵，公鼐自感势单力薄，又不肯趋炎附势，结果再一次选择"引疾归"。在当时的情境下，公鼐这样做是无奈之举，但也践行、捍卫

① 蒙阴县地方史志编纂委员会.蒙阴县清志汇编[M].北京：中华书局，1999:22.
② 蒙阴县地方史志编纂委员会.蒙阴县清志汇编[M].北京：中华书局，1999:25.
③ 蒙阴县地方史志编纂委员会.蒙阴县清志汇编[M].北京：中华书局，1999:66.
④ 蒙阴县地方史志编纂委员会.蒙阴县清志汇编[M].北京：中华书局，1999:28.
⑤ 蒙阴县地方史志编纂委员会.蒙阴县清志汇编[M].北京：中华书局，1999:302.
⑥ 蒙阴县地方史志编纂委员会.蒙阴县清志汇编[M].北京：中华书局，1999:47.
⑦ 蒙阴县地方史志编纂委员会.蒙阴县清志汇编[M].北京：中华书局，1999:51.

了公氏家风。

4. 忠君爱国，忧国忧民

明代蒙阴公氏家族的忠君爱国主要表现是为官尽职尽责、忧国忧民等。如公勉仁为官时，剿灭蜀寇，抚治流民，惩罚盗贼，赈济难民，受理讼诉，修理城池，操练部队，使地方社会稳定，百姓安居乐业，多次受到皇帝擢升嘉奖。他去世后，武宗下旨派山东布政司左参政徐纯谕祭之。公跻奎授工部主事后，在山西吕梁地区督治洪水，使百姓得以安居。他升工部员外后，"省民力而功举，世宗以为材，赐金帛，出守潞安府"。在山西潞安，他整顿防务，操练军马，修理城池，"化杰鸷以恩，处宗室以礼。不期年，政孚上下，署上考，进湖广按察司副使"。①公家臣任会典纂修官时，负责校阅《世宗实录》，完成后，受到皇帝钦赐金币嘉奖。《原任南京户部主事赠詹事府詹事兼翰林院侍读学士公家臣诰命》称他"仕为良史。……顾以正己见疑，竟浮沉于谪籍，乃益鞠躬尽瘁"。②

蒙阴公氏家族的代表人物公鼐的忠君爱国主要表现在关心国事和针砭时弊等方面。如他在 15 岁时作《拟秋怀》诗就表达了他对国事的关心和为国尽力的雄心壮志和政治抱负："国计连年称款虏，边防此日重销兵。有怀投笔非吾事，愿学龙门策太平。"他辞官回乡途中所作的怀古诗《穆陵关》则表达了他对"强国"的怀念和对明朝前景的担忧。他对宦官专权和权臣争斗深恶痛绝，经常把一些不良宦官、权臣比作老鼠、狐狸、豺狼和苍蝇，并在《天可量》《双林寺歌》《苍蝇》《杂谣代老翁语书事》《出塞》《水涝后郊望》《杂谣代老翁语书事》《少妇篇》《汶阳老人歌》《大雨溢入城作》《远别离》《乡居纪田家诸事》等诗中对他们的丑行进行了大胆无情的揭露。

5. 以理学传家，兼修他学

蒙阴公氏家族的家学内容以宋明理学为主，兼修他学。

在理学传承方面，《蒙阴县志》载，蒙阴公氏家族的一世祖公蕃，"笃

---

① 蒙阴县地方史志编纂委员会.蒙阴县清志汇编[M].北京：中华书局，1999:58.
② 蒙阴县地方史志编纂委员会.蒙阴县清志汇编[M].北京：中华书局，1999:327.

行力学,劝掖后进,故宋称为真儒";①公鼐"以家学世传,理无不穷"。②"笃行力学,劝掖后进"也成为公氏家族的传统。例如,公恕"天性贤明,酷嗜诗书,受学于诸生阚姓者。入庠后,力劝一乡之子弟从学,不索束金。继而科贡蝉联,遂称文丛,东鄙人文实始于此"。③祥福县丞公一楠告老还乡后,"自备谷金,延塾师邓姓者,授教众家子弟。养甥陈腾蛟,教之如子,后成名宦"。④公家珍在"诸生时设义学,受业者教之如子,入庠食饩者二十余人"。⑤

蒙阴公氏家族的代表人物公鼐以精通理学闻名,被明光宗称为"理学名臣"。史载:公鼐"穷经史之奥,晰天人之微。源本洙泗,理宗程朱。东省台司,每以国士遇之。万历时官京邸,国家有大事,公卿咸就裁,光宗称其博学简用,赐以'理学名臣'四字匾其门"。⑥在康熙十一年(1672年)修《蒙阴县志》卷之二《理学》部分,只记载了公鼐一人,认为在明代公鼐"一人之为理学也固宜",在弘扬儒家道义方面超过了汉之董仲舒、唐之韩愈,就像宋朝的周敦颐、程颐、程颢、张载、朱熹一样,是"醇乎其醇者"。⑦

在传承宋明理学的同时,蒙阴公氏子弟也兼修他学,涉及文学、历史、医学、农学、道教、书法、易学等。例如,公勉仁"以文学著名",⑧公勉仁的次子公志绪"博学精医"。⑨公家卿和公登策"学博能诗"。⑩公子将"好古博学",公家俊"读书穷理,课子明农"。⑪公鼐"博学善书","一时诰

---

① 蒙阴县地方史志编纂委员会.蒙阴县清志汇编[M].北京:中华书局,1999:4.
② 蒙阴县地方史志编纂委员会.蒙阴县清志汇编[M].北京:中华书局,1999:50.
③ 蒙阴县地方史志编纂委员会.蒙阴县清志汇编[M].北京:中华书局,1999:11.
④ 蒙阴县地方史志编纂委员会.蒙阴县清志汇编[M].北京:中华书局,1999:18.
⑤ 蒙阴县地方史志编纂委员会.蒙阴县清志汇编[M].北京:中华书局,1999:59.
⑥ 蒙阴县地方史志编纂委员会.蒙阴县清志汇编[M].北京:中华书局,1999:50.
⑦ 蒙阴县地方史志编纂委员会.蒙阴县清志汇编[M].北京:中华书局,1999:50.
⑧ 蒙阴县地方史志编纂委员会.蒙阴县清志汇编[M].北京:中华书局,1999:4.
⑨ 蒙阴县地方史志编纂委员会.蒙阴县清志汇编[M].北京:中华书局,1999:17.
⑩ 蒙阴县地方史志编纂委员会.蒙阴县清志汇编[M].北京:中华书局,1999:19-20.
⑪ 蒙阴县地方史志编纂委员会.蒙阴县清志汇编[M].北京:中华书局,1999:46.

文多出其手。得其只字者，皆珍重之，以为秘宝"；公鼎的二儿子公襄"经史子集，靡不冾贯；诗文之名，丕著海岱"。①公跻奎的长子公一载"博学工书"。②

三、琅邪宋氏家族以忠孝节义教育子孙

琅邪宋氏家族是明清时期沂蒙地区的著名文化家族，不仅科甲连第，而且出仕后能坚持操守，清正廉洁，为国为民做了许多实事好事。这与其家庭教育中注重以儒家的忠孝节义教育子孙有很大关系。

琅邪宋氏家族于明朝初年由济南清河迁入沂蒙，至明代中期的宋梯，生有七子，长子宋日就万历十三年（1585 年）中举，是琅邪宋氏家族第一个有功名的人，曾任陕西省富平知县。在任期间，勤政爱民，平反冤狱，受到人们爱戴。不久，迁河南龙门通判。后欲内调朝廷，他因深感官场黑暗，辞官回乡。宋梯次子宋日乾，岁贡生，以孝顺长辈、友爱兄弟而闻名，对朱熹的理学深有研究，与之交游者多为名士。宋梯第七子宋日振，岁贡生，任莱州教谕。万历二十年（1592 年），河北新城发生兵变，登州失守，宋日振率州学的学生坚守莱州，因功升陕西平凉府通判，后又晋升府同知并主持府事。当时藩王韩王在那里横征暴敛，宋日振予以抵制，并一心一意安抚群众。后辞官，当地群众纷纷出来挽住车辕，进行挽留。回乡后，父宋梯病终，宋日振与兄长一起庐墓 3 年。

宋日就、宋日振的勤政爱民、清正廉洁，给宋氏家族子弟树立了良好的典范。宋日乾之子宋鸣梧，自幼受到忠孝的家庭教育，对父亲和继母恪尽孝道。万历二十八年（1600 年）乡试中举。后来，其父宋日乾到京城考试，不幸病逝于河北新城。时值酷暑阴雨，宋鸣梧赤足散发，步行于泥沼中，往返千余里，把父亲的灵柩运回故乡安葬，又庐墓 3 年。万历三十五年（1607 年），宋鸣梧中进士，到刑部任职。与清官左光斗、缪昌期等交

---

① 蒙阴县地方史志编纂委员会.蒙阴县清志汇编 [M].北京：中华书局，1999:51-52.
② 蒙阴县地方史志编纂委员会.蒙阴县清志汇编 [M].北京：中华书局，1999:288.

好。当时明熹宗的乳母客氏与宦官魏忠贤勾结专权，想网罗人才，多次想笼络宋鸣梧，宋鸣梧坚决拒绝。后来，左、缪二人被魏忠贤逮捕，冤死狱中，宋鸣梧上疏抨击客、魏一伙，因而得罪了他们。后被派往贵州主持乡试，事毕被勒令回家。魏忠贤的生祠建成，当权者胁迫宋鸣梧捐资，宋鸣梧严词拒绝。不久魏忠贤一伙事败，新继位的崇祯皇帝重新起用宋鸣梧到兵部任职，并由他主持清查魏忠贤的家财。当时清查出大批金银珍奇，宋鸣梧对之纤毫无染。不久进为佥都御史。崇祯二年（1629年），清兵攻至京城附近，宋鸣梧奉命守德胜门，上守御十策。敌情紧急，他三昼夜未曾合眼。后来遭人陷害，出任外官。至崇祯八年（1635年）复官佥都御史，次年病故。

宋鸣梧的从弟宋鸣柯，自幼喜好泉石及外出游览，交游者多是名儒。当时正处于明朝末年，由于农民起义及清兵的骚扰，社会极不稳定。宋鸣柯无意于仕进，于是在黄鹂山筑室树艺，名为碧溪馆。在后来清兵入关、南明政权败亡之时，宋鸣柯痛心疾首。他杜门谢客，独居一楼，坚决拒绝接受清廷所下的薙发令，终生未剃发，日以习字为事，直至病终，表现了崇高的气节。

宋鸣梧的从弟宋鸣鹗，岁贡生，轻财好施，遇到荒年，出粮出物赈济穷人。又好收藏图书文物，家中藏书很多。

宋鸣梧三子皆有名：宋之普，崇祯元年（1628年）进士，累官至户部左侍郎；宋之韩，以贡生为东昌府学教授，后升任泸州通判；宋之郊，崇祯十五年（1642年）举人，任江西东平县令，为政清廉。

宋之普有子宋念祖、宋瞻祖。宋念祖，以荫生的身份任直隶安肃县令。当地满汉杂居，民族矛盾尖锐，但宋念祖处事公允，他清慎自持，不阿权贵，锄强扶弱，因之保持了辖区内的安定。当时正值朝廷对蒙古噶尔丹部用兵，他所承担的军需任务很重，但他不辞辛劳，圆满完成任务，因而升任广东省琼州儋州知州。恰巧当时的直隶总督于成龙调任河道总督，遂把宋念祖一起调往河道总督衙门。不久宋念祖因病辞官回乡。宋瞻祖，太学生，出任为刑部员外郎。在任期间，屏贿赂，除夙弊，属吏惮其严明。宋之韩有二子：宋稷学、宋夒学。宋稷学，贡生，为人雅好诗文，居车辋村（今属山东兰陵），著有《宜疏园集》。宋夒学，监生，为人孝悌礼让，仗义疏财，而自己所居房屋不蔽风雨。

宋鸣鹗曾孙宋俊起，嘉庆六年（1801年）进士，曾任河南林县知县。他捐谷赈灾，平反冤狱，注重人才的培养。致仕回乡，又从事教学工作，直至82岁病逝。

宋瞻祖有子宋朝立、宋成立、宋名立、宋建立等。宋朝立自幼潜心经史，后以贡生候选教谕。宋成立，善诗文书法，贡生，曾任职实录馆，后参加治理黄河，后任宝名县令。为人刚正，不阿权贵，后竟因此而罢官。宋名立以例贡任河南禹州知州，升汝州知州，又调任四川达州知州。两地皆有政声，后因病回里。曾捐修学宫，发展家乡教育。宋建立，原为州学学生，后因品学兼优被选入太学学习。

宋氏家族以儒学传家，注重正直刚健品格的培育，因而后世以孝悌博学、为官清正著称者仍代不乏人。例如：宋澍，宋稷学的玄孙。乾隆四十六年（1781年）进士，由庶吉士改官吏部主事，升郎中，历江南道、京畿道监察御史、刑科给事中，为人刚正，不避强御。嘉庆时曾上书弹劾拥兵自重的将帅，受皇帝嘉纳。后多次出任学使，注重人才的选拔与地方的安定。后辞官归养。有《易图汇纂》等著作。其子宋开蕐，贡生，历任莱芜、东阿、章邱等县教职，工诗文书画篆刻。

宋潢，字星溪，为宋稷学之弟宋契学玄孙。乾隆五十四年（1789年）拔贡，任郓城训导，至嘉庆四年（1799年）中进士，先后任户部主事、郎中等职，处事干练。嘉庆十八年（1813年），林清起义攻入紫禁城内，后失败。清政府处理时株连严重。宋潢奉命会审此案，平反无辜人民很多。不久出任安徽颍州知府，后调庐州。遇到外国使者贩卖内地女子，被宋潢截留救释。后遇水灾，宋潢带头捐资赈济。不久任苏松粮道兼署江安粮道，所到处兴利除害，既办事而又不扰民。

宋开勷是宋先立的玄孙。嘉庆六年（1801年）拔贡，后任河南省卢氏、郾城等县县令，均有政绩。宋献章是宋夒学的玄孙，为府学学生，后任光禄寺署正。有次在街上遇到满洲亲贵琦善的仆人无理取闹，宋献章当街杖之。后经考核为一等，被补为江宁府同知，很快处理了泰州十余年的积案，被赞明允。后任扬州知府，因得罪权贵而去职。去职后，遇到江南地区饥荒，因而到滕县、济宁一带买米赈灾，不料在途中染病，后于江宁病故。

宋氏家族自明代中期崛起至近代，前后近 300 年间，可谓代有贤才，为官者不乏廉吏、循吏，这与他们重视家庭教育、重视优良传统的弘扬是分不开的。

四、沂蒙名臣王璟以"清、慎、勤"教育子孙

王璟（1447—1534 年），字廷采，明代沂州（今山东临沂）人，成化八年（1472 年）进士。一生倡导清、慎、勤，清正廉洁，不畏强权，为官近 50 年，历仕明宪宗、孝宗、武宗、世宗四帝，官至都察院左都御史。87岁去世，朝廷给予高规格礼遇，史载："赐祭葬如法，令祀学宫"。①

王璟一生除弊兴利，赈灾爱民；刚正不阿，尽职护民；虽多历宪职，仍独守故操。

明宪宗成化十年（1474 年），王璟以进士出任河南登封知县，在政坛上开始崭露头角，任职 6 年，为官正直，工作勤恳，爱护属民，深得当地百姓的称誉。成化十六年（1480），升任南台御史。王璟言论正直，"凡所论列，悉关大体，谳狱不泥成案，率多平反"②。他始终把百姓的利益放在心上，做到了为官一任，造福一方。不久，又改任北台御史，补贵州道并按视山海等关、保定诸郡。期间，他更是"旌别臧否，罢行利弊"③。弘治六年至十三年（1493—1500 年），王璟任光禄少卿，任职 7 年间，他更加

---

① [清] 焦竑. 焦太史编辑国朝献征录. 续修四库全书 528[M]. 上海：上海古籍出版社，2002:46.
② [清] 焦竑. 焦太史编辑国朝献征录. 续修四库全书 528[M]. 上海：上海古籍出版社，2002:46.
③ [清] 焦竑. 焦太史编辑国朝献征录. 续修四库全书 528[M]. 上海：上海古籍出版社，2002:46.

谦虚谨慎，后改任南京鸿胪寺卿。1501 年，升任都察院右佥都御史，负责提督诸道，科劾官邪，辨明冤枉，位列九卿。在王璟出任右佥都御史之时，全国盐法较为混乱，一些"宗室官戚假赐盐为私，大同无市纳者"①。因此，朝廷特意派他去清理两淮盐法，总理两浙盐政。王璟到任后，采取了许多积极有效的措施，"通变革奸"，打击盐贩，经过一段时间的治理，"私贩屏迹"，②市场稳定，出色地完成了任务。

弘治十六年（1503 年）九月，浙东宁波府等地发生了旱灾，饥荒严重。王璟又奉命巡视浙江，赈济灾民。到任后，他做了大量的实际调查。1 个月后，他向朝廷提出了救荒的 10 条措施，朝廷采纳了他的建议，减免了杭州、嘉兴、湖州、宁波、绍兴等地的赋税；又免去了杭、湖二州军粮 30 万石，使得 40 多万人得到了救济，史称灾民"多所全活"③。

王璟为人正直，不畏强权，尽职尽责。弘治十七年（1504 年）冬，王璟受命巡抚紫荆等关、保定诸郡。经过实地调查，王璟针对当时较为敏感的皇庄问题，提出 6 条建议，得到了孝宗皇帝的采纳。当时，宦官奉皇帝命令"勘计宁、晋、新、河诸县土田"④，搞得人心惶惶，远近惊扰。王璟顶住强权的压力，大胆上书皇帝，并"备疏其害"⑤。认为应立即罢除宦官，把宦官所占田地，归还给百姓。其他官员因害怕宦官打击报复，不敢帮王璟说话，但王璟依然"风裁整肃"，⑥据理力争。

弘治十八年（1505 年）五月，孝宗死，武宗立。武宗昏庸，重用宦官刘瑾等人。宦官则趁机窃取权柄，操纵内阁，专权横行。群臣的奏章，都

① [清] 谈迁. 国榷卷 44 [M]. 北京：中华书局，1988:2768.
② [清] 焦竑. 焦太史编辑国朝献征录. 续修四库全书 528[M]. 上海：上海古籍出版社，2002:46.
③ [清] 张廷玉. 明史·王璟传 [M]. 北京：中华书局，2000:3290.
④ [清] 焦竑. 焦太史编辑国朝献征录. 续修四库全书 528[M]. 上海：上海古籍出版社，2002:46.
⑤ 国朝列卿记·卷 73 [M]. 台湾：文海出版社影印万历刻本:4761.
⑥ 钦定大清一通志·沂州府 [M]. 文渊阁四库全书 476· 台北：台湾商务印书馆股份有限公司（影印）:788.

要先以红本送刘瑾，再以白本送武帝，宦官权势日炽，不断向皇帝提出各种要求。王璟极为愤慨，挺身而出，"抗疏切谏"①。他在尚书韩文等人的大力支持下，迫使皇帝稍稍削减宦官权利。

王璟的做法得罪了宦官集团，他们切齿痛恨，一方面找机会打击报复，一方面又胁迫王璟与他们合作，王璟不肯屈服，更不愿与他们合作，毅然决定辞官。正德元年（1506 年）四月，王璟以疾病为由，乞请致仕，得到了朝廷批准。但刘瑾一伙仍不肯放过他，正德三年（1508 年），他们假借皇帝诏书罢免了王璟。于是王璟"冠带闲住"②，一直到正德五年（1510 年）八月，刘瑾获罪伏诛，他才得以官复原职，当时王璟年已 63 岁。

正德六年（1511 年）二月，王璟提督雁门等关并兼任山西巡抚。当时，整个社会动荡不安，黄河以西的山西尤为严重，那里"巨盗流动，焚烧破陷"③，给当地人民生产生活带来了极大的危害。王璟到任后，亲自阅视通贼处所，设险防御，并制火枪 1 万余枝，因而"攻守具备，斩获众多"④。盗贼由此望风而逃，不敢再西入晋地，山西边境较前有所安定，但形势仍不容乐观。为根治这一问题，王璟着手清理多年积弊，并"革去买头重冒之利"。他认为，"不足生于不均，富强者兼并，贫弱者窘削"⑤，山西向来地瘠民贫，再遭兵灾，人民更是苦不堪言。于是他上书朝廷，请求将兵部每年加派到沁州诸郡的花椒、木板及四千余匹战马改征他物，"以苏民困"。⑥同年，王璟由都察院右佥都御使升为右副都御史，回京执掌都察院院事。

王璟一生多历宪职，但无论官做到多大，仍独守故操，洁身自爱。正德八年（1513 年），王璟担任兵部右侍郎，不久又改任吏部右侍郎。第二

---

① [清] 张廷玉. 明史·王璟传 [M]. 北京：中华书局，2000:3290.

② 明世宗实录 [M]. 台湾："中央"研究院历史语言研究所，1983:3392.

③ 国朝列卿记·卷 73 [M]. 台湾：文海出版社影印万历刻本:4762.

④ 过庭训·本朝京省人物考 [M]. 续修四库全书·传记 535. 上海：上海古籍出版社，2002:585.

⑤ 国朝列卿记·卷 73 [M]. 台湾：文海出版社影印万历刻本:4762.

⑥ [清] 焦竑. 焦太史编辑国朝献征录. 续修四库全书 528[M]. 上海：上海古籍出版社，2002:46.

年升为吏部左侍郎，正德十年（1517 年）又升为都察院左都御史，掌都察院院事。当时正值武宗巡狩南北，王璟能"独持风裁"，所以朝中一些大事多倚重于他。正德十四年（1519 年），王璟加封太子太保。当时朝廷政治较为黑暗，虽然武宗诛杀了宦官刘瑾，但又重用了宦官江彬等人，宦官集团依旧专权，朝廷里面"群小用事，大臣靡然附之，璟独守故操"①。

武帝病亡后，世宗朱厚熜即位。此时王璟年已 74 岁，便以年老多病为由，多次上书请求致仕。四月，王璟的请求得到了皇帝的批准，"恩给廪米舆皂，敕有司岁时存问"②。致仕后，王璟回到了沂川老家。嘉靖十三年（1534 年）七月，王璟卒于家，享年 87 岁。朝廷"赐祭葬如制，赠少保，谥恭靖"。时人评价他"性和易，所历多宪职，不以风裁自著，而人称为长者"③。

王璟一生耿介忠直为政清廉的气节，在当时被奉为楷模，明史给予很高的评价，清名传颂至今。王璟不仅自己为官清廉，对子孙同样要求严格。嘉靖元年（1522 年）王璟告老还乡，他的长孙王宗贤已官至奉议大夫。为了教育王宗贤继承祖风，王璟亲笔写了"清、慎、勤"三个字诫勉他，要王宗贤带在身边作为座右铭。王宗贤把这三个字终身佩带，并取字"效先"，表示决心一生恪守祖训，无愧于祖父的教诲。

---

①　[清] 张廷玉. 明史·王璟传 [M]. 北京：中华书局，2000:3290.
②　过庭训·本朝京省人物考 [M]. 续修四库全书·传记 535. 上海：上海古籍出版社，2002:585.
③　明世宗实录 [M]. 台湾："中央"研究院历史语言研究所，1983:3392.

参考文献

1."二十四史"简体字本 [M].北京：中华书局，2000.

2.〔北宋〕司马光.资治通鉴 [M].北京：中华书局，1956.

3.〔民国〕赵尔巽等撰.二十五史全书 [M].呼和浩特：内蒙古人民出版社，1998.

4..十三经注疏 [M].北京：中华书局，1979.

5.冀昀主编.尚书 [M].线装书局，2007.

6.陈戍国点校.周礼·仪礼·礼记 [M].长沙：岳麓书社，2006.

7.钱玄等注译.礼记 [M].长沙：岳麓书社，2001.

8.曾凡朝注译.周易 [M].武汉：崇文书局，2015.

9.杨伯峻编著.春秋左传注 [M].北京：中华书局，1981.

10.杨伯峻译注.论语译注 [M].北京：中华书局，1980.

11.〔清〕毕沅校注.墨子 [M].上海：上海古籍出版社，2014.

12.贾庆超主编.曾子校释 [M].济南：山东大学出版社，1993.

13.马光磊译注.晏子春秋 [M].南昌：江西教育出版社，2016.

14.〔战国〕左丘明撰，〔三国〕韦昭注，胡文波校点.国语 [M].上海：上海古籍出版社，2015.

15.蒋礼鸿.商君书锥指 [M].北京：中华书局，1986.

16.万丽华，蓝旭译注.孟子 [M].北京：中华书局，2010.

17.〔战国〕荀况著；张觉译注.荀子译注 [M].上海：上海古籍出版社，1995.

18.［清］王先慎集解，姜俊俊校点 . 韩非子 [M]. 上海：上海古籍出版社，2015.

19. 廖名春，邹新明校点 . 孔子家语 [M]. 沈阳：辽宁教育出版社，1997.

20.［汉］高诱注 . 吕氏春秋 [M]. 上海：上海古籍出版社，2014.

21.［汉］刘安著，［汉］许慎注，陈广忠校点 . 淮南子 [M]. 上海：上海古籍出版社，2016.

22.［汉］贾谊撰，阎振益、钟夏校注 . 新书校注 [M]. 北京：中华书局，2000.

23.［汉］刘向撰；刘晓东校点 . 列女传 [M]. 沈阳：辽宁教育出版社，1998.

24.［汉］刘向编著；赵仲邑选注 . 新序选注 [M]. 长沙：湖南人民出版社，1983.

25.［汉］刘向撰；卢元骏注释 . 说苑今注今译 [M]. 天津：天津古籍出版社，1977.

26.［汉］许慎撰；［清］段玉裁注 . 说文解字注 [M]. 上海：上海古籍出版社，1981.

27. 韦君琳编著 .〈孝经〉今读 [M]. 合肥：安徽大学出版社，2014.

28. 魏达纯 . 韩诗外传译注 [M]. 长春：东北师范大学出版社，1993.

29.［东汉］王充著；陈蒲清点校 . 论衡 [M]. 长沙：岳麓书社，1991.

30. 张连科，管淑珍校注 . 诸葛亮集校注 [M]. 天津：天津古籍出版社，2008.

31.［晋］常璩撰，刘琳校注 . 华阳国志 [M]. 成都：巴蜀书社，1984.

32.［北齐］颜之推撰，王利器集解 . 颜氏家训集解 [M]. 上海：上海古籍出版社，1980.

33.［北齐］颜之推著；张霭堂译注 . 颜之推全集译注 [M]. 济南：齐鲁书社 2004.

34.［唐］徐坚等辑 . 初学记 [M]. 北京：京华出版社，2000.

35. 张锡厚 . 王梵志诗校辑 [M]. 北京：中华书局，1983.

36. ［唐］李白著. 李太白集 [M]. 长沙：岳麓书社，1989.

37. ［唐］韩愈著，严昌校点. 韩愈集 [M]. 长沙：岳麓书社，2000.

38. ［唐］权德与. 权德与诗文集 [M]. 上海：上海古籍出版社，2008.

39. ［唐］白居易著；丁如明，聂世美校点. 白居易全集 [M]. 上海：上海古籍出版社，1999.

40. 谢永芳编著. 元稹诗全集汇校汇注汇评 [M]. 武汉：崇文书局，2016.

41. 朱碧莲选注. 杜牧选集 [M]. 上海：上海古籍出版社，2016.

42. ［唐］李商隐著. 李商隐诗集 [M]. 上海：上海古籍出版社，2015.

43. 周绍良主编. 全唐文新编 [M]. 长春：吉林文史出版社，2000.

44. 陈尚君. 全唐诗补编 [M]. 北京：中华书局，1992.

45. ［唐］刘肃等撰，恒鹤等校点. 大唐新语 外五种 [M]. 上海：上海古籍出版社，2012.

46. ［五代］王定保. 唐摭言 [M]. 上海：上海古籍出版社，2012.

47. ［宋］宋敏求. 唐大诏令集 [M]. 北京：商务印书馆 1959.

48. ［宋］王溥. 唐会要 [M]. 北京：中华书局，1955.

49. ［宋］欧阳询. 艺文类聚 [M]. 北京：中华书局，1956.

50. ［宋］王禹偁. 东都事略 [M]. 台北：台北文海出版社，1979.

51. ［宋］邵雍. 邵雍集 [M]. 北京：中华书局，2010.

52. ［宋］苏辙. 苏辙集 [M]. 北京：中国戏剧出版社，2002.

53. ［宋］苏轼. 苏轼文集 [M]. 北京：中华书局，1986.

54. ［宋］欧阳修. 欧阳修全集 [M]. 北京：中华书局，2001.

55. ［宋］陆游. 陆游集 [M]. 北京：中华书局，1976.

56. ［宋］周辉撰，刘永翔校注. 清波杂志 [M]. 北京：中华书局，1994.

57. 介江岭编注. 唐宋文选 [M]. 杭州：浙江古籍出版社，2013.

58. ［宋］张伯行. 小学集解 [M]. 北京：中华书局，1985.

59. ［宋］司马光. 家范 [M]. 长春：北方妇女儿童出版社，2001.

60. 黎靖德编. 朱子语类 [M]. 北京：中华书局，1986.

61. 贺恒祯，杨柳注释 . 袁氏世范 [M]. 天津：天津古籍出版社，1995.

62.［元］郑太和等 . 郑氏世范 [M]. 北京：中华书局，1985.

63.［元］耶律楚才 . 湛然居士文集 [M]. 北京：中华书局，1986 年。

64.［明］王守仁著，徐枫点校 . 王阳明全集 [M]. 天津：天津社会科学院出版社，2015.

65.［明］于谦著，林寒选注 . 于谦诗选 [M]. 杭州：浙江人民出版社，1982.

66［明］徐光启 . 徐光启集 [M]. 上海：上海古籍出版社，1984.

67.［明］李贽 . 焚书续焚书 [M]. 北京：中华书局，1975.

68.［清］康熙撰 . 庭训格言 [M]. 郑州：中州古籍出版社，2010.

69. 唐敬杲选注 . 顾炎武文 [M]. 武汉：崇文书局，2014.

70.［清］王夫之著 . 姜斋文集校注 [M]. 湘潭：湘潭大学出版社，2013.

71.［清］黄宗羲 . 明儒学案 [M]. 北京：中华书局，1985.

72. 闻世震著 . 郑板桥年谱编释 [M]. 沈阳：辽宁人民出版社，2014.

73.［清］石成金编著 . 传家宝全集 [M]. 北京：线装书局，2008.

74. 张天杰等选注 . 张履祥诗文选注 [M]. 杭州：浙江古籍出版社，2014.

75.［清］曾国藩著 . 曾国藩全集 [M]. 石家庄：河北人民出版社，2016.

76. 王炳照，赵家骥等主编 . 中国教育思想通史 [M]. 长沙：湖南教育出版社，1994.

77. 马镛 . 中国家庭教育史 [M]. 长沙：湖南教育出版社，1997.

78. 毕诚 . 中国古代家庭教育 [M]. 北京：商务印书馆 1997.

79. 赵忠心编著 . 中国家庭教育五千年》第 2 版，北京：中国法制出版社，2003.

80. 顾明远总主编 . 中国教育大系 历代教育制度考 [M]. 武汉：湖北教育出版社，2015.

81. 喻本伐著 . 中国幼儿教育发展史 [M]. 武汉：华中师范大学出版社，2012.

82. 张世欣著 . 师道观的解读与重构 [M]. 杭州：浙江大学出版社，2007.

83. 王献唐 . 炎黄氏族文化考 [M]. 济南：齐鲁书社 1985.

84. 王钧林 . 中国儒学史 [M]. 广州：广东教育出版社，1998.

85. 王长金著 . 传统家训思想通论 [M]. 长春：吉林人民出版社，2006.

86. 依然，晋才编 . 中国古代童蒙读物大全 [M]. 北京：中国广播电视出版社，1990.

87. 党明德，何成主编 . 中国家族教育 [M]. 济南：山东教育出版社，2005.

88. 胡发贵著 . 儒家文化与爱国传统 [M]. 上海：上海社会科学院出版社，1998.

89. 陈晓中，张淑莉著 . 中国古代天文机构与天文教育 [M]. 北京：中国科学技术出版社，2013.

90. 费成康主编 . 中国的家法族规 [M]. 上海：上海社会科学院出版社，2016.

91. 冯瑞龙，詹杭伦 . 华夏家训 [M]. 成都：天地出版社，1995 年。

92. 李秀忠，曹文明主编 . 名人家训 [M]. 济南：山东友谊出版社，1998.

93. 陈明编著 . 中华家训经典全书 [M]. 北京：新星出版社，2015.

94. 包东坡选注 . 中国历代名人家训精萃 [M]. 合肥：安徽文艺出版社，2000.

95. 周秀才等编 . 中国历代家训大观 [M]. 大连：大连出版社，1997.

96. 从余选注 . 中国历代名门家训 [M]. 上海：东方出版中心 1997.

97. 张鸣，丁明编 . 中华大家名门家训集成 [M]. 呼和浩特：内蒙古人民出版社，1999.

98. 李楠编著 . 传世家训家书宝典 [M]. 北京：西苑出版社，2006.

99. 王新龙编著 . 中华家训 [M]. 北京：中国戏剧出版社，2009.

100. 赵振著 . 中国历代家训文献叙录 [M]. 济南：齐鲁书社 2014.